UNITEXT – La Matematica per il 3+2

Volume 117

The **UNITEXT – La Matematica per il 3+2** series is designed for undergraduate and graduate academic courses, and also includes advanced textbooks at a research level. Originally released in Italian, the series now publishes textbooks in English addressed to students in mathematics worldwide. Some of the most successful books in the series have evolved through several editions, adapting to the evolution of teaching curricula.

More information about this series at http://www.springer.com/series/5418

Cesare Parenti · Alberto Parmeggiani

Algebra lineare ed equazioni differenziali ordinarie

2a edizione

Cesare Parenti
Dipartimento di Scienze dell'Informazione
Università di Bologna
Bologna, Italy

Alberto Parmeggiani
Dipartimento di Matematica
Università di Bologna
Bologna, Italy

ISSN 2038-5714 ISSN 2532-3318 (versione elettronica)
UNITEXT
ISSN 2038-5722 ISSN 2038-5757 (versione elettronica)
La Matematica per il 3+2
ISBN 978-88-470-3992-6 ISBN 978-88-470-3993-3 (eBook)
https://doi.org/10.1007/978-88-470-3993-3

Springer Italia

Questa edizione è pubblicata da Springer-Verlag Italia S.r.l., part of Springer Nature, con sede legale in Via Decembrio 28, 20137 Milano, Italy

Alle nostre famiglie

Prefazione

Questo libro è frutto in parte della nostra esperienza didattica e della nostra esperienza di ricerca. Speriamo colga nel segno che ci siamo preposti: quello di colmare un "gap" tra la preparazione di base e quella più avanzata, e di indicare al lettore un possibile percorso di esplorazione di discipline così importanti quali sono l'algebra lineare e le equazioni differenziali ordinarie.

Desideriamo ringraziare gli amici e colleghi Cosimo Senni ed Andrea Tommasoli per l'aiuto fondamentale nel preparare le figure presenti nel testo ed i preziosi consigli sull'esposizione.

Ringraziamo infine, anticipatamente, ogni lettore che vorrà segnalarci errori ed imprecisioni, che un testo come questo inevitabilmente contiene.

Bologna
maggio 2010

Cesare Parenti
Alberto Parmeggiani

Prefazione alla seconda edizione

In questa seconda edizione, oltre a correggere refusi ed errori tipografici segnalati o da noi riscontrati, abbiamo principalmente reso più chiara la prova del Teorema di Poincaré sulla stabilità delle orbite periodiche e aggiunto alcuni esercizi sia nella parte di algebra lineare che in quella di equazioni differenziali. Abbiamo comunque voluto mantenere l'impianto generale della prima edizione.

Il lettore potrà trovare all'indirizzo http://www.dm.unibo.it/~parmeggi/ eventuali ulteriori osservazioni e correzioni.

Bologna
febbraio 2019

Cesare Parenti
Alberto Parmeggiani

Indice

Capitolo 1
Introduzione

Il testo che qui proponiamo, frutto in parte di esperienze didattiche, è motivato da una convinzione e da una constatazione.

Innanzi tutto la convinzione, maturata attraverso la nostra attività di ricerca nel l'àmbito dell'analisi geometrica delle equazioni alle derivate parziali, che nulla o quasi nulla si possa fare in analisi matematica (e non solo) senza una buona conoscenza dell'algebra lineare e delle equazioni differenziali ordinarie.

La constatazione è, a nostro avviso, l'esistenza, oggi certa, di uno iato tra la preparazione di base sugli argomenti in questione che uno studente di matematica o fisica (per esempio) acquisisce nel triennio formativo, e quanto si suppone egli sappia quando affronterà corsi della laurea magistrale o successivamente del dottorato.

Raramente ciò che non è stato fatto "prima" viene esplicitamente ed esaurientemente trattato "poi": sovente allo studente volonteroso viene lasciato di supplire con il lavoro *personale* alle lacune esistenti.

Ovviamente sono disponibili ottimi testi specialistici sugli argomenti qui trattati. Ci è sembrato tuttavia utile scrivere un testo di dimensioni contenute che, pur salvaguardando il necessario rigore espositivo, si collochi tra il livello elementare ed il livello più propriamente specialistico.

La scelta degli argomenti riflette inevitabilmente i nostri gusti e le nostre convinzioni.

Ad esempio, è facile constatare che la parte di algebra lineare è stata scritta avendo in prospettiva problemi e metodi dell'analisi funzionale in infinite dimensioni. In questo senso il lettore trova argomenti quali funzioni di matrice, dipendenza da parametri, equazioni matriciali, crescita del risolvente, ecc.

Quanto alla parte di equazioni differenziali, abbiamo scelto di non trattare argomenti più sofisticati quali i metodi asintotici, privilegiando lo studio della stabilità dei punti di equilibrio e delle orbite periodiche di un sistema dinamico.

Mantenendo la trattazione ad un livello elementare, nella parte dedicata alle equazioni ordinarie abbiamo dato una prova della dipendenza liscia della soluzione dalle condizioni iniziali, una prova del Teorema di Poincaré sulla stabilità delle orbite periodiche, ed è stato anche trattato il metodo delle caratteristiche

C. Parenti, A. Parmeggiani, *Algebra lineare ed equazioni differenziali ordinarie*, UNITEXT 117, https://doi.org/10.1007/978-88-470-3993-3_1

per equazioni alle derivate parziali del primo ordine (per esempio l'equazione di Hamilton-Jacobi).

Oltre che per uno studio personale, pensiamo quindi che le due parti del testo possano essere usate anche indipendentemente per corsi della laurea magistrale o del dottorato di ricerca.

Un testo di questo genere perderebbe la sua efficacia se non contenesse almeno un po' di esercizi, al fine di permettere al lettore di verificare la sua comprensione degli argomenti. Pur non essendo questo un "testo di esercizi", ciascuna delle due parti si conclude con un breve elenco di problemi proposti, alcuni molto semplici ed altri più articolati (a volte si tratta di complementi) che richiedono un certo lavoro personale. Di più, nel testo stesso il lettore viene frequentemente invitato a completare i dettagli e ad esaminare possibili generalizzazioni.

Per concludere, è opportuno spiegare che cosa supponiamo il lettore conosca. Ci siamo sforzati di limitare i presupposti a nulla più di quanto viene usualmente svolto nel triennio di base. Più specificatamente:

- le nozioni di spazio vettoriale, dipendenza lineare, basi e dimensioni, sottospazio vettoriale ed esistenza di un supplementare, rappresentazione delle mappe lineari tramite matrici, le proprietà del nucleo (Ker) ed immagine (Im), determinante e sue proprietà elementari, il Teorema di Cramer ed il Teorema di Rouché-Capelli;
- il calcolo differenziale in una o più variabili, ed in particolare il Teorema di Dini;
- i primi rudimenti della teoria delle funzioni olomorfe di una variabile complessa, in particolare il Teorema dei Residui ed il Teorema di Rouché.

Avvertenze

- Gli spazi considerati sono sempre sul campo $\mathbb{K}$, $\mathbb{K} = \mathbb{R}$ oppure $\mathbb{K} = \mathbb{C}$, e di dimensione finita, salvo avviso contrario.
- $\mathrm{M}(p, q; \mathbb{K})$ sono le matrici $p \times q$ su $\mathbb{K}$, $\mathrm{M}(n; \mathbb{K})$ sono le matrici $n \times n$ su $\mathbb{K}$, I_n è la matrice identità $n \times n$, $\mathrm{GL}(n; \mathbb{K})$ sono le matrici $n \times n$ invertibili su $\mathbb{K}$.

Parte I
Algebra Lineare

Capitolo 2
Diagonalizzabilità e forme normali

2.1 Autovalori, autovettori, polinomio caratteristico, molteplicità algebrica e geometrica

Definizione 2.1.1 *Dati uno spazio vettoriale V su $\mathbb{K}$ ($\mathbb{K} = \mathbb{R}$ oppure $\mathbb{C}$) ed una applicazione lineare $f: V \longrightarrow V$, si dice che $\lambda \in \mathbb{K}$ è un* **autovalore** *di f se esiste $v \in V$, $v \neq 0$, tale che*

$$f(v) = \lambda v. \tag{2.1}$$

Ogni vettore $v \neq 0$ soddisfacente (2.1) si chiama **autovettore di f relativo a λ**. △

Se per ogni $\lambda \in \mathbb{K}$ si pone

$$E_\lambda := \mathrm{Ker}(\lambda 1_V - f), \tag{2.2}$$

dire che λ è un autovalore di f equivale dunque a dire che E_λ è un sottospazio **non banale** di V, i cui elementi **non nulli** sono tutti e soli gli autovettori di f relativi a λ. Il sottospazio E_λ si chiamerà allora **l'autospazio di f relativo all'autovalore** λ.

Definizione 2.1.2 *Data $f: V \longrightarrow V$ lineare, chiameremo* **spettro** *di f l'insieme*

$$\mathrm{Spec}(f) := \{\lambda \in \mathbb{K};\ \lambda \text{ è autovalore di } f\}. \tag{2.3}$$

Inoltre, dato $\lambda \in \mathrm{Spec}(f)$, chiameremo **molteplicità geometrica dell'autovalore** *λ il numero*

$$m_g(\lambda) := \dim_{\mathbb{K}} E_\lambda. \tag{2.4}$$

△

Si noti che si ha sempre $1 \leq m_g(\lambda) \leq \dim_{\mathbb{K}} V$ e che

$$m_g(\lambda) = \dim_{\mathbb{K}} V \iff E_\lambda = V, \quad \text{i.e.} \quad f = \lambda 1_V.$$

C. Parenti, A. Parmeggiani, *Algebra lineare ed equazioni differenziali ordinarie*, UNITEXT 117, https://doi.org/10.1007/978-88-470-3993-3_2

Un risultato utile è il seguente.

Lemma 2.1.3 *Se* $\lambda, \mu \in \mathrm{Spec}(f)$ *con* $\lambda \neq \mu$, *allora*

$$E_\lambda \cap E_\mu = \{0\}.$$

Più in generale, se $\lambda_1, \lambda_2, \ldots, \lambda_k$ *(*$k \geq 2$*) sono* k *autovalori* **tra loro distinti** *di* f *e se* $0 \neq v_j \in E_{\lambda_j}$, $j = 1, \ldots, k$, *allora* $v_1, v_2, \ldots, v_k$ *sono* **linearmente indipendenti**.

Dimostrazione La prima affermazione è immediata, giacché se $v \in E_\lambda \cap E_\mu$ allora $f(v) = \lambda v = \mu v$, da cui $(\mu - \lambda)v = 0$, e quindi $v = 0$.

Per provare la seconda affermazione procediamo per induzione su k. Il caso $k = 2$ è quanto abbiamo appena visto. Supposto vera l'affermazione per un certo $k \geq 2$, proviamola per $k + 1$. Siano dunque $\lambda_1, \lambda_2, \ldots, \lambda_k, \lambda_{k+1}$ $k + 1$ autovalori tra loro distinti di f, e siano $0 \neq v_j \in E_{\lambda_j}$, $j = 1, \ldots, k + 1$, relativi autovettori. Se $\sum_{j=1}^{k+1} a_j v_j = 0$, $a_j \in \mathbb{K}$, mostriamo che $a_j = 0$ per ogni j.

Se $\lambda_1 = 0$, allora

$$f\Big(\sum_{j=1}^{k+1} a_j v_j\Big) = \sum_{j=2}^{k+1} \lambda_j a_j v_j = 0,$$

da cui per induzione $\lambda_j a_j = 0$ per $j = 2, \ldots, k + 1$, e quindi, essendo i $\lambda_j \neq 0$ per $2 \leq j \leq k + 1$, $a_2 = a_3 = \ldots = a_{k+1} = 0$, e quindi anche $a_1 = 0$.

Se invece $\lambda_1 \neq 0$, allora anche

$$\sum_{j=1}^{k+1} \frac{a_j}{\lambda_1} v_j = 0,$$

e quindi

$$0 = f\Big(\sum_{j=1}^{k+1} \frac{a_j}{\lambda_1} v_j\Big) = \sum_{j=1}^{k+1} a_j \frac{\lambda_j}{\lambda_1} v_j.$$

Ne segue, per differenza, che

$$\sum_{j=2}^{k+1} a_j \Big(\frac{\lambda_j}{\lambda_1} - 1\Big) v_j = 0,$$

e quindi per induzione $a_j \Big(\frac{\lambda_j}{\lambda_1} - 1\Big) = 0$, $2 \leq j \leq k + 1$, e poiché $\frac{\lambda_j}{\lambda_1} - 1 \neq 0$ per $2 \leq j \leq k + 1$, ne segue $a_2 = a_3 = \ldots = a_{k+1} = 0$ e quindi, di nuovo, anche $a_1 = 0$. □

Una conseguenza importante del lemma precedente è che *se* $\dim_{\mathbb{K}} V = n$ *e* $f : V \longrightarrow V$ *è lineare allora* $\mathrm{Spec}(f)$ *è finito e ha al più n elementi.*

Definizione 2.1.4 *Sia* $A \in \mathrm{M}(n;\mathbb{K})$. *Chiameremo* **polinomio caratteristico** *di A il polinomio* **complesso di grado** n

$$\mathbb{C} \ni z \longmapsto p_A(z) := \det(A - zI_n) \in \mathbb{C}. \tag{2.5}$$

△

Lemma 2.1.5 *Se* $A, B \in \mathrm{M}(n;\mathbb{K})$ *sono due matrici* **simili**, *cioè esiste* $T \in \mathrm{GL}(n;\mathbb{K})$ *tale che* $B = T^{-1}AT$, *allora* $p_A(z) = p_B(z)$, *per ogni* $z \in \mathbb{C}$.

Dimostrazione Si ha

$$B - zI_n = T^{-1}(A - zI_n)T,$$

sicché

$$p_B(z) = \det\big(T^{-1}(A - zI_n)T\big) = \det(T^{-1})p_A(z)\det(T) = p_A(z). \qquad \square$$

Una conseguenza fondamentale del lemma precedente è il fatto seguente.

Data $f : V \longrightarrow V$ *lineare, siano A e B le matrici di f nelle basi* $\vec{v} = (v_1, \ldots, v_n)$ *e, rispettivamente,* $\vec{w} = (w_1, \ldots, w_n)$ *di V. Allora* $p_A = p_B$.

Ciò segue dal fatto, noto, che A e B sono simili.

Per comodità ricordiamone una prova.

Poiché $\vec{v}$ e $\vec{w}$ sono basi di V, esiste ed è unica una matrice invertibile $T = [t_{hj}]_{1 \le h,j \le n}$ tale che

$$w_j = \sum_{h=1}^{n} t_{hj} v_h, \quad j = 1, \ldots, n. \tag{2.6}$$

Ne segue che, scrivendo $B = [b_{kj}]_{1 \le k,j \le n}$ e $A = [a_{kj}]_{1 \le k,j \le n}$,

$$f(w_j) = \sum_{k=1}^{n} b_{kj} w_k = \sum_{k=1}^{n} b_{kj} \Big(\sum_{h=1}^{n} t_{hk} v_h\Big) = \sum_{h=1}^{n}\Big(\sum_{k=1}^{n} t_{hk} b_{kj}\Big) v_h, \quad 1 \le j \le n.$$

D'altra parte, ancora da $w_j = \sum_{\ell=1}^{n} t_{\ell j} v_\ell$ segue che

$$f(w_j) = \sum_{\ell=1}^{n} t_{\ell j} f(v_\ell) = \sum_{\ell=1}^{n} t_{\ell j} \Big(\sum_{h=1}^{n} a_{h\ell} v_h\Big) = \sum_{h=1}^{n}\Big(\sum_{\ell=1}^{n} a_{h\ell} t_{\ell j}\Big) v_h, \quad 1 \le j \le n.$$

Per confronto se ne deduce che

$$\sum_{k=1}^{n} t_{hk} b_{kj} = \sum_{\ell=1}^{n} a_{h\ell} t_{\ell j}, \quad \forall h, j = 1, \ldots, n,$$

cioè che $TB = AT$ e quindi $B = T^{-1}AT$, che è quanto si voleva dimostrare. □

L'osservazione precedente giustifica la seguente definizione.

Definizione 2.1.6 *Data $f: V \longrightarrow V$ lineare, chiamiamo* **polinomio caratteristico di** f *il polinomio complesso di grado n*

$$p_f(z) := p_A(z), \quad z \in \mathbb{C}, \tag{2.7}$$

dove $A \in \mathrm{M}(n; \mathbb{K})$ è la matrice di f in una qualunque base di V. △

Abbiamo ora il seguente risultato cruciale.

Teorema 2.1.7 *Data $f: V \longrightarrow V$ lineare, si ha*

- $\lambda \in \mathrm{Spec}(f) \Longleftrightarrow \lambda \in \mathbb{K}$ *e* $p_f(\lambda) = 0$.
- *Se $\lambda \in \mathrm{Spec}(f)$ e $m_a(\lambda)$ è la* **molteplicità algebrica** *dell'autovalore λ, cioè la molteplicità di λ come radice del polinomio p_f, allora*

$$m_g(\lambda) \le m_a(\lambda), \tag{2.8}$$

e in (2.8) vale l'uguaglianza se e solo se

$$\mathrm{Ker}(\lambda 1_V - f) = \mathrm{Ker}\big((\lambda 1_V - f)^2\big). \tag{2.9}$$

Dimostrazione Se $A \in \mathrm{M}(n; \mathbb{K})$ è la matrice di f nella base $\vec{v} = (v_1, \ldots, v_n)$ di V, allora il vettore $v = \sum_{j=1}^{n} \xi_j v_j$, $\xi_1, \ldots, \xi_n \in \mathbb{K}$, soddisfa l'equazione $f(v) = \lambda v$ se e solo se si ha

$$(A - \lambda I_n)\xi = 0, \quad \xi = \begin{bmatrix} \xi_1 \\ \vdots \\ \xi_n \end{bmatrix} \in \mathbb{K}^n. \tag{2.10}$$

Dal Teorema di Rouché-Capelli si sa che il sistema lineare (2.10) ha una soluzione **non banale** $\xi \neq 0$ (e quindi $v \neq 0$) se e solo se la matrice $A - \lambda I_n$ **non** è invertibile, i.e. $p_A(\lambda) = 0$, il che prova il primo asserto. Si noti che, allora, $m_g(\lambda) = n - \mathrm{rg}(A - \lambda I_n)$.

Per provare il secondo punto, procediamo come segue.

Se $E_\lambda = V$ non c'è nulla da dimostrare perché allora $f = \lambda 1_V$. Supponiamo quindi che $E_\lambda \neq V$. Fissiamo un supplementare W di E_λ in V, cioè W è un sottospazio di V tale che $V = E_\lambda \oplus W$ con $\dim_{\mathbb{K}} W = n - \dim_{\mathbb{K}} E_\lambda = n - m_g(\lambda)$, e fissiamo una base $(e_1, \dots, e_{m_g(\lambda)})$ di E_λ ed una base $(\epsilon_1, \dots, \epsilon_{n-m_g(\lambda)})$ di W. La matrice A di f nella base $(e_1, \dots, e_{m_g(\lambda)}, \epsilon_1, \dots, \epsilon_{n-m_g(\lambda)})$ di V ha banalmente la forma a blocchi seguente:

$$A = \left[\begin{array}{c|c} \lambda I_{m_g(\lambda)} & C \\ \hline 0 & D \end{array}\right], \tag{2.11}$$

con $C \in \mathrm{M}(m_g(\lambda), n - m_g(\lambda); \mathbb{K})$, $D \in \mathrm{M}(n - m_g(\lambda); \mathbb{K})$, e con 0 la matrice nulla $(n - m_g(\lambda)) \times m_g(\lambda)$. Ne segue che

$$\begin{aligned} p_f(z) = p_A(z) = \det(A - zI_n) &= (\lambda - z)^{m_g(\lambda)} \det(D - zI_{n-m_g(\lambda)}) = \\ &= (\lambda - z)^{m_g(\lambda)} p_D(z), \end{aligned} \tag{2.12}$$

il che prova (2.8).

Da (2.12) segue che $m_a(\lambda) = m_g(\lambda)$ se e solo se $p_D(\lambda) \neq 0$. Proviamo ora che ciò equivale a dire che vale la (2.9). A tal fine indichiamo con $\tilde{f}\colon W \longrightarrow W$ la mappa lineare definita da

$$\tilde{f} := \pi_W \circ (f|_W),$$

dove π_W è la proiezione di V su W parallelamente ad E_λ. Notiamo che D è la matrice di $\tilde{f}$ nella base $(\epsilon_1, \dots, \epsilon_{n-m_g(\lambda)})$. Ci basterà dunque provare che

$$\lambda \in \mathrm{Spec}(\tilde{f}) \iff \mathrm{Ker}(\lambda 1_V - f) \subsetneq \mathrm{Ker}\big((\lambda 1_V - f)^2\big).$$

Supponiamo $\lambda \in \mathrm{Spec}(\tilde{f})$ e sia $w \in W$ un autovettore di $\tilde{f}$ relativo a λ. Ora

$$f(w) = v + \tilde{f}(w) = v + \lambda w$$

per un certo $v \in E_\lambda$, con $v \neq 0$. Poiché

$$(\lambda 1_V - f)w = -v,$$

ne segue che $w \in \mathrm{Ker}\big((\lambda 1_V - f)^2\big) \setminus E_\lambda$.

Viceversa, sia $u \in \mathrm{Ker}\big((\lambda 1_V - f)^2\big) \setminus E_\lambda$. Scriviamo $u = v + w$, con $v \in E_\lambda$, $w \in W$ e $w \neq 0$. Si ha che

$$\lambda u - f(u) = \lambda w - f(w).$$

Scrivendo

$$f(w) = v' + \tilde{f}(w), \quad v' \in E_\lambda,$$

se ne deduce che

$$\lambda u - f(u) = \lambda w - \tilde{f}(w) - v' = -v' + (\lambda w - \tilde{f}(w)),$$

da cui $\lambda w - \tilde{f}(w) \in E_\lambda$ e anche $\lambda w - \tilde{f}(w) \in W$, e quindi

$$\lambda w - \tilde{f}(w) = 0,$$

i.e. $\lambda \in \operatorname{Spec}(\tilde{f})$. □

Osservazione 2.1.8 Poiché V ha dimensione finita, se $g\colon V \longrightarrow V$ è una qualunque mappa lineare, allora giacché per ogni $k = 1, 2, \dots$ si ha $\operatorname{Ker}(g^k) \subset \operatorname{Ker}(g^{k+1}) \subset V$, ne segue che esiste un ben determinato $k_0 \leq n$ tale che

$$\operatorname{Ker}(g^{k_0-1}) \subsetneq \operatorname{Ker}(g^{k_0}) = \operatorname{Ker}(g^{k_0+\ell}), \quad \forall \ell \geq 1.$$

Poiché, d'altra parte, per ogni k

$$\operatorname{Im}(g^k) \simeq V/\operatorname{Ker}(g^k),$$

ne segue che k_0 è anche il minimo numero naturale per cui

$$\operatorname{Im}(g^{k_0+\ell}) = \operatorname{Im}(g^{k_0}) \subsetneq \operatorname{Im}(g^{k_0-1}), \quad \forall \ell \geq 1.$$

Quindi se nel teorema precedente poniamo $g = \lambda 1_V - f$, da $\operatorname{Ker}(\lambda 1_V - f) = \operatorname{Ker}\big((\lambda 1_V - f)^2\big)$ segue che $\operatorname{Ker}(\lambda 1_V - f) = \operatorname{Ker}\big((\lambda 1_V - f)^j\big)$ per ogni $j \geq 1$.

È importante notare che la condizione (2.9) può non essere soddisfatta, e cioè che può accadere che si abbia $m_g(\lambda) < m_a(\lambda)$. Ad esempio, se $f\colon \mathbb{K}^2 \longrightarrow \mathbb{K}^2$ è definita come

$$f(x_1, x_2) = (x_1 + x_2, x_2),$$

allora $\operatorname{Spec}(f) = \{1\}$ e $m_g(1) = 1$, ma $m_a(1) = 2$. △

Diamo ora la definizione, fondamentale, di diagonalizzabilità.

Definizione 2.1.9 *Data $f\colon V \longrightarrow V$ lineare, diremo che f è* **diagonalizzabile** *se c'è una base di V formata da autovettori di f.*

Se $A \in \mathrm{M}(n; \mathbb{K})$, diremo che A è **diagonalizzabile su** $\mathbb{K}$ *se la mappa lineare da $\mathbb{K}^n$ in $\mathbb{K}^n$ associata ad A,*

$$\mathbb{K}^n \ni \xi = \begin{bmatrix} \xi_1 \\ \vdots \\ \xi_n \end{bmatrix} \longmapsto A\xi \in \mathbb{K}^n,$$

è diagonalizzabile. △

La diagonalizzabilità è caratterizzata dal teorema seguente.

Teorema 2.1.10 *Data $f: V \longrightarrow V$, sono equivalenti le affermazioni*

(i) f è diagonalizzabile,
(ii) **tutte** *le radici del polinomio caratteristico p_f di f appartengono a $\mathbb{K}$ e*

$$p_f(\lambda) = 0 \Longrightarrow m_g(\lambda) = m_a(\lambda).$$

Dimostrazione Supponiamo che f sia diagonalizzabile, e sia $\vec{v} = (v_1, \ldots, v_n)$ una base di V formata da autovettori di f. Posto $f(v_j) = \lambda_j v_j$, dove $\lambda_j \in \mathbb{K}$, $1 \leq j \leq n$, si ha che la matrice di f nella base $\vec{v}$ è la matrice diagonale

$$A = \begin{bmatrix} \lambda_1 & 0 & \ldots & 0 \\ 0 & \lambda_2 & \ldots & 0 \\ \vdots & \vdots & \ddots & \vdots \\ 0 & 0 & \ldots & \lambda_n \end{bmatrix},$$

da cui

$$p_f(z) = \prod_{j=1}^{n} (\lambda_j - z),$$

e dunque **tutte** le radici di p_f stanno in $\mathbb{K}$. D'altra parte si può riscrivere p_f come

$$p_f(z) = \prod_{j=1}^{k} (\mu_j - z)^{m_a(\mu_j)},$$

dove μ_j, $1 \leq j \leq k$ $(1 \leq k \leq n)$, sono le radici **distinte** di p_f, con molteplicità algebrica $m_a(\mu_j)$. Dopo una eventuale permutazione dei v_j, si riconosce che A è simile alla matrice diagonale

$$B = \begin{bmatrix} \mu_1 I_{m_a(\mu_1)} & 0 & \ldots & 0 \\ 0 & \mu_2 I_{m_a(\mu_2)} & \ldots & 0 \\ \vdots & \vdots & \ddots & \vdots \\ 0 & 0 & \ldots & \mu_k I_{m_a(\mu_k)} \end{bmatrix}, \tag{2.13}$$

e quindi, banalmente, $m_g(\mu_j) = m_a(\mu_j)$, $1 \leq j \leq k$.

Viceversa, supponiamo che valga (ii) e siano μ_j, $1 \leq j \leq k$ $(1 \leq k \leq n)$ le radici **distinte** di p_f. Siccome $\mu_j \in \mathbb{K}$, dal Teorema 2.1.7 segue che μ_j è un autovalore di f, e per l'autospazio corrispondente, $E_{\mu_j} \subset V$, si ha

$$\dim_{\mathbb{K}} E_{\mu_j} = m_g(\mu_j) = m_a(\mu_j), \quad 1 \leq j \leq k.$$

Poiché

$$\sum_{j=1}^{k} \dim_{\mathbb{K}} E_{\mu_j} = \sum_{j=1}^{k} m_a(\mu_j) = n,$$

dal Lemma 2.1.3 segue che

$$V = E_{\mu_1} \oplus E_{\mu_2} \oplus \ldots \oplus E_{\mu_k},$$

il che prova (i) prendendo una base di V costruita scegliendo una base di E_{μ_1}, di E_{μ_2}, ..., di E_{μ_k}. □

Una condizione sufficiente (ma non necessaria!) per la diagonalizzabilità è espressa dal corollario seguente.

Corollario 2.1.11 *Se le radici di p_f sono tutte in $\mathbb{K}$ e sono tutte semplici (i.e. $p_f(\lambda) = 0 \Longrightarrow m_a(\lambda) = 1$) allora f è diagonalizzabile.*

Dal teorema precedente segue che se $f: V \longrightarrow V$ è diagonalizzabile, allora, definendo f^k per $k = 0, 1, 2, \ldots$, come

$$f^0 = 1_V, \qquad f^k = \underbrace{f \circ \ldots \circ f}_{k \text{ volte}}, \quad \text{se} \quad k \geq 1,$$

anche f^k è diagonalizzabile poiché **ogni** base di autovettori per f è anche una base di autovettori per f^k (se $f(v) = \lambda v$ allora $f^k(v) = \lambda^k v$). Lo stesso dunque accade per αf^k, con $\alpha \in \mathbb{K}$. Ne segue che se $P(z) = \sum_{k=0}^{d} \alpha_k z^k \in \mathbb{K}[z]$ è un qualunque polinomio a **coefficienti in** $\mathbb{K}$, allora **ogni** base di autovettori per f è una base di autovettori per la mappa lineare

$$P(f) := \sum_{k=0}^{d} \alpha_k f^k : V \longrightarrow V.$$

Siccome $\lambda \in \operatorname{Spec}(f)$ e $f(v) = \lambda v$ implica $P(f)v = P(\lambda)v$, se ne conclude anche che

$$\operatorname{Spec}(P(f)) = \{P(\lambda);\ \lambda \in \operatorname{Spec}(f)\}.$$

Ci si può porre ora la domanda seguente:

Date $f, g: V \longrightarrow V$ due mappe lineari **entrambe diagonalizzabili***, sotto quali condizioni è possibile trovare una base di V costituita da vettori che siano* **simultaneamente** *autovettori per f* **e** *g?*

Quando ciò accade diremo che f e g sono **simultaneamente diagonalizzabili**.

Il teorema seguente dà la risposta a questa domanda.

Teorema 2.1.12 *Date $f, g: V \longrightarrow V$ lineari e diagonalizzabili, f e g sono simultaneamente diagonalizzabili se e solo se f e g* **commutano**, *i.e.*

$$[f, g] := f \circ g - g \circ f = 0. \tag{2.14}$$

Dimostrazione La necessità è ovvia, giacché se $(v_1, \ldots, v_n)$ è una base di V fatta di autovettori per f e g simultaneamente, e

$$f(v_j) = \lambda_j v_j, \quad g(v_j) = \mu_j v_j, \quad 1 \leq j \leq n,$$

allora per $1 \leq j \leq n$

$$[f, g]v_j = f(g(v_j)) - g(f(v_j)) = f(\mu_j v_j) - g(\lambda_j v_j) = (\lambda_j \mu_j - \mu_j \lambda_j)v_j = 0,$$

cioè $[f, g]$ è la mappa nulla.

Dimostriamo ora la sufficienza. Siano $\lambda_1, \ldots, \lambda_k \in \mathbb{K}$ $(1 \leq k \leq n)$ gli autovalori **distinti** di f. Per ipotesi

$$V = \bigoplus_{j=1}^{k} E_{\lambda_j}(f).$$

Poiché g commuta con f, è immediato verificare che per ogni j si ha

$$g(E_{\lambda_j}(f)) \subset E_{\lambda_j}(f),$$

sicché sono ben definite le mappe lineari

$$g_j := g\big|_{E_{\lambda_j}(f)}: E_{\lambda_j}(f) \longrightarrow E_{\lambda_j}(f), \quad 1 \leq j \leq k.$$

Se proviamo che ogni g_j è diagonalizzabile, allora, essendo

$$f\big|_{E_{\lambda_j}(f)} = \lambda_j 1_{E_{\lambda_j}(f)},$$

ne segue che prendendo per ogni $j = 1, \ldots, k$ una base di autovettori per g_j si ottiene una base di V fatta da autovettori simultaneamente di f e di g. Per provare che ciascuna g_j è diagonalizzabile, fissiamo una base di ciascun autospazio di f. Si ottiene così una base di V relativamente alla quale la matrice di g ha la forma a blocchi

$$G = \begin{bmatrix} G_1 & 0 & \ldots & 0 \\ 0 & G_2 & \ldots & 0 \\ \vdots & \vdots & \ddots & \vdots \\ 0 & 0 & \ldots & G_k \end{bmatrix},$$

dove $G_j \in \mathrm{M}(m_a(\lambda_j); \mathbb{K})$ è la matrice di g_j, $j = 1, \ldots, k$. Ne segue che

$$p_g(z) = p_G(z) = \prod_{j=1}^{k} p_{G_j}(z) = \prod_{j=1}^{k} p_{g_j}(z),$$

e quindi le radici di $p_{g_j}(z)$ stanno per ipotesi in $\mathbb{K}$. Resta da provare che se $\mu \in \mathrm{Spec}(g_j)$ allora la molteplicità geometrica di μ come autovalore di g_j è **uguale** alla molteplicità algebrica di μ come radice di p_{g_j}. Se ciò non fosse, dal Teorema 2.1.10 e dal Teorema 2.1.7 ne verrebbe che

$$\mathrm{Ker}(\mu 1_{E_{\lambda_j}(f)} - g_j) \subsetneq \mathrm{Ker}\big((\mu 1_{E_{\lambda_j}(f)} - g_j)^2\big),$$

e quindi che

$$\mathrm{Ker}(\mu 1_V - g) \subsetneq \mathrm{Ker}\big((\mu 1_V - g)^2\big),$$

contro l'ipotesi di diagonalizzabilità di g. Ciò conclude la prova. □

Una conseguenza significativa del teorema precedente è che se f e g sono **diagonalizzabili e commutano** allora, fissato un qualunque polinomio

$$P(x, y) = \sum_{h,k=0}^{d} \alpha_{hk} x^h y^k \in \mathbb{K}[x, y],$$

la trasformazione lineare

$$P(f, g) := \sum_{h,k=0}^{d} \alpha_{hk} f^h \circ g^k : V \longrightarrow V$$

è diagonalizzabile e, di più, ogni base di V che diagonalizza simultaneamente f e g diagonalizza anche $P(f, g)$. La sola esistenza di una tale base garantisce che

$$\begin{aligned}\mathrm{Spec}\big(P(f,g)\big) &= \{P(\lambda, \mu);\ \lambda \in \mathrm{Spec}(f),\ \mu \in \mathrm{Spec}(g\big|_{E_\lambda(f)})\} = \\ &= \{P(\lambda, \mu);\ \mu \in \mathrm{Spec}(g),\ \lambda \in \mathrm{Spec}(f\big|_{E_\mu(g)})\} \subset \\ &\subset \{P(\lambda, \mu);\ \lambda \in \mathrm{Spec}(f),\ \mu \in \mathrm{Spec}(g)\}.\end{aligned}$$

In particolare, dunque, se f e g sono diagonalizzabili e commutano, $f + g$ è pure diagonalizzabile. Va però osservato che è possibile che f, g e $f + g$ siano diagonalizzabili anche quando f e g **non** commutano. Per esempio ciò accade per le matrici $A, B \in \mathrm{M}(2; \mathbb{C})$,

$$A = \begin{bmatrix} a & 0 \\ 0 & b \end{bmatrix}, \quad \begin{bmatrix} 0 & 1 \\ -1 & 0 \end{bmatrix},$$

dove $a, b \in \mathbb{R}$ con $a \neq b$ e $(a - b)^2 \neq 4$.

Il lettore faccia la verifica per esercizio.

Il Teorema 2.1.10 pone almeno due problemi naturali.

Primo problema Supposto che le radici di p_f stiano **tutte** in $\mathbb{K}$, e che per almeno una di esse, λ, si abbia $m_g(\lambda) < m_a(\lambda)$, sappiamo che **non** è possibile trovare una base di autovettori di f, cioè **non** è possibile trovare una base di V rispetto alla quale la matrice di f sia diagonale! Ci si domanda se sia possibile trovare una base di V rispetto alla quale la matrice di f, pur non diagonale, sia "ragionevolmente semplice".

Secondo problema Data una matrice $A \in \mathrm{M}(n;\mathbb{R})$ è possibile che questa non sia diagonalizzabile su $\mathbb{R}$. Tuttavia, poiché ovviamente $\mathrm{M}(n;\mathbb{R}) \subset \mathrm{M}(n;\mathbb{C})$, è possibile che A sia diagonalizzabile su $\mathbb{C}$. Un esempio è dato dalla matrice

$$A = \begin{bmatrix} 0 & 1 \\ -1 & 0 \end{bmatrix}.$$

Infatti in questo caso $p_A(z) = (z^2 + 1)$, con radici semplici $z = \pm i \in \mathbb{C} \setminus \mathbb{R}$. Ci si domanda quale sia la ragione "geometrica" responsabile di questo fatto.

Esercizio Trovare una matrice $T \in \mathrm{GL}(2;\mathbb{C})$ tale che $T^{-1}AT = \begin{bmatrix} i & 0 \\ 0 & -i \end{bmatrix}$.

Definizione 2.1.13 *Data $f: V \longrightarrow V$ lineare, con $\dim_{\mathbb{K}} V = n$, diremo che una base $\vec{v} = (v_1, \ldots, v_n)$ è una* **base a ventaglio** *per f se per ciascun $j = 1, \ldots, n$,*

$$f\left(\mathrm{Span}\{v_1, \ldots, v_j\}\right) \subset \mathrm{Span}\{v_1, \ldots, v_j\}.$$

In questo caso diremo anche che f ammette una base a ventaglio. △

Dunque una base $\vec{v} = (v_1, \ldots, v_n)$ di V è una base a ventaglio per f se e solo se per ogni $j = 1, \ldots, n$, $f(v_j)$ è una combinazione lineare di $v_1, v_2, \ldots, v_j$, i.e.

$$f(v_j) = \sum_{k=1}^{j} \alpha_{kj} v_k, \quad 1 \leq j \leq n. \tag{2.15}$$

Quindi, rispetto ad una base a ventaglio per f, la matrice di f è una matrice **triangolare superiore** (i.e. gli elementi di matrice sotto la diagonale principale sono **tutti** nulli).

Abbiamo il seguente teorema.

Teorema 2.1.14 *Data $f: V \longrightarrow V$ lineare, con $\dim_{\mathbb{K}} V = n$, c'è una base a ventaglio per f se e solo se* **tutte** *le radici di p_f stanno in $\mathbb{K}$.*

Dimostrazione Se f ammette una base a ventaglio $\vec{v} = (v_1, \ldots, v_n)$, vale (2.15) e quindi

$$p_f(z) = \prod_{k=1}^{n} (\alpha_{kk} - z),$$

le cui radici $\alpha_{11}, \ldots, \alpha_{nn}$ stanno **tutte** in $\mathbb{K}$.

Proviamo ora il viceversa per induzione sulla dimensione n di V. Quando $n = 1$ il teorema è ovviamente vero: se $v \in V$ è non nullo, allora è una base di V e quindi necessariamente $f(v) = \lambda v$ per un certo $\lambda \in \mathbb{K}$. Supponiamo dunque vero il teorema in dimensione n e dimostriamolo quando $\dim_{\mathbb{K}} V = n + 1$. Sia $\lambda \in \mathbb{K}$ una radice di p_f e sia $v \in V$, $v \neq 0$, un autovettore di f relativamente a λ. Sia $W \subset V$ un supplementare del sottospazio unidimensionale generato da v, sicché

$$V = \mathrm{Span}\{v\} \oplus W.$$

Di nuovo definiamo $\tilde{f}: W \longrightarrow W$ l'applicazione lineare $\tilde{f} = \pi_W \circ (f\big|_W)$. Cominciamo col provare che tutte le radici di $p_{\tilde{f}}$ stanno in $\mathbb{K}$. Infatti, scelta una base qualunque $\vec{w} = (w_1, \ldots, w_n)$ di W, la matrice A di f relativa alla base $(v, w_1, \ldots, w_n)$ di V è del tipo a blocchi seguente

$$A = \left[\begin{array}{c|ccc} \lambda & a_{12} & \ldots & a_{1n} \\ \hline 0 & & & \\ \vdots & & A' & \\ 0 & & & \end{array}\right],$$

dove $A' \in \mathrm{M}(n; \mathbb{K})$ è la matrice di $\tilde{f}$ relativa alla base $\vec{w}$. Poiché

$$p_f(z) = p_A(z) = (\lambda - z) p_{A'}(z) = (\lambda - z) p_{\tilde{f}}(z),$$

dall'ipotesi segue che tutte le radici di $p_{\tilde{f}}$ stanno in $\mathbb{K}$. Per induzione, c'è dunque una base $(v_1, \ldots, v_n)$ di W che è una base a ventaglio per $\tilde{f}$, sicché $(v, v_1, \ldots, v_n)$ è allora una base a ventaglio per f. □

Corollario 2.1.15 *Ogni mappa lineare di uno spazio vettoriale* **complesso** *in sè ammette una base a ventaglio. Dunque, equivalentemente, ogni matrice quadrata* **complessa** *è simile ad una matrice triangolare superiore.*

Il Teorema 2.1.14 dà dunque una prima risposta al primo problema. Vedremo più avanti come, nelle ipotesi del teorema, sia possibile trovare una base a ventaglio per f relativamente alla quale la matrice $A = [\alpha_{kj}]_{1 \leq k, j \leq n}$ di f non solo è triangolare superiore, i.e. $\alpha_{kj} = 0$ se $k > j$, ma anche i termini α_{kj} con $k + 1 < j$ sono nulli.

2.2 Complessificazione e realificazione

Lo stesso procedimento, tramite il quale si costruisce $\mathbb{C}$ a partire da $\mathbb{R}$, può essere seguito per costruire, a partire da uno spazio vettoriale **reale** V con $\dim_{\mathbb{R}} V = n$, uno spazio vettoriale **complesso** ${}^{\mathbb{C}}V$ con $\dim_{\mathbb{C}} {}^{\mathbb{C}}V = n$. Lo spazio ${}^{\mathbb{C}}V$ si chiama il **complessificato** di V.

La definizione di ${}^{\mathbb{C}}V$ è la seguente.

Si consideri il prodotto cartesiano $V^2 = V \times V$ e si definiscano le operazioni

$$(v, v') \underbrace{+}_{\text{in } {}^{\mathbb{C}}V} (w, w') := (v \underbrace{+}_{\text{in } V} w, v' \underbrace{+}_{\text{in } V} w'), \tag{2.16}$$

se $\lambda = a + ib \in \mathbb{C}$,

$$\lambda \underbrace{\cdot}_{\text{in } {}^{\mathbb{C}}V} (v, v') = (a + ib)(v, v') := (av - bv', av' + bv). \tag{2.17}$$

Lasciamo come esercizio al lettore verificare che, con le operazioni (2.16) e (2.17), V^2 diviene uno spazio vettoriale su $\mathbb{C}$, che indicheremo d'ora innanzi con ${}^{\mathbb{C}}V$ (il **complessificato** di V). Si osservi che se $(v, v') \in {}^{\mathbb{C}}V$ si ha

$$(v, v') = (v, 0) + (0, v') = (v, 0) + i(v', 0),$$

e quindi, se **conveniamo** di identificare il vettore $(v, 0) \in {}^{\mathbb{C}}V$ con il vettore $v \in V$, ogni vettore $(v, v') \in {}^{\mathbb{C}}V$ si può riscrivere come

$$(v, v') = v + iv'.$$

Vediamo ora che in effetti se $\dim_{\mathbb{R}} V = n$ allora $\dim_{\mathbb{C}} {}^{\mathbb{C}}V = n$.

Sia $(v_1, \dots, v_n)$ una base di V. Allora $(v_1 + i0, \dots, v_n + i0)$ è una base di ${}^{\mathbb{C}}V$. Infatti dato $v + iv' \in {}^{\mathbb{C}}V$, scriviamo $v = \sum_{j=1}^n \alpha_j v_j$ e $v' = \sum_{j=1}^n \beta_j v_j$, con gli $\alpha_j, \beta_j \in \mathbb{R}$ **univocamente** determinati. Allora

$$v + iv' = \sum_{j=1}^n \alpha_j v_j + i \sum_{j=1}^n \beta_j v_j = \sum_{j=1}^n (\alpha_j + i\beta_j)(v_j + i0).$$

Ciò prova che i vettori $v_j + i0$, $j = 1, \dots, n$, generano ${}^{\mathbb{C}}V$. Vedere che essi sono anche $\mathbb{C}$-linearmente indipendenti è lasciato come esercizio.

Si noti dunque che $\mathbb{C} = {}^{\mathbb{C}}\mathbb{R}$ e, più in generale, che $\mathbb{C}^n = {}^{\mathbb{C}}\mathbb{R}^n$.

Ora se $f: V \longrightarrow W$ è una mappa $\mathbb{R}$-lineare tra due spazi vettoriali reali V e W, si definisce la **complessificata** ${}^{\mathbb{C}}f: {}^{\mathbb{C}}V \longrightarrow {}^{\mathbb{C}}W$ di f come

$${}^{\mathbb{C}}f(v + iv') = f(v) + if(v'). \tag{2.18}$$

Il lettore verifichi che ${}^{\mathbb{C}}f$ è effettivamente $\mathbb{C}$-lineare.

È importante osservare quanto segue.

Se $\dim_{\mathbb{R}} V = n$, $\dim_{\mathbb{R}} W = m$ e $A \in \mathrm{M}(m,n;\mathbb{R})$ è la matrice di f relativa alle basi $(v_1,\dots,v_n)$ di V e $(w_1,\dots,w_m)$ di W, allora la matrice di ${}^{\mathbb{C}}f$ relativa alle basi $(v_1+i0,\dots,v_n+i0)$ di ${}^{\mathbb{C}}V$ e $(w_1+i0,\dots,w_m+i0)$ di ${}^{\mathbb{C}}W$ è **ancora** A.

Questa osservazione dà una spiegazione a quanto ci si domandava nel secondo problema della sezione precedente. Infatti la matrice $A = \begin{bmatrix} 0 & 1 \\ -1 & 0 \end{bmatrix}$ può essere pensata **sia** come la matrice della mappa lineare

$$f\colon \mathbb{R}^2 \ni (x_1,x_2) \longmapsto (x_2,-x_1) \in \mathbb{R}^2$$

che come la matrice della sua complessificata

$${}^{\mathbb{C}}f\colon \mathbb{C}^2 \ni (z_1,z_2) \longmapsto (z_2,-z_1) \in \mathbb{C}^2.$$

Poiché $p_{{}^{\mathbb{C}}f}(z) = z^2+1$, con radici semplici $z = \pm i$, il Corollario 2.1.11 garantisce che ${}^{\mathbb{C}}f$ è diagonalizzabile, e quindi che A è diagonalizzabile su $\mathbb{C}$ (ma non su $\mathbb{R}$).

Un'ulteriore importante osservazione è la seguente.

Analogamente a quanto avviene in $\mathbb{C}$, in cui per ogni numero complesso $z = a+ib$ $(a,b \in \mathbb{R})$ è definito il **complesso coniugato** $\bar{z} = a-ib$, così sul complessificato ${}^{\mathbb{C}}V$ di V è definita la mappa

$$J\colon {}^{\mathbb{C}}V \longrightarrow {}^{\mathbb{C}}V,\ J(v+iv') = v+i(-v') =: v-iv'. \tag{2.19}$$

Si noti che $J^2 = 1_{{}^{\mathbb{C}}V}$ e che J **non** è $\mathbb{C}$-lineare.

D'ora innanzi se $u = v+iv' \in {}^{\mathbb{C}}V$ scriveremo $\bar{u}$ (il **coniugato** di u) in luogo di $J(u)$, in completa analogia con il caso unidimensionale.

Il seguente lemma verrà usato spesso.

Lemma 2.2.1 *Sia V uno spazio vettoriale reale di dimensione $n \geq 2$. Sia $W \subset {}^{\mathbb{C}}V$ un sottospazio con $\dim_{\mathbb{C}} W = k < n$. Allora $W = {}^{\mathbb{C}}S$, dove S è un sottospazio di V con $\dim_{\mathbb{R}} S = k$, se e solo*

$$J(W) =: \bar{W} = W.$$

In tal caso si dirà che S è la **parte reale** *di W e si scriverà $S = \mathrm{Re}\, W$.*

Dimostrazione Se $W = {}^{\mathbb{C}}S$, allora ogni $w \in W$ è della forma $w = v+iv'$ con $v, v' \in S$ e dunque anche $\bar{w} = v-iv'$ sta in W. Ciò prova che $\bar{W} = W$.

Viceversa, supponiamo $\bar{W} = W$. Definiamo

$$S := \{v \in V;\ v+i0 \in W\}.$$

Ovviamente S è un sottospazio di V. Basta dunque provare che ${}^{\mathbb{C}}S = W$. L'inclusione ${}^{\mathbb{C}}S \subset W$ è ovvia. Per provare l'inclusione opposta, sia $v+iv' \in W$.

Dall'ipotesi segue che $v - iv' \in W$, e quindi che anche

$$\frac{1}{2}(v + iv') + \frac{1}{2}(v - iv') = v + i0 \in W,$$

sicché $v \in S$. D'altra parte anche

$$\frac{1}{2i}(v + iv') - \frac{1}{2i}(v - iv') = v' + i0 \in W,$$

e dunque anche $v' \in S$, provando così l'inclusione opposta. Ciò conclude la dimostrazione. □

Un esempio significativo del Lemma 2.2.1 è il seguente.

Esempio 2.2.2 Si consideri, per $n \geq 2$, $\mathbb{C}^n = {}^{\mathbb{C}}\mathbb{R}^n$. Ricordiamo che in $\mathbb{C}^n$ è definito un prodotto hermitiano canonico

$$\left\langle z = \begin{bmatrix} z_1 \\ \vdots \\ z_n \end{bmatrix}, \zeta = \begin{bmatrix} \zeta_1 \\ \vdots \\ \zeta_n \end{bmatrix} \right\rangle_{\mathbb{C}^n} := \sum_{j=1}^{n} z_j \bar{\zeta}_j.$$

Fissiamo $\alpha \in \mathbb{C}^n$, $\alpha \neq 0$, e consideriamo l'iperpiano (complesso) W di $\mathbb{C}^n$ definito da

$$W = \{z \in \mathbb{C}^n;\ \langle z, \alpha \rangle_{\mathbb{C}^n} = 0\}.$$

Il lettore verifichi che $\dim_{\mathbb{C}} W = n - 1$.

Il lemma precedente dice che W è il complessificato di un iperpiano (reale) S di $\mathbb{R}^n$ se e solo se $W = \bar{W}$. Siccome, banalmente,

$$\bar{W} = \{z \in \mathbb{C}^n;\ \langle z, \bar{\alpha} \rangle_{\mathbb{C}^n} = 0\},$$

si ha quindi che $W = \bar{W}$ se e solo se α e $\bar{\alpha}$ sono $\mathbb{C}$-linearmente **dipendenti**, i.e. $\bar{\alpha} = \mu\alpha$, per un certo $\mu = a + ib \in \mathbb{C}$, necessariamente con $|\mu| = (a^2 + b^2)^{1/2} = 1$. Proviamo che ciò è possibile se e solo se $\alpha = \gamma\beta$, con $0 \neq \beta \in \mathbb{R}^n$ e $0 \neq \gamma \in \mathbb{C}$.

Se $\alpha = \gamma\beta$, allora

$$\bar{\alpha} = \bar{\gamma}\beta = \frac{\bar{\gamma}}{\gamma}\gamma\beta = \frac{\bar{\gamma}}{\gamma}\alpha.$$

Viceversa, supposto $\bar{\alpha} = \mu\alpha$, con $\mu = a + ib$, $a^2 + b^2 = 1$, scriviamo $\alpha = p + iq$, con $p, q \in \mathbb{R}^n$. La condizione $\bar{\alpha} = \mu\alpha$ si riscrive nella forma

$$\begin{cases} (a-1)p = bq \\ (a+1)q = -bp. \end{cases}$$

Se $b = 0$ allora $\alpha = p$ quando $a = 1$, e $\alpha = iq$ quando $a = -1$. Se poi $b \neq 0$, allora $a \neq \pm 1$ e, per esempio,

$$q = \frac{a-1}{b} p,$$

da cui

$$\alpha = \Big(1 + i\frac{a-1}{b}\Big) p,$$

il che prova l'asserto. □

Si noti inoltre che siccome

$$S = \operatorname{Re} W = \{v \in \mathbb{R}^n;\ v + i0 \in W\}$$

e siccome

$$\langle v + i0, \alpha\rangle_{\mathbb{C}^n} = \langle v + i0, \gamma\beta\rangle_{\mathbb{C}^n} = \bar{\gamma}\langle v + i0, \beta\rangle_{\mathbb{C}^n} = \bar{\gamma}\langle v, \beta\rangle_{\mathbb{R}^n}$$

(dove $\langle\cdot,\cdot\rangle_{\mathbb{R}^n}$ è il prodotto interno canonico di $\mathbb{R}^n$), $\operatorname{Re} W$ è l'iperpiano di $\mathbb{R}^n$ ortogonale a β. △

Una conseguenza del Lemma 2.2.1 è la seguente.

Dato lo spazio vettoriale V reale ($\dim_{\mathbb{R}} V = n \geq 2$), sia $E \subset {}^{\mathbb{C}}V$ un sottospazio tale che $E \cap \bar{E} = \{0\}$. Posto $W := E \oplus \bar{E}$, è chiaro che $W = \bar{W}$. Ci domandiamo quale sia una base di $\operatorname{Re} W$. Il lemma seguente fornisce la risposta.

Lemma 2.2.3 *In questo caso, se $v_j = v'_j + iv''_j$, $1 \leq j \leq k$ ($k = \dim_{\mathbb{C}} E$) è una base di E, allora*

$$(v'_1, v''_1, v'_2, v''_2, \ldots, v'_k, v''_k) \tag{2.20}$$

è una base di $\operatorname{Re} W$.

Dimostrazione Dal Lemma 2.2.1 sappiamo che $\dim_{\mathbb{R}} \operatorname{Re} W = \dim_{\mathbb{C}} W = 2k$ (perché $E \cap \bar{E} = \{0\}$). D'altra parte $v'_j, v''_j \in \operatorname{Re} W$, $1 \leq j \leq k$. Basterà dunque provare che i vettori in (2.20) sono $\mathbb{R}$-linearmente indipendenti. Se

$$\sum_{j=1}^{k} (\alpha_j v'_j + \beta_j v''_j) = 0, \quad \alpha_j, \beta_j \in \mathbb{R},$$

allora

$$\sum_{j=1}^{k} \Big(\frac{1}{2}(\alpha_j - i\beta_j) v_j + \frac{1}{2}(\alpha_j + i\beta_j)\bar{v}_j\Big) = 0,$$

da cui $\alpha_j = \beta_j = 0$ per ogni j. □

Una conseguenza importante del Lemma 2.2.1 e del Lemma 2.2.3 è il teorema seguente.

Teorema 2.2.4 *Sia $f\colon V \longrightarrow V$ lineare con V reale di dimensione n (con $n \geq 2$). Consideriamo le radici (in $\mathbb{C}$) del polinomio caratteristico p_f di f (che è un polinomio a coefficienti reali!), e supponiamo che*

- *p_f abbia h radici reali distinte $\lambda_1, \ldots, \lambda_h$ (λ_j con molteplicità $m_a(\lambda_j)$, $j = 1, \ldots, h$), e $2k$ radici complesse (**non reali**) distinte $\mu_j = \alpha_j + i\beta_j$, $\bar{\mu}_j = \alpha_j - i\beta_j$, $j = 1, \ldots, k$ (μ_j e $\bar{\mu}_j$ con molteplicità $m_a(\mu_j) = m_a(\bar{\mu}_j)$, $j = 1, \ldots, k$).*

Se ${}^{\mathbb{C}}f\colon {}^{\mathbb{C}}V \longrightarrow {}^{\mathbb{C}}V$ è diagonalizzabile, allora c'è una base di V relativamente alla quale la matrice di f è della forma a blocchi seguente

$$\begin{bmatrix} \lambda_1 I_{m_a(\lambda_1)} & \ldots & 0 & 0 & \ldots & 0 \\ \vdots & \ddots & \vdots & \vdots & \ldots & \vdots \\ 0 & \ldots & \lambda_h I_{m_a(\lambda_h)} & 0 & \ldots & 0 \\ 0 & \ldots & 0 & B_1 & \ldots & 0 \\ \vdots & \ldots & \vdots & \vdots & \ddots & \vdots \\ 0 & \ldots & 0 & 0 & \ldots & B_k \end{bmatrix}, \tag{2.21}$$

dove $B_j \in \mathrm{M}(2m_a(\mu_j); \mathbb{R})$, $j = 1, \ldots, k$, ha la struttura a blocchi seguente

$$B_j = \left[\begin{array}{c|c|c|c} \begin{matrix} \alpha_j & \beta_j \\ -\beta_j & \alpha_j \end{matrix} & 0 & \ldots & 0 \\ \hline 0 & \begin{matrix} \alpha_j & \beta_j \\ -\beta_j & \alpha_j \end{matrix} & \ldots & 0 \\ \hline \vdots & \vdots & \ddots & \vdots \\ \hline 0 & 0 & \ldots & \begin{matrix} \alpha_j & \beta_j \\ -\beta_j & \alpha_j \end{matrix} \end{array}\right]. \tag{2.22}$$

Dimostrazione Poiché $\bar{E}_{\lambda_j} = E_{\lambda_j}$, $1 \leq j \leq h$, e $E_{\bar{\mu}_j} = \bar{E}_{\mu_j}$, $1 \leq j \leq k$, per il Teorema 2.1.10 la diagonalizzabilità di ${}^{\mathbb{C}}f$ equivale a dire che

$${}^{\mathbb{C}}V = \bigoplus_{j=1}^{h} E_{\lambda_j} \oplus \bigoplus_{j=1}^{k} (E_{\mu_j} \oplus \bar{E}_{\mu_j}),$$

e quindi, dal Lemma 2.2.1 e Lemma 2.2.3,

$$V = \bigoplus_{j=1}^{h} \operatorname{Re} E_{\lambda_j} \oplus \bigoplus_{j=1}^{k} \operatorname{Re}(E_{\mu_j} \oplus \bar{E}_{\mu_j}).$$

Ora, se $0 \neq v \in \operatorname{Re} E_{\lambda_j}$, allora $f(v) = \lambda_j v$ e se $0 \neq v = v' + iv'' \in E_{\mu_j}$, allora

$$\begin{aligned} {}^{\mathbb{C}}f(v) &= f(v') + if(v'') = \mu_j v = (\alpha_j + i\beta_j)(v' + iv'') = \\ &= (\alpha_j v' - \beta_j v'') + i(\beta_j v' + \alpha_j v''), \end{aligned}$$

sicché

$$f(v') = \alpha_j v' - \beta_j v'', \quad f(v'') = \beta_j v' + \alpha_j v''.$$

Ciò conclude la prova. □

Abbiamo dimostrato il teorema precedente quando h, k sono entrambi ≥ 1. Se $h = 0$ (cioè p_f **non** ha radici reali) nella matrice (2.21) compaiono solo i blocchi B_j. Se $k = 0$ (cioè p_f ha **solo** radici reali) la diagonalizzabilità di ${}^{\mathbb{C}}f$ equivale a quella di f, ed in (2.21) **non** compaiono i blocchi B_j.

Abbiamo così visto in cosa consiste la complessificazione di uno spazio vettoriale reale. Vediamo ora come a partire da uno spazio vettoriale **complesso** V, con $\dim_{\mathbb{C}} V = n$, si definisca uno spazio vettoriale **reale** ${}^{\mathbb{R}}V$, con $\dim_{\mathbb{R}} {}^{\mathbb{R}}V = 2n$, che si chiamerà il **realificato** di V. La definizione precisa è la seguente:

- I vettori di ${}^{\mathbb{R}}V$ sono **esattamente** i vettori di V. La somma tra vettori in ${}^{\mathbb{R}}V$ è la somma in V, mentre la moltiplicazione per scalare è definita sugli scalari **reali** come

$$\lambda \underbrace{\cdot}_{\text{in } {}^{\mathbb{R}}V} v := (\lambda + i0) \underbrace{\cdot}_{\text{in } {}^{\mathbb{C}}V} v.$$

Vediamo ora che se $\vec{v} = (v_1, \ldots, v_n)$ è una base di V allora

$$\vec{v}_{\mathbb{R}} = (v_1, \ldots, v_n, iv_1, \ldots, iv_n)$$

è una base di ${}^{\mathbb{R}}V$.

Se $v \in {}^{\mathbb{R}}V$ allora, come vettore di V, v si scrive

$$v = \sum_{j=1}^{n} (\alpha_j + i\beta_j) v_j$$

per certi $\alpha_j, \beta_j \in \mathbb{R}$ univocamente determinati. Ma allora in ${}^{\mathbb{R}}V$ si ha

$$v = \sum_{j=1}^{n} \alpha_j v_j + \sum_{j=1}^{n} \beta_j \, iv_j,$$

il che prova che ${}^{\mathbb{R}}V = \operatorname{Span}\{v_1, \ldots, v_n, iv_1, \ldots, iv_n\}$. Riconoscere poi che i vettori di $\vec{v}_{\mathbb{R}}$ sono $\mathbb{R}$-linearmente indipendenti viene lasciato come esercizio. □

Data ora una mappa lineare $f: V \longrightarrow W$ con V, W complessi e $\dim_{\mathbb{C}} V = n$, $\dim_{\mathbb{C}} W = m$, resta definita una mappa ${}^{\mathbb{R}}f: {}^{\mathbb{R}}V \longrightarrow {}^{\mathbb{R}}W$, la **realificata** di f, nel modo seguente:

$$\begin{cases} {}^{\mathbb{R}}f(v) = f(v), & v \in V, \\ {}^{\mathbb{R}}f(\lambda v) = f\big((\lambda + i0)v\big), & v \in V,\ \lambda \in \mathbb{R}. \end{cases}$$

Ne segue che se $A \in \mathrm{M}(m, n; \mathbb{C})$ è la matrice di f relativamente alle basi $\vec{v} = (v_1, \ldots, v_n)$ di V e $\vec{w} = (w_1, \ldots, w_m)$ di W, allora, scrivendo $A = \alpha + i\beta$, con $\alpha, \beta \in \mathrm{M}(m, n; \mathbb{R})$, la matrice di ${}^{\mathbb{R}}f$ nelle basi $\vec{v}_{\mathbb{R}}$ e $\vec{w}_{\mathbb{R}}$ è la matrice a **blocchi** $A' \in \mathrm{M}(2m, 2n; \mathbb{R})$

$$A' = \begin{bmatrix} \alpha & -\beta \\ \beta & \alpha \end{bmatrix}.$$

Ciò è subito visto usando il fatto che

$$f(v_j) = \sum_{k=1}^{m} (\alpha_{kj} + i\beta_{kj}) w_k, \quad 1 \le j \le n,$$

e quindi che

$$f(iv_j) = \sum_{k=1}^{m} (-\beta_{kj} + i\alpha_{kj}) w_k, \quad 1 \le j \le n.$$

È opportuno notare che se V è uno spazio vettoriale reale con $\dim_{\mathbb{R}} V = n$, allora ${}^{\mathbb{R}\mathbb{C}}V$ è identificabile con $V \times V$ come spazio vettoriale **reale** di dimensione $2n$. D'altra parte, se V è complesso con $\dim_{\mathbb{C}} V = n$, allora ${}^{\mathbb{C}\mathbb{R}}V$ è identificabile ancora con $V \times V$, ma questa volta come spazio vettoriale **complesso** di dimensione $2n$.

Dunque le operazioni $V \longrightarrow {}^{\mathbb{C}}V$ e $V \longrightarrow {}^{\mathbb{R}}V$ **non** sono l'una inversa dell'altra.

2.3 Prodotto interno e basi ortonormali. Mappa trasposta, mappa aggiunta e loro proprietà

In questa sezione ci occuperemo di alcune classi importanti di trasformazioni (e matrici) diagonalizzabili. Per far questo occorre definire cosa si intende per **prodotto interno** su uno spazio vettoriale V.

Definizione 2.3.1 *Dato uno spazio vettoriale V su $\mathbb{K}$, chiamiamo* **prodotto interno** *su V una mappa*

$$V \times V \ni (v, v') \longmapsto \langle v, v' \rangle \in \mathbb{K},$$

tale che

(i) $\langle \lambda v + \mu w, v' \rangle = \lambda \langle v, v' \rangle + \mu \langle w, v' \rangle$, *per ogni* $v, w, v' \in V$ *e* $\lambda, \mu \in \mathbb{K}$;

(ii) *se* $\mathbb{K} = \mathbb{R}$, $\langle v, v' \rangle = \langle v', v \rangle$, *per ogni* $v, v' \in V$;
se $\mathbb{K} = \mathbb{C}$, $\langle v, v' \rangle = \overline{\langle v', v \rangle}$, *per ogni* $v, v' \in V$;

(iii) $\langle v, v \rangle \geq 0$ *per ogni* $v \in V$, *e* $\langle v, v \rangle = 0$ *se e solo se* $v = 0$.

(Si noti che da (ii) segue che $\langle v, v \rangle \in \mathbb{R}$ *per tutti i* $v \in V$*).*

Nel caso $\mathbb{K} = \mathbb{R}$ *un prodotto interno su* V *si dirà anche un* **prodotto scalare***; nel caso* $\mathbb{K} = \mathbb{C}$ *un prodotto interno su* V *si dirà anche un* **prodotto hermitiano** *su* V.

Se $\langle \cdot, \cdot \rangle$ *è un prodotto interno su* V, *diremo che* $v, w \in V$ *sono* **ortogonali** *(relativamente al prodotto interno) quando* $\langle v, w \rangle = 0$. *Dato poi un sottospazio* $W \subset V$, *chiameremo* **ortogonale di** W *(in* V*, rispetto al prodotto interno) il sottospazio di* V *definito come*

$$W^{\perp} := \{v \in V;\ \langle v, w \rangle = 0,\ \forall w \in W\}. \tag{2.23}$$

Chiameremo infine **norma** *indotta dal prodotto interno la mappa*

$$V \ni v \longmapsto \|v\| = \sqrt{\langle v, v \rangle} \in [0, +\infty). \tag{2.24}$$

△

Valgono le seguenti proprieta:

$$|\langle v, w \rangle| \leq \|v\| \|w\|, \quad \forall v, w \in V \text{ (\textbf{disuguaglianza di Cauchy-Schwarz})}, \tag{2.25}$$

$$\begin{cases} \|\lambda v\| = |\lambda| \|v\|, \quad \forall v \in V,\ \forall \lambda \in \mathbb{K}, \\ \|v + w\| \leq \|v\| + \|w\|, \quad \forall v, w \in V \text{ (\textbf{disuguaglianza triangolare})}, \\ \|v\| = 0 \Longleftrightarrow v = 0. \end{cases} \tag{2.26}$$

Proveremo la disuguaglianza di Cauchy-Schwarz, lasciando al lettore la verifica di (2.26).

Facciamo la prova di (2.25) nel caso $\mathbb{K} = \mathbb{C}$ (il caso $\mathbb{K} = \mathbb{R}$ è un caso particolare di quanto segue).

È ovvio che (2.25) vale quando uno dei due vettori è 0. Possiamo dunque supporre $v, w \neq 0$. Per ogni $\lambda \in \mathbb{C}$ abbiamo

$$0 \leq \|\lambda v + w\|^2 = \langle \lambda v + w, \lambda v + w \rangle = |\lambda|^2 \|v\|^2 + 2\,\mathrm{Re}\big(\lambda \langle v, w \rangle\big) + \|w\|^2. \tag{2.27}$$

Poiché $\langle v, w \rangle = |\langle v, w \rangle| e^{i\theta}$, per un certo $\theta \in [0, 2\pi)$, ne segue che, posto $\mu = \lambda e^{i\theta}$, da (2.27) si ha

$$0 \leq |\mu|^2 \|v\|^2 + 2|\langle v, w \rangle|\,\mathrm{Re}\,\mu + \|w\|^2, \quad \forall \mu \in \mathbb{C},$$

e quindi, in particolare, per ogni $\mu \in \mathbb{R}$. Pertanto

$$|\langle v, w\rangle|^2 - \|v\|^2\|w\|^2 \leq 0.$$

Osserviamo che se in (2.25) vale l'uguaglianza, allora l'argomento precedente dà anche che

$$0 \leq \|\lambda v + w\|^2 = \big(\mathrm{Re}(\lambda e^{i\theta})\|v\| + \|w\|\big)^2 + (\mathrm{Im}(\lambda e^{i\theta}))^2\|v\|^2 = 0$$

se e solo se

$$\mathrm{Im}(\lambda e^{i\theta}) = 0, \quad \text{e} \quad \mathrm{Re}(\lambda e^{i\theta}) = -\|w\|/\|v\|.$$

Per un siffatto λ si ha quindi

$$\lambda v + w = 0,$$

cioè i due vettori sono uno multiplo dell'altro. □

Definizione 2.3.2 *Se $\langle\cdot,\cdot\rangle$ è un prodotto interno su V, con* $\dim_{\mathbb{K}} V = n$, *diremo che una base $(v_1, \dots, v_n)$ di V è* **ortonormale** *se*

$$\langle v_j, v_k\rangle = \delta_{jk} = \begin{cases} 0 & se \quad j \neq k, \\ 1 & se \quad j = k, \end{cases} \qquad j,k = 1,\dots,n. \tag{2.28}$$

△

Il risultato seguente garantisce l'esistenza di basi ortonormali.

Teorema 2.3.3 *Data una qualunque base $\vec{v} = (v_1, \dots, v_n)$ di V e dato un prodotto interno su V, si può sempre costruire una base $\vec{w} = (w_1, \dots, w_n)$* **ortonormale** *di V. Di più, per ogni $j = 1,\dots,n$, si ha*

$$w_j = \sum_{k=1}^{j} \alpha_{kj} v_k \tag{2.29}$$

per una ben determinata matrice trangolare superiore invertibile $[\alpha_{kj}]_{1\leq k,j\leq n}$.

Dimostrazione La dimostrazione è costruttiva e basata sul **procedimento di ortonormalizzazione di Gram-Schmidt**. Osserviamo innanzitutto che data la base $(v_1, \dots, v_n)$ basterà costruire una base $(u_1, \dots, u_n)$ di vettori **due a due ortogonali**, e tale che per ogni $j = 1,\dots,n$,

$$u_j = \sum_{k=1}^{j} \beta_{kj} v_k, \tag{2.30}$$

per una ben determinata matrice triangolare superiore invertibile $[\beta_{kj}]_{1 \leq k,j \leq n}$. Avendo gli u_j, basterà poi porre

$$w_j = \frac{u_j}{\|u_j\|}, \quad 1 \leq j \leq n,$$

per avere una base ortonormale $(w_1, \ldots, w_n)$ e

$$\alpha_{kj} = \frac{\beta_{kj}}{\|u_j\|}, \quad 1 \leq k, j \leq n.$$

Poniamo $u_1 := v_1$ e, supposto di aver già costruito per $h < n$ i vettori $u_1, u_2, \ldots, u_h$ con le suddette proprietà, costruiamo u_{h+1}. Poniamo

$$u_{h+1} = v_{h+1} - \sum_{k=1}^{h} \frac{\langle v_{h+1}, u_k \rangle}{\|u_k\|^2} u_k.$$

Per costruzione

$$\langle u_{h+1}, u_j \rangle = 0, \quad j = 1, \ldots, h.$$

Poiché d'altra parte

$$-\sum_{k=1}^{h} \frac{\langle v_{h+1}, u_k \rangle}{\|u_k\|^2} u_k \in \operatorname{Span}\{v_1, \ldots, v_h\},$$

ne segue che $u_{h+1} \neq 0$, ed è esso stesso della forma (2.30). Ciò conclude la dimostrazione. □

Una conseguenza importante del teorema precedente è che se $(w_1, \ldots, w_n)$ è una base ortonormale di V allora ogni vettore $v \in V$ si scrive come

$$v = \sum_{j=1}^{n} \langle v, w_j \rangle w_j, \tag{2.31}$$

e quindi

$$\|v\|^2 = \sum_{j=1}^{n} |\langle v, w_j \rangle|^2. \tag{2.32}$$

I vettori $\langle v, w_j \rangle w_j$ sono le **proiezioni** di v lungo i w_j, $1 \leq j \leq n$, ed i numeri $\langle v, w_j \rangle$, $1 \leq j \leq n$, si chiamano **coefficienti di Fourier** di v rispetto alla base ortonormale $(w_1, \ldots, w_n)$.

Osservazione 2.3.4 Fissiamo V con $\dim_{\mathbb{K}} V = n$.

(1) Fissata una base $\vec{v} = (v_1, \dots, v_n)$ di V, esiste ed è unico un prodotto interno $\langle \cdot, \cdot \rangle_{\vec{v}}$ su V rispetto al quale la base $\vec{v}$ è ortonormale.

Dimostrazione L'unicità di $\langle \cdot, \cdot \rangle_{\vec{v}}$ è ovvia. Per provare l'esistenza, si consideri l'isomorfismo lineare $f_{\vec{v}} \colon V \longrightarrow \mathbb{K}^n$ definito ponendo $f_{\vec{v}}(v_j) = e_j$, $1 \leq j \leq n$, dove $(e_1, \dots, e_n)$ è la base canonica di $\mathbb{K}^n$. Basta allora porre

$$\langle v, w \rangle_{\vec{v}} := \langle f_{\vec{v}}(v), f_{\vec{v}}(w) \rangle_{\mathbb{K}^n},$$

dove $\langle \cdot, \cdot \rangle_{\mathbb{K}^n}$ è il prodotto interno canonico in $\mathbb{K}^n$. □

(2) Se $W \subset V$ è un sottospazio di V allora

$$W \oplus W^{\perp} = V. \tag{2.33}$$

Dimostrazione La prova è ovvia se $W = V$ o $W = \{0\}$. Supponiamo dunque $1 \leq \dim_{\mathbb{K}} W = k < n$. È ovvio che $W \cap W^{\perp} = \{0\}$, e dunque $W \oplus W^{\perp}$ è un sottospazio di V. Per i Teorema 2.3.3 possiamo trovare una base ortonormale $(v_1, \dots, v_n)$ di V tale che $(v_1, \dots, v_k)$ sia una base ortonormale di W. Ma allora per ogni $j > k$, $v_j \in W^{\perp}$, sicché $\dim_{\mathbb{K}} W^{\perp} \geq n - k$, e dunque la tesi. □

(3) Se $W \subset V$ è un sottospazio di V allora

$$(W^{\perp})^{\perp} = W. \tag{2.34}$$

Se $W_1, W_2 \subset V$ sono sottospazi di V, allora

$$(W_1 + W_2)^{\perp} = W_1^{\perp} \cap W_2^{\perp}, \quad (W_1 \cap W_2)^{\perp} = W_1^{\perp} + W_2^{\perp}. \tag{2.35}$$

Dimostrazione La (2.34) è una conseguenza immediata della (2.33). Per quanto riguarda le uguaglianze in (2.35), la prima si vede mostrando la doppia inclusione mentre la seconda è conseguenza della prima e della (2.34). □

(4) Se $W \subset V$ è un sottospazio di V con $\dim_{\mathbb{K}} W = k$, la proiezione di V su W parallela a $W^{\perp}$ si chiamerà **proiezione ortogonale di V su W**, $\Pi_W \colon V \longrightarrow W$. Si ha allora che

$$\Pi_W(v) = \sum_{j=1}^{k} \langle v, w_j \rangle w_j, \tag{2.36}$$

dove $(w_1, \dots, w_k)$ è una **qualunque** base ortonormale di W. △

Abbiamo il seguente risultato.

Teorema 2.3.5 *Dati due spazi vettoriali su $\mathbb{K}$, V di dimensione n e W di dimensione m, rispettivamente con prodotti interni $\langle\cdot,\cdot\rangle_V$ e $\langle\cdot,\cdot\rangle_W$, e data un'applicazione lineare $f\colon V \longrightarrow W$, esiste ed è unica un'applicazione lineare $g\colon W \longrightarrow V$ tale che*

$$\langle f(v), w\rangle_W = \langle v, g(w)\rangle_V, \quad \forall v \in V, \ \forall w \in W. \tag{2.37}$$

Quando $\mathbb{K} = \mathbb{R}$, g sarà chiamata **la trasposta** *di f ed indicata con ${}^t f$; quando $\mathbb{K} = \mathbb{C}$, g sarà chiamata* **l'aggiunta** *di f ed indicata con f^*.*

Di più, se $A = [a_{kj}]_{\substack{1\le k\le m\\ 1\le j\le n}}$ è la matrice di f relativa ad una base ortonormale $\vec{v} = (v_1, \dots, v_n)$ di V ed una base ortonormale $\vec{w} = (w_1, \dots, w_m)$ di W, allora

- *nel caso $\mathbb{K} = \mathbb{R}$ la matrice di ${}^t f$ relativa a $\vec{w}$ e $\vec{v}$ è* **la matrice trasposta** *di A, che si ottiene scambiando in A le righe con le colonne, cioè*

$${}^t A = [\tilde{a}_{jk}]_{\substack{1\le j\le n\\ 1\le k\le m}}, \quad \tilde{a}_{jk} = a_{kj};$$

- *nel caso $\mathbb{K} = \mathbb{C}$ la matrice di f^* relativa a $\vec{w}$ e $\vec{v}$ è* **la matrice aggiunta** *di A, che si ottiene scambiando in A le righe con le colonne e prendendo il complesso coniugato, cioè*

$$A^* = {}^t\bar{A} = [\tilde{a}_{jk}]_{\substack{1\le j\le n\\ 1\le k\le m}}, \quad \tilde{a}_{jk} = \bar{a}_{kj}.$$

Dimostrazione L'unicità di g è ovvia perché se ce ne fosse un'altra, g', da (2.37) avremmo

$$\langle v, g(w)\rangle_V = \langle v, g'(w)\rangle_V, \quad \forall v \in V, \ \forall w \in W,$$

e quindi

$$g(w) = g'(w), \quad \forall w \in W.$$

Per fissare le idee proviamo l'esistenza di g nel caso $\mathbb{K} = \mathbb{C}$. Fissate due basi $\vec{v}$ e $\vec{w}$ come nell'enunciato, e detta A la matrice di f relativa a tali basi, definiamo $g\colon W \longrightarrow V$ come l'applicazione lineare la cui matrice relativa alle basi $\vec{w}$ e $\vec{v}$ è la matrice aggiunta A^* di A, cioè

$$g(w_k) := \sum_{j=1}^{n} \tilde{a}_{jk} v_j = \sum_{j=1}^{n} \bar{a}_{kj} v_j, \quad k = 1, \dots, m.$$

Proviamo che g così definita soddisfa la proprietà (2.37). Se $v = \sum_{j=1}^{n} \alpha_j v_j$ e $w = \sum_{k=1}^{m} \beta_k w_k$, allora da una parte

$$\begin{aligned}\langle f(v), w\rangle_W &= \left\langle \sum_{j=1}^{n} \alpha_j f(v_j), \sum_{k=1}^{m} \beta_k w_k \right\rangle_W = \left\langle \sum_{j=1}^{n} \alpha_j \Big(\sum_{h=1}^{m} a_{hj} w_h\Big), \sum_{k=1}^{m} \beta_k w_k \right\rangle_W = \\ &= \left\langle \sum_{h=1}^{m} \Big(\sum_{j=1}^{n} a_{hj}\alpha_j\Big) w_h, \sum_{k=1}^{m} \beta_k w_k \right\rangle_W = \sum_{h,k=1}^{m} \bar{\beta}_k \sum_{j=1}^{n} a_{hj}\alpha_j \langle w_h, w_k\rangle_W = \\ &= \sum_{k=1}^{m}\sum_{j=1}^{n} a_{kj}\alpha_j \bar{\beta}_k,\end{aligned}$$

e dall'altra

$$\begin{aligned}\langle v, g(w)\rangle_V &= \left\langle \sum_{j=1}^{n} \alpha_j v_j, \sum_{k-1}^{m} \beta_k g(w_k) \right\rangle_V = \left\langle \sum_{j-1}^{n} \alpha_j v_j, \sum_{k=1}^{m} \beta_k \Big(\sum_{h=1}^{n} \bar{a}_{kh} v_h\Big) \right\rangle_V = \\ &= \left\langle \sum_{j=1}^{n} \alpha_j v_j, \sum_{h=1}^{n} \Big(\sum_{k=1}^{m} \bar{a}_{kh}\beta_k\Big) v_h \right\rangle_V = \sum_{j,h=1}^{n} \alpha_j \sum_{k=1}^{m} a_{kh}\bar{\beta}_k \langle v_j, v_h\rangle_V = \\ &= \sum_{k=1}^{m}\sum_{j=1}^{n} a_{kj}\alpha_j \bar{\beta}_k.\end{aligned}$$

Questo prova la (2.37) e conclude la dimostrazione. □

Valgono le proprietà seguenti, la cui prova viene lasciata al lettore:

- ${}^t({}^t f) = f$, e rispettivamente $(f^*)^* = f$;
- ${}^t(\lambda f + \mu g) = \lambda {}^t f + \mu {}^t g$ (per ogni $\lambda, \mu \in \mathbb{R}$), e risp. $(\lambda f + \mu g)^* = \bar{\lambda} f^* + \bar{\mu} g^*$ (per ogni $\lambda, \mu \in \mathbb{C}$);
- se f è invertibile allora anche ${}^t f$, risp. f^*, lo è e si ha ${}^t(f^{-1}) = ({}^t f)^{-1}$, risp. $(f^{-1})^* = (f^*)^{-1}$;
- se $V \xrightarrow{f} W \xrightarrow{g} Z$ sono applicazioni lineari e se su V, W e Z sono fissati dei prodotti interni, allora

$$ {}^t(g \circ f) = {}^t f \circ {}^t g, \quad \text{risp.} \quad (g \circ f)^* = f^* \circ g^*; $$

- si ha

$$ p_{{}^t f}(z) = p_f(z), \quad \text{e} \quad p_{f^*}(z) = \overline{p_f(\bar{z})}, \quad \forall z \in \mathbb{C}, $$

  e quindi

$$ \mathrm{Spec}({}^t f) = \mathrm{Spec}(f), \quad \text{e} \quad \mathrm{Spec}(f^*) = \overline{\mathrm{Spec}(f)}. $$

Definizione 2.3.6 *Data* $f: V \longrightarrow V$ *lineare, è fissato su* V *un prodotto interno* $\langle \cdot, \cdot \rangle$*:*

- *diciamo, nel caso* $\mathbb{K} = \mathbb{R}$*, che* f *è* **simmetrica** *se* ${}^t f = f$*;*
- *diciamo, nel caso* $\mathbb{K} = \mathbb{C}$*, che* f *è* **autoaggiunta** *se* $f^* = f$*.*

Dunque dire che f *è simmetrica, risp. autoaggiunta, significa che*

$$\langle f(v), v' \rangle = \langle v, f(v') \rangle, \quad \forall v, v' \in V. \tag{2.38}$$

Una matrice $A \in \mathrm{M}(n; \mathbb{R})$ *si dirà* **simmetrica** *quando* ${}^t A = A$*; una matrice* $A \in \mathrm{M}(n; \mathbb{C})$ *si dirà* **autoaggiunta** *quando* $A^* = A$*.* △

È opportuno osservare che la proiezione ortogonale di V su un suo sottospazio W è **simmetrica** (nel caso $\mathbb{K} = \mathbb{R}$), rispettivamente **autoaggiunta** (nel caso $\mathbb{K} = \mathbb{C}$). Ciò è una conseguenza immediata di (2.36).

Vale il seguente teorema fondamentale.

Teorema 2.3.7 *Dato V spazio vettoriale* **complesso** *con un prodotto hermitiano $\langle \cdot, \cdot \rangle$, e data $f: V \longrightarrow V$ lineare ed* **autoaggiunta**, *allora*

(i) $\mathrm{Spec}(f) \subset \mathbb{R}$;

(ii) se $\lambda, \mu \in \mathrm{Spec}(f)$ e $\lambda \neq \mu$, allora

$$\langle v, v' \rangle = 0, \quad \forall v \in E_\lambda, \ \forall v' \in E_\mu;$$

(iii) f è diagonalizzabile e quindi, detti $\lambda_1, \ldots, \lambda_k$ gli autovalori **distinti** *di f, e detta Π_j la proiezione ortogonale di V su E_{λ_j}, $1 \leq j \leq k$, si ha*

$$f = \sum_{j=1}^{k} \lambda_j \Pi_j. \tag{2.39}$$

Dimostrazione Per provare (i), sia $\lambda \in \mathrm{Spec}(f)$ e sia $v \neq 0$ con $f(v) = \lambda v$. Poiché $f^* = f$, da (2.38) si ha

$$\lambda \langle v, v \rangle = \langle f(v), v \rangle = \langle v, f(v) \rangle = \langle v, \lambda v \rangle = \bar{\lambda} \langle v, v \rangle,$$

e quindi $(\lambda - \bar{\lambda}) \|v\|^2 = 0$, da cui $\lambda = \bar{\lambda}$, i.e. $\lambda \in \mathbb{R}$.

Per provare (ii), usando ancora (2.38), si ha

$$\lambda \langle v, v' \rangle = \langle f(v), v' \rangle = \langle v, f(v') \rangle = \langle v, \mu v' \rangle = \mu \langle v, v' \rangle$$

(λ e μ sono reali per il punto (i)!), da cui $(\lambda - \mu)\langle v, v' \rangle = 0$, e quindi $\langle v, v' \rangle = 0$.

Proviamo infine (iii). Siano $\lambda_1, \ldots, \lambda_k$ le radici distinte (reali, come conseguenza di (i)) del polinomio caratteristico p_f di f. Si tratta di provare che $V = \bigoplus_{j=1}^{k} E_{\lambda_j}$. Se così non fosse, il sottospazio $W := \left(\bigoplus_{j=1}^{k} E_{\lambda_j} \right)^{\perp}$ sarebbe **non banale**. Come conseguenza dell'autoaggiunzione di f, avremmo $f(W) \subset W$. Infatti se $v \in W$ e $v' \in E_{\lambda_j}$ per un qualche j, allora

$$\langle f(v), v' \rangle = \langle v, f(v') \rangle = \lambda_j \langle v, v' \rangle = 0.$$

Ma allora il polinomio caratteristico di $f\big|_W$ dovrebbe avere almeno una radice, cioè $f\big|_W$ dovrebbe avere almeno un autovalore che necessariamente, come autovalore di f, dovrebbe essere uno dei λ_j, il che porterebbe ad una contraddizione. Dunque $V = \bigoplus_{j=1}^{k} E_{\lambda_j}$, e la (2.39) ne consegue banalmente. □

Ci domandiamo cosa si può dire nel caso $\mathbb{K} = \mathbb{R}$. Per quanto già sappiamo, la cosa non è a priori ovvia. Tuttavia nel caso simmetrico vale il seguente teorema.

Teorema 2.3.8 *Dato V spazio vettoriale* **reale** *con un prodotto scalare $\langle\cdot,\cdot\rangle$, e data $f\colon V \longrightarrow V$ lineare e* **simmetrica**, *allora f è diagonalizzabile e valgono (i), (ii) e (iii) del Teorema 2.3.7.*

Dimostrazione Proviamo che f è diagonalizzabile. Consideriamo il complessificato ${}^{\mathbb{C}}V$ di V e la complessificata ${}^{\mathbb{C}}f$ di f. A partire dal prodotto scalare $\langle\cdot,\cdot\rangle$ su V, definiamo un prodotto hermitiano $\langle\cdot,\cdot\rangle_{\mathbb{C}}$ su ${}^{\mathbb{C}}V$ nel modo seguente:

$$\langle v + iv', w + iw'\rangle_{\mathbb{C}} := \langle v, w\rangle + \langle v', w'\rangle + i\big(\langle v', w\rangle - \langle v, w'\rangle\big).$$

Il lettore verifichi per esercizio che questo è effettivamente un prodotto hermitiano (detto "il complessificato" di $\langle\cdot,\cdot\rangle$).

Proviamo ora che ${}^{\mathbb{C}}f$ è **autoaggiunta** rispetto al prodotto hermitiano $\langle\cdot,\cdot\rangle_{\mathbb{C}}$. Infatti

$$\begin{aligned}\langle {}^{\mathbb{C}}f(v + iv'), w + iw'\rangle_{\mathbb{C}} &= \langle f(v) + if(v'), w + iw'\rangle_{\mathbb{C}} = \\ &= \langle f(v), w\rangle + \langle f(v'), w'\rangle + i\big(\langle f(v'), w\rangle - \langle f(v), w'\rangle\big) =\end{aligned}$$

(per la (2.38))

$$\begin{aligned}&= \langle v, f(w)\rangle + \langle v', f(w')\rangle + i\big(\langle v', f(w)\rangle - \langle v, f(w')\rangle\big) = \\ &= \langle v + iv, f(w) + if(w')\rangle_{\mathbb{C}} = \langle v + iv', {}^{\mathbb{C}}f(w + iw')\rangle_{\mathbb{C}}.\end{aligned}$$

Per il Teorema 2.3.7, ${}^{\mathbb{C}}f$ è diagonalizzabile e valgono le proprietà (i)–(iii). Poiché gli autovalori di ${}^{\mathbb{C}}f$ sono **reali**, dal Teorema 2.2.4 segue la diagonalizzabilità di f, e che anche per f si hanno le proprietà (i)–(iii). □

È importante osservare che ogniqualvolta sia stato fissato un prodotto interno su uno spazio vettoriale, **ogni** altro prodotto interno è esprimibile in termini di quello originario. Si ha infatti il seguente risultato.

Teorema 2.3.9 *Sia $\langle\cdot,\cdot\rangle$ un prodotto interno su V, e sia $\beta\colon V \times V \longrightarrow \mathbb{K}$ un altro prodotto interno. Allora esiste ed è unica $f\colon V \longrightarrow V$ con $f = {}^{t}f$, nel caso $\mathbb{K} = \mathbb{R}$, risp. $f = f^*$, nel caso $\mathbb{K} = \mathbb{C}$ (la simmetria, risp. autoaggiunzione, sono relative a $\langle\cdot,\cdot\rangle$), e con* Spec$(f) \subset (0, +\infty)$, *tale che*

$$\beta(u, v) = \langle f(u), v\rangle, \quad \forall u, v \in V. \tag{2.40}$$

Dimostrazione L'unicità è ovvia. Proviamo l'esistenza di f nel caso $\mathbb{K} = \mathbb{C}$. Si fissi una base $\vec{w} = (w_1, \ldots, w_n)$ con $\langle w_j, w_k\rangle = \delta_{jk}$, $1 \le j, k \le n$. Allora

$$\beta\Big(u = \sum_{j=1}^{n} \xi_j w_j, v = \sum_{k=1}^{n} \eta_k w_k\Big) = \sum_{j,k=1}^{n} \beta(w_j, w_k)\xi_j \bar{\eta}_k.$$

Definiamo dunque $f : V \longrightarrow V$ come la mappa lineare la cui matrice A nella base $\vec{w}$ è

$$A = [a_{jk}]_{1 \leq j,k \leq n}, \quad \text{con} \quad a_{jk} := \beta(w_k, w_j).$$

Ovviamente $f = f^*$, e poiché

$$\langle f(u), u \rangle = \beta(u, u) > 0 \quad \text{se} \quad u \neq 0,$$

ne segue che $\mathrm{Spec}(f) \subset (0, +\infty)$. □

2.4 Forme quadratiche

Un oggetto particolarmente importante associato ad una trasformazione simmetrica/autoaggiunta è la relativa *forma quadratica.*

Definizione 2.4.1 *Se $f : V \longrightarrow V$ è una mappa lineare simmetrica (nel caso $\mathbb{K} = \mathbb{R}$) o autoaggiunta (nel caso $\mathbb{K} = \mathbb{C}$) rispetto ad un fissato prodotto interno $\langle \cdot, \cdot \rangle$ su V, si chiama* **forma quadratica associata ad** *f la mappa*

$$V \ni v \longmapsto q(v) := \langle f(v), v \rangle \in \mathbb{R}. \tag{2.41}$$

Si dice che

- *q è* **definita positiva**, *risp.* **semidefinita positiva**, *se*

$$q(v) > 0, \quad \forall v \neq 0, \quad \text{risp.} \quad q(v) \geq 0, \quad \forall v,$$

  e scriveremo $f > 0$, risp. $f \geq 0$;
- *q è* **definita negativa**, *risp.* **semidefinita negativa**, *se*

$$q(v) < 0, \quad \forall v \neq 0, \quad \text{risp.} \quad q(v) \leq 0, \quad \forall v,$$

  e scriveremo $f < 0$, risp. $f \leq 0$;
- *q è* **indefinita** *se esistono v, v' tali che*

$$q(v) > 0, \qquad q(v') < 0.$$

Si chiama **radicale** *della forma quadratica q l'insieme*

$$\mathrm{Rad}(q) := \{v \in V;\ \langle f(v), w \rangle = 0, \ \forall w \in V\}. \tag{2.42}$$

Posto

$$\nu_{\pm}(q) := \sum_{\substack{\lambda \in \mathrm{Spec}(f) \\ \pm\lambda > 0}} m_a(\lambda), \tag{2.43}$$

si chiama **segnatura** *di q la coppia $(\nu_+(q), \nu_-(q))$ ed* **indice d'inerzia** *di q l'intero $i(q) := \nu_+(q) - \nu_-(q)$.* △

Il lettore verifichi per esercizio le proprietà seguenti:

(i) $\mathrm{Rad}(q) = \mathrm{Ker}\, f$ (dunque $\mathrm{Rad}(q)$ è un **sottospazio** di V);
(ii) se $\lambda_1 < \lambda_2 < \ldots < \lambda_k$ sono gli autovalori distinti di f e $v \in V$, $v = \sum_{j=1}^k v_j$ con $v_j \in E_{\lambda_j}$, allora

$$q(v) = \sum_{j=1}^{k} \lambda_j \|v_j\|^2. \tag{2.44}$$

Dunque q è definita positiva, risp. definita negativa, se e solo se $\lambda_1 > 0$, risp. $\lambda_k < 0$; q è semidefinita positiva, risp. semidefinita negativa, se e solo se $\lambda_1 \geq 0$, risp. $\lambda_k \leq 0$; q è indefinita se e solo se $\lambda_1 < 0$ e $\lambda_k > 0$.

Il seguente importante teorema fornisce un metodo "variazionale" per calcolare gli autovalori di f a partire dalla forma quadratica associata q.

Teorema 2.4.2 (Principio di mini-max) *Siano $\lambda_1 < \lambda_2 < \ldots < \lambda_k$ gli autovalori distinti di f. Allora*

$$\lambda_1 = \min_{\|v\|=1} q(v), \qquad \lambda_k = \max_{\|v\|=1} q(v), \tag{2.45}$$

e per $2 \leq j \leq k-1$

$$\lambda_j = \max_{\substack{\|v\|=1 \\ v \in (E_{\lambda_{j+1}} \oplus \ldots \oplus E_{\lambda_k})^\perp}} q(v) = \min_{\substack{\|v\|=1 \\ v \in (E_{\lambda_1} \oplus \ldots \oplus E_{\lambda_{j-1}})^\perp}} q(v). \tag{2.46}$$

Dimostrazione Proviamo solo la (2.46). Se v ha norma 1 ed è ortogonale a $E_{\lambda_{j+1}} \oplus \ldots \oplus E_{\lambda_k}$, da (2.44) si ha

$$q(v) = \sum_{\ell=1}^{j} \lambda_\ell \|v_\ell\|^2 \leq \lambda_j \sum_{\ell=1}^{j} \|v_\ell\|^2 = \lambda_j \sum_{\ell=1}^{k} \|v_\ell\|^2 = \lambda_j,$$

e quindi $q(v) \leq \lambda_j$ e $q(v) = \lambda_j$ se $v \in E_{\lambda_j}$. Se poi v ha norma 1 ed è ortogonale a $E_{\lambda_1} \oplus \ldots \oplus E_{\lambda_{j-1}}$, sempre da (2.44) si ha

$$q(v) = \sum_{\ell=j}^{k} \lambda_\ell \|v_\ell\|^2 \geq \lambda_j \sum_{\ell=j}^{k} \|v_\ell\|^2 = \lambda_j \sum_{\ell=1}^{k} \|v_\ell\|^2 = \lambda_j,$$

e quindi $q(v) \geq \lambda_j$ e $q(v) = \lambda_j$ se $v \in E_{\lambda_j}$. □

Il teorema precedente suggerisce un algoritmo per calcolare gli autovalori di f. Si calcola

$$\lambda_1 := \min_{\|v\|=1} \langle f(v), v \rangle.$$

Il teorema dice che $\lambda_1 = \min \operatorname{Spec}(f)$. Si calcola $E_{\lambda_1} = \operatorname{Ker}(\lambda_1 1_V - f)$. Se $E_{\lambda_1} = V$ l'algoritmo si arresta perché $f = \lambda_1 1_V$. Se $E_{\lambda_1} \subsetneq V$ allora si calcola

$$\lambda_2 := \min_{\substack{\|v\|=1 \\ v \in E_{\lambda_1}^\perp}} \langle f(v), v \rangle = \min_{\substack{\|v\|=1 \\ v \in E_{\lambda_1}^\perp}} \langle f\big|_{E_{\lambda_1}^\perp}(v), v \rangle.$$

Il teorema precedente garantisce che $\lambda_2 > \lambda_1$. Basta ora ripetere questo ragionamento partendo da $E_{\lambda_1}^\perp$ ed $f\big|_{E_{\lambda_1}^\perp}$.

È chiaro che dopo un numero finito di passi si ottiene $\operatorname{Spec}(f)$.

Il lettore formuli un algoritmo analogo partendo dal calcolo di $\max_{\|v\|=1} \langle f(v), v \rangle$.

L'algoritmo precedente richiede comunque di saper calcolare il minimo (o il massimo) di una forma quadratica e di saper calcolare gli autospazi di f.

Vogliamo ora mostrare come dalla sola conoscenza del polinomio caratteristico di f sia possibile dedurre una informazione non banale sulla dislocazione dello spettro di f.

Teorema 2.4.3 (di Cartesio) *Sia $f: V \longrightarrow V$ un'applicazione lineare tale che il polinomio caratteristico $p_f(z)$ abbia* **solo** *radici reali. Fissata una qualunque base di V, sia A la matrice di f relativa a questa base. Scriviamo*

$$p_f(z) := \det(A - zI_n) = (-1)^n P(z),$$

dove

$$P(z) = z^n + \sum_{j=1}^{n} \alpha_j z^{n-j}.$$

Allora

(i) $\alpha_j \in \mathbb{R}$, *per ogni* $j = 1, \ldots, n$;
(ii) $\operatorname{Spec}(f) \subset (-\infty, 0) \iff \alpha_j > 0$, *per ogni* $j = 1, \ldots, n$;
(iii) $\operatorname{Spec}(f) \subset (0, +\infty) \iff (-1)^j \alpha_j > 0$, *per ogni* $j = 1, \ldots, n$.

La dimostrazione è basata sui due lemmi seguenti.

Lemma 2.4.4 *Se il polinomio caratteristico $p_g(z)$, $z \in \mathbb{C}$, di una qualunque applicazione lineare $g: V \longrightarrow V$ ha* **tutte** *le sue radici in $\mathbb{R}$, i.e.*

$$z \in \mathbb{C}, \quad p_g(z) = 0 \implies z \in \mathbb{R},$$

allora **tutti** *i coefficienti del polinomio sono reali.*

Lemma 2.4.5 *Poniamo*

$$P(z) = z^n + \sum_{j=1}^{n} \alpha_j z^{n-j} \in \mathbb{R}[z], \quad n \geq 2.$$

Se **tutte** *le radici di* $P(z)$ *sono* **reali** *e contenute in un intervallo* $[a, b]$*, allora anche* **tutte** *le radici del polinomio* $P'(z) = \frac{dP}{dz}(z)$ *sono pure reali e contenute in* $[a, b]$.

Dimostrazione (del Lemma 2.4.4) È banale, perché se $\mu_1, \ldots, \mu_k \in \mathbb{R}$ sono tutte le radici di $p_g(z)$ con molteplicità $m_1, \ldots, m_k$, allora

$$p_g(z) = (-1)^n \prod_{j=1}^{k} (z - \mu_j)^{m_j},$$

e ciò prova che i coefficienti di $p_g(z)$ sono reali. □

Dimostrazione (del Lemma 2.4.5) È banale anche in questo caso, tenuto conto dei due fatti seguenti:

- se $\alpha, \beta \in \mathbb{R}$ con $\alpha < \beta$ sono due radici di $P(z)$, allora per il Teorema di Rolle si ha $P'(t) = 0$ per almeno un $t \in (\alpha, \beta)$;
- se α è una radice di $P(z)$ di molteplicità $m \geq 2$, allora α è pure una radice di $P'(z)$ di molteplicità $m - 1$. □

Dimostrazione (del Teorema 2.4.3) Il punto (i) è conseguenza del Lemma 2.4.4.

Proviamo ora (ii). Se $\alpha_j > 0$ per tutti i j, allora $P(z) > 0$ per tutti gli $z \geq 0$, e quindi $P^{-1}(0) = \mathrm{Spec}(f) \subset (-\infty, 0)$. Viceversa, se $P^{-1}(0) \subset (-\infty, 0)$, allora $P(z)$ ha segno costante per $z \geq 0$, e poiché $P(z) \to +\infty$ per $z \to +\infty$, ne segue che $P(0) = \alpha_n > 0$. D'altra parte, se $n \geq 2$, dal Lemma 2.4.5 segue che anche $P'(z)$ ha tutte le radici in $(-\infty, 0)$, e poiché ancora $P'(z) \to +\infty$ per $z \to +\infty$, ne segue che $P'(0) = \alpha_{n-1} > 0$. Ripetendo lo stesso ragionamento a partire da $P'(z)$, se ne deduce che $\alpha_j > 0$ per $1 \leq j \leq n$.

Proviamo ora (iii). Definiamo il polinomio $Q(z)$ come

$$Q(z) := P(-z) = (-1)^n \Big(z^n + \sum_{j=1}^{n} (-1)^j \alpha_j z^{n-j} \Big).$$

Poiché

$$Q^{-1}(0) \subset (-\infty, 0) \Longleftrightarrow P^{-1}(0) \subset (0, +\infty),$$

dal punto precedente ciò equivale a dire che $(-1)^j \alpha_j > 0$ per tutti i j. □

Osservazione 2.4.6 Con le notazioni del teorema, se $0 \notin \mathrm{Spec}(f)$, i.e. $P(0) \neq 0$, e se non è vero né che $\alpha_j > 0$ per ogni j, né che $(-1)^j \alpha_j > 0$ per ogni j, ne segue che

$$\mathrm{Spec}(f) \cap (-\infty, 0) \neq \emptyset \neq \mathrm{Spec}(f) \cap (0, +\infty).$$

Si noti che il teorema precedente, qualora f sia simmetrica, risp. autoaggiunta, rispetto ad un prodotto interno fissato, da una informazione sul segno della forma quadratica associata. △

Un altro risultato che permette di studiare il segno di una forma quadratica è conseguenza del teorema seguente.

Teorema 2.4.7 (di Jacobi) *Sia V uno spazio vettoriale reale, risp. complesso, con un prodotto interno $\langle \cdot, \cdot \rangle$, e sia $f: V \longrightarrow V$ una mappa lineare e simmetrica, risp. autoaggiunta. Sia $\vec{v} = (v_1, \ldots, v_n)$ una base ortonormale di V e sia $A = [a_{jk}]_{1 \leq j,k \leq n}$ la matrice di f in tale base. Posto*

$$A_\ell := [a_{jk}]_{1 \leq j,k \leq \ell}, \qquad e \qquad \Delta_\ell := \det(A_\ell), \ 1 \leq \ell \leq n,$$

si noti che $\Delta_\ell \in \mathbb{R}$ per $1 \leq \ell \leq n$.

Supponiamo si abbia $\Delta_\ell \neq 0$ per $\ell = 1, \ldots, n$. Allora c'è una base $\vec{w} = (w_1, \ldots, w_n)$ di V tale che, scrivendo ogni $u \in V$ nella forma $u = \sum_{j=1}^{n} \xi_j w_j$, risulta

$$\langle f(u), u \rangle = \Delta_1 |\xi_1|^2 + \frac{\Delta_2}{\Delta_1} |\xi_2|^2 + \frac{\Delta_3}{\Delta_2} |\xi_3|^2 + \ldots + \frac{\Delta_n}{\Delta_{n-1}} |\xi_n|^2. \tag{2.47}$$

Dimostrazione Facciamo la dimostrazione nel caso complesso. Costruiamo $\vec{w}$ definendo $w_1 := v_1$, e per $2 \leq k \leq n$, $w_k := v_k + \sum_{j=1}^{k-1} \beta_{kj} v_j$, con i β_{kj} da scegliere opportunamente. Si noti che, quale che sia la scelta dei β_{kj}, $\vec{w} = (w_1, \ldots, w_n)$ è una base di V. La scelta dei β_{kj} avviene imponendo che si abbia per $k \geq 2$

$$\langle f(w_k), v_\ell \rangle = 0, \quad \ell = 1, \ldots, k-1. \tag{2.48}$$

Per definizione dei w_k ciò equivale a risolvere il sistema di equazioni

$$\sum_{j=1}^{k-1} \beta_{kj} \langle f(v_j), v_\ell \rangle = -\langle f(v_k), v_\ell \rangle, \quad 1 \leq \ell \leq k-1. \tag{2.49}$$

Poiché $\langle f(v_j), v_\ell \rangle = a_{\ell j}$, la matrice dei coefficienti del sistema (2.49) è invertibile in quanto il suo determinante è proprio Δ_{k-1}, che è $\neq 0$ per ipotesi. Ciò determina univocamente i β_{kj}, $2 \leq k \leq n$, $1 \leq j \leq k-1$.

Ora osserviamo che si ha:

(i) $\langle f(w_k), w_j \rangle = 0$, se $2 \leq k \leq n$ e $1 \leq j \leq k-1$;

(ii) $\Delta_\ell = \prod_{j=1}^{\ell} \langle f(w_j), w_j \rangle$, $\ell = 1, \ldots, n$.

Poiché per $1 \leq j \leq k-1$ si ha che $w_j \in \mathrm{Span}\{v_1, \ldots, v_j\}$, da (2.48) segue immediatamente la (i).

Proviamo la (ii). Per $\ell = 1$ la cosa è ovvia, giacché

$$\langle f(w_1), w_1 \rangle = \langle f(v_1), v_1 \rangle = a_{11} = \Delta_1 .$$

Per $\ell \geq 2$, da (i) e dal fatto che f è autoaggiunta segue intanto che

$$[\langle f(w_j), w_k \rangle]_{1 \leq j,k \leq \ell} = \mathrm{diag}(\langle f(w_j), w_j \rangle)_{1 \leq j \leq \ell},$$

e quindi

$$\det([\langle f(w_j), w_k \rangle]_{1 \leq j,k \leq \ell}) = \prod_{j=1}^{\ell} \langle f(w_j), w_j \rangle .$$

D'altra parte, se poniamo

$$B_\ell := \begin{bmatrix} 1 & \beta_{21} & \beta_{31} & \ldots & \beta_{\ell-1\,1} & \beta_{\ell 1} \\ 0 & 1 & \beta_{32} & \ldots & \beta_{\ell-1\,2} & \beta_{\ell 2} \\ 0 & 0 & 1 & \ldots & \beta_{\ell-1\,3} & \beta_{\ell 3} \\ \vdots & \vdots & \vdots & \ddots & \vdots & \vdots \\ 0 & 0 & 0 & \ldots & 0 & 1 \end{bmatrix}, \quad 2 \leq \ell \leq n,$$

per costruzione si ha

$$\mathrm{diag}(\langle f(w_j), w_j \rangle)_{1 \leq j \leq \ell} = B_\ell^* A_\ell B_\ell, \quad 2 \leq \ell \leq n,$$

ed essendo $\det B_\ell = \det B_\ell^* = 1$, anche la (ii) segue.

Infine, scritto $u = \sum_{j=1}^{n} \xi_j w_j$, si ha da (i) e (ii) che

$$\begin{aligned} \langle f(u), u \rangle &= \sum_{j,k=1}^{n} \xi_j \bar{\xi}_k \langle f(w_j), w_j \rangle = \\ &= \langle f(w_1), w_1 \rangle |\xi_1|^2 + \langle f(w_2), w_2 \rangle |\xi_2|^2 + \ldots + \langle f(w_n), w_n \rangle |\xi_n|^2 = \\ &= \Delta_1 |\xi_1|^2 + \frac{\Delta_2}{\Delta_1} |\xi_2|^2 + \ldots + \frac{\Delta_n}{\Delta_{n-1}} |\xi_n|^2 . \end{aligned}$$

Ciò conclude la prova. □

Corollario 2.4.8 *Nelle ipotesi del teorema precedente la forma quadratica* $q(u) := \langle f(u), u\rangle$ *è*

(i) *definita positiva se e solo se* $\Delta_\ell > 0$, $1 \le \ell \le n$;
(ii) *definita negativa se e solo se* $(-1)^\ell \Delta_\ell > 0$, $1 \le \ell \le n$;
(iii) *indefinita in tutti gli altri casi.*

Dimostrazione Dal teorema segue che

$$q(u) = \langle f(u), u\rangle = \Delta_1 |\xi_1|^2 + \sum_{\ell=2}^{n} \frac{\Delta_\ell}{\Delta_{\ell-1}} |\xi_\ell|^2,$$

e quindi la prova è ovvia. □

Osservazione 2.4.9 Data $A = [a_{jk}]_{1\le j,k\le n}$ matrice $n\times n$ con $A = {}^tA$, risp. $A = A^*$, le matrici $\ell \times \ell$

$$A_\ell := [a_{jk}]_{1\le j,k\le \ell}, \qquad \ell = 1, \dots, n,$$

si chiamano **i minori principali** di A, ed i numeri reali $\Delta_\ell = \det(A_\ell)$ sono dunque i determinanti dei minori principali. L'ipotesi del Teorema 2.4.7 che in una qualche base ortonormale $\vec{v} = (v_1, \dots, v_n)$ di V la matrice A di f abbia **tutti** i minori principali invertibili equivale a dire che, posto $V_\ell := \mathrm{Span}\{v_1, \dots, v_\ell\}$ ed $f_\ell : V_\ell \longrightarrow V_\ell$, $f_\ell := \Pi_{V_\ell} \circ (f\big|_{V_\ell})$, $1 \le \ell \le n$, le f_ℓ sono **tutte** invertibili per $\ell = 1, \dots, n$. Ciò segue dal fatto che A_ℓ è la matrice di f_ℓ nella base ortonormale $(v_1, \dots, v_\ell)$ di V_ℓ. In particolare, dunque, $A = A_n$ è invertibile. Siccome $p_f(z) = p_A(z)$, da una parte $p_f(0) = p_A(0) = \det A \ne 0$, e dall'altra se $\lambda_1, \dots, \lambda_n$ sono gli autovalori di f, ripetuti secondo la loro molteplicità, $p_f(z) = (-1)^n \prod_{j=1}^{n} (z - \lambda_j)$, quindi $p_f(0) = \prod_{j=1}^{n} \lambda_j$, e dunque dire che A è invertibile equivale a dire che tutti gli autovalori di f sono diversi da 0. Dunque l'ipotesi del Teorema di Jacobi può essere riespressa dicendo che c'è una base ortonormale di V rispetto alla quale gli autovalori di **ogni** f_ℓ, $1 \le \ell \le n$, sono tutti **diversi** da zero.

Occorre guardarsi dal credere che la sola ipotesi $0 \notin \mathrm{Spec}(f)$ basti per dire che la matrice di f in una qualsiasi base ortonormale di V abbia **tutti** i minori principali invertibili. Un esempio è dato dalla mappa $f : \mathbb{C}^3 \longrightarrow \mathbb{C}^3$ la cui matrice nella base canonica è

$$\begin{bmatrix} 0 & 1 & 0 \\ 1 & 0 & 0 \\ 0 & 0 & 2 \end{bmatrix} \quad (\text{qui } \Delta_1 = 0), \quad \text{oppure}$$

$$\begin{bmatrix} 2 & 0 & 0 \\ 0 & 0 & 1 \\ 0 & 1 & 0 \end{bmatrix} \quad (\text{qui } \Delta_2 = 0). \qquad \triangle$$

2.5 Trasformazioni normali, ortogonali, unitarie e loro proprietà. Decomposizione polare e Teorema di Lyapunov

È opportuno introdurre ora la classe delle trasformazioni (e matrici) normali.

Definizione 2.5.1 *Sia V uno spazio vettoriale complesso con un prodotto hermitiano $\langle\cdot,\cdot\rangle$ e sia $f\colon V \longrightarrow V$ un'applicazione lineare. Si dice che f è* **normale** *se*

$$f \circ f^* = f^* \circ f.$$

Una matrice $A \in \mathrm{M}(n;\mathbb{C})$ si dice **normale** *se*

$$AA^* = A^*A. \qquad \triangle$$

Abbiamo il seguente teorema.

Teorema 2.5.2 *Siano dati V ed f come nella definizione precedente.*

(a) Sono equivalenti le affermazioni seguenti:

(i) f è normale, i.e. $f \circ f^* = f^* \circ f$;
(ii) $\|f(v)\| = \|f^*(v)\|$, per ogni $v \in V$;
(iii) $f = p + iq$, $p, q\colon V \longrightarrow V$ lineari con

$$p = p^*, \quad q = q^*, \quad e \quad [p,q] = p \circ q - q \circ p = 0.$$

(b) Se f è normale allora f è diagonalizzabile e scritto $V = \bigoplus_{j=1}^{k} E_{\lambda_j}(f)$, dove $\lambda_1, \dots, \lambda_k \in \mathbb{C}$ sono gli autovalori distinti di f, si ha

(i) $E_\lambda(f)$ e $E_{\lambda'}(f)$ sono ortogonali per $\lambda \neq \lambda'$;
(ii) $E_\lambda(f) = E_{\bar\lambda}(f^*)$.

Dimostrazione Proviamo il punto (a). Intanto (i)$\Longrightarrow$(ii) banalmente, perché

$$\begin{aligned}\|f(v)\|^2 &= \langle f(v), f(v)\rangle = \langle (f^* \circ f)(v), v\rangle = \langle (f \circ f^*)(v), v\rangle = \\ &= \langle f^*(v), f^*(v)\rangle = \|f^*(v)\|^2, \quad \forall v \in V.\end{aligned}$$

Proviamo ora che (ii)$\Longrightarrow$(i). Osserviamo che per ogni $v, w \in V$ si hanno le **identità di polarizzazione**

$$\begin{cases} \mathrm{Re}\langle v, w\rangle = \dfrac{1}{4}\Big(\|v+w\|^2 - \|v-w\|^2\Big) \\ \mathrm{Im}\langle v, w\rangle = \dfrac{1}{4}\Big(\|v+iw\|^2 - \|v-iw\|^2\Big). \end{cases} \tag{2.50}$$

Allora per ogni $v, w \in V$

$$\langle (f \circ f^*)(v), w\rangle = \langle f^*(v), f^*(w)\rangle =$$
$$= \frac{1}{4}\Big[\big(\|f^*(v+w)\|^2 - \|f^*(v-w)\|^2\big) + i\big(\|f^*(v+iw)\|^2 - \|f^*(v-iw)\|^2\big)\Big] =$$
$$= \frac{1}{4}\Big[\big(\|f(v+w)\|^2 - \|f(v-w)\|^2\big) + i\big(\|f(v+iw)\|^2 - \|f(v-iw)\|^2\big)\Big] =$$
$$= \langle f(v), f(w)\rangle = \langle (f^* \circ f)(v), w\rangle,$$

il che prova (i).

Che (iii) implichi (i) è una verifica immediata in virtù del fatto che p e q commutano. Viceversa, ogni f può essere scritta nella forma

$$f = \frac{1}{2}(f + f^*) + i\Big(\frac{1}{2i}(f - f^*)\Big). \tag{2.51}$$

Posto

$$p = \frac{1}{2}(f + f^*), \quad \text{e} \quad q = \frac{1}{2i}(f - f^*),$$

ovviamente $p = p^*$ e $q = q^*$. Inoltre

$$p \circ q = \frac{1}{4i}(f + f^*)(f - f^*) = \frac{1}{4i}\big(f^2 - (f^*)^2 + f^* \circ f - f \circ f^*\big),$$

e

$$q \circ p = \frac{1}{4i}\big(f^2 - (f^*)^2 - f^* \circ f + f \circ f^*\big),$$

sicché

$$[p, q] = \frac{1}{2i}[f^*, f] = 0$$

per ipotesi. Ciò conclude la prova del punto (a).

Proviamo ora il punto (b). Usando (a)(iii), il Teorema 2.3.7 ed il Teorema 2.1.12 si ha che f è diagonalizzabile. Occorre provare ora (i) ed (ii). Scritta $f = p + iq$ come in (a)(iii), dire che $v \in E_\lambda(f)$ è equivalente a dire che $v \in E_{\mathrm{Re}\,\lambda}(p) \cap E_{\mathrm{Im}\,\lambda}(q)$. Ciò è conseguenza della prova del Teorema 2.1.12, giacché

$$V = \bigoplus_{\alpha \in \mathrm{Spec}(p)} E_\alpha(p), \quad \text{e} \quad E_\alpha(p) = \bigoplus_{\beta \in \mathrm{Spec}(q|_{E_\alpha(p)})} E_\beta(q).$$

Ne segue che se λ' è un autovalore di f con $\lambda \neq \lambda'$ allora o $\mathrm{Re}\,\lambda \neq \mathrm{Re}\,\lambda'$ oppure $\mathrm{Im}\,\lambda \neq \mathrm{Im}\,\lambda'$, e d'altra parte gli autospazi di una trasformazione autoaggiunta corrispondenti ad autovalori distinti sono ortogonali, il che prova il punto (i).

Poiché $f^* = p - iq$ e gli autospazi di q sono esattamente anche gli autospazi di $-q$, la (ii) segue immediatamente. □

Una classe importante di trasformazioni normali è costituita dalle trasformazioni unitarie.

Definizione 2.5.3 *Sia V uno spazio vettoriale complesso con un prodotto hermitiano $\langle\cdot,\cdot\rangle$, e sia $f\colon V \longrightarrow V$ un'applicazione lineare. Si dice che f è* **unitaria** *se*

$$f \circ f^* = f^* \circ f = 1_V.$$

Una matrice $A \in \mathrm{M}(n;\mathbb{C})$ si dice **unitaria** *se*

$$AA^* = A^*A = I_n. \qquad \triangle$$

È opportuno osservare che le condizioni seguenti sono equivalenti:

$$\begin{cases} \text{(i)} \quad f \ \text{ è unitaria;} \\ \text{(ii)} \quad \langle f(v), f(w)\rangle = \langle v, w\rangle, \quad \forall v, w \in V. \end{cases} \tag{2.52}$$

Che da (i) segua (ii) è banale. Viceversa, se vale (ii) allora

$$\langle v, w\rangle = \langle f(v), f(w)\rangle = \langle (f^* \circ f)(v), w\rangle, \qquad \forall v, w \in V,$$

sicché $f^* \circ f = 1_V$, ma allora f è iniettiva e dunque invertibile con inversa f^*, per cui vale anche $f \circ f^* = 1_V$. □

Da (2.52) segue che se f è unitaria allora

$$\mathrm{Spec}(f) \subset \{\lambda \in \mathbb{C};\ |\lambda| = 1\},$$

e dal Teorema 2.5.2 segue che f è **diagonalizzabile**.

Il lettore verifichi per esercizio le proprietà seguenti.

- Le trasformazioni lineari da V in sé unitarie rispetto ad un prodotto hermitiano fissato formano un gruppo rispetto alla composizione.
- Posto

$$\mathrm{U}(n;\mathbb{C}) := \{A \in \mathrm{M}(n;\mathbb{C});\ A \text{ è unitaria}\}, \tag{2.53}$$

  si ha che $\mathrm{U}(n;\mathbb{C})$ è un gruppo (non commutativo per $n \geq 2$) rispetto al prodotto tra matrici.
- Una matrice $A \in \mathrm{M}(n;\mathbb{C})$ è unitaria se e solo se le colonne (equivalentemente, le righe) di A formano una base ortonormale di $\mathbb{C}^n$ rispetto al prodotto hermitiano canonico.

Vale il seguente teorema.

Teorema 2.5.4 *Munito* $\mathrm{M}(n;\mathbb{C})$ *della topologia indotta da* $\mathbb{C}^{n^2}$, *vale a dire la topologia indotta dalla metrica*

$$\operatorname{dist}(A, B) = \Big(\sum_{j,k=1}^{n} |a_{jk} - b_{jk}|^2 \Big)^{1/2},$$

$A = [a_{jk}]_{1 \le j,k \le n}$, $B = [b_{jk}]_{1 \le j,k \le n}$, *allora* $\mathrm{U}(n;\mathbb{C})$ *è* **connesso per archi**.

Dimostrazione Data $A \in \mathrm{U}(n;\mathbb{C})$, basta provare che esiste una mappa ϕ: $[0, 1] \longrightarrow \mathrm{U}(n;\mathbb{C})$ continua tale che $\phi(0) = I_n$, $\phi(1) = A$. A tal fine sia $(\zeta^{(1)}, \dots, \zeta^{(n)})$ una base ortonormale di $\mathbb{C}^n$, rispetto al prodotto hermitiano canonico, costituita da autovettori di A, pensata come mappa unitaria di $\mathbb{C}^n$ in sé. Poiché

$$A\zeta^{(j)} = \lambda_j \zeta^{(j)}, \quad \lambda_j \in \mathbb{C}, \ |\lambda_j| = 1, \ 1 \le j \le n, \tag{2.54}$$

detta $T = [\zeta^{(1)}| \dots |\zeta^{(n)}]$ la matrice le cui colonne sono i vettori $\zeta^{(1)}, \dots, \zeta^{(n)}$, si ha

(i) T è **unitaria**;

(ii) $AT = T\Lambda$, dove $\Lambda = \begin{bmatrix} \lambda_1 & 0 & \dots & 0 \\ 0 & \lambda_2 & \dots & 0 \\ \vdots & \vdots & \ddots & \vdots \\ 0 & 0 & \dots & \lambda_n \end{bmatrix}$.

Il punto (ii) segue ovviamente da (2.54). Quanto al punto (i), si osservi che

$$T^* = \begin{bmatrix} {}^t\overline{\zeta^{(1)}} \\ \hline {}^t\overline{\zeta^{(2)}} \\ \hline \vdots \\ \hline {}^t\overline{\zeta^{(n)}} \end{bmatrix},$$

sicché, per l'ortonormalità degli $\zeta^{(j)}$, il prodotto $T^*T = I_n (= TT^*)$. Poiché si può scrivere $\lambda_j = e^{i\theta_j}$, con $\theta_j \in [-\pi, \pi)$, $1 \le j \le n$, a questo punto basta porre

$$\phi(t) := T \begin{bmatrix} e^{it\theta_1} & 0 & \dots & 0 \\ 0 & e^{it\theta_2} & \dots & 0 \\ \vdots & \vdots & \ddots & \vdots \\ 0 & 0 & \dots & e^{it\theta_n} \end{bmatrix} T^*, \quad t \in [0, 1].$$

Ciò conclude la dimostrazione. □

Una conseguenza importante del Teorema 2.5.4 è la seguente. In $\mathrm{M}(n;\mathbb{C})$ consideriamo l'insieme

$$\mathrm{A}(n;\mathbb{C}) := \{A \in \mathrm{M}(n;\mathbb{C});\ A = A^*,\ A \text{ invertibile}\},$$

con la topologia indotta da $\mathrm{M}(n;\mathbb{C})$ precedentemente definita. Per ogni $A = A^*$ definiamo la **segnatura** $(\nu_+(A), \nu_-(A))$ di A come la segnatura della forma quadratica su $\mathbb{C}^n$ associata ad A (si veda (2.43)). Vale il risultato seguente.

Teorema 2.5.5 *Le componenti connesse di* $\mathrm{A}(n;\mathbb{C})$ *sono esattamente i sottoinsiemi*

$$\mathrm{A}_{(\nu_+,\nu_-)}(n;\mathbb{C}) := \{A \in \mathrm{A}(n;\mathbb{C});\ \nu_\pm(A) = \nu_\pm\}, \tag{2.55}$$

al variare degli interi ν_+, ν_-, *con* $\nu_+, \nu_- \geq 0$ *e* $\nu_+ + \nu_- = n$.

Dimostrazione Cominciamo col provare che ciascun $\mathrm{A}_{(\nu_+,\nu_-)}(n;\mathbb{C})$ è connesso per archi. Facciamo la prova nel caso in cui ν_+ e ν_- sono entrambi ≥ 1 (la prova quando ν_+ o ν_- è zero è più semplice). Poniamo

$$I_{(\nu_+,\nu_-)} := \left[\begin{array}{c|c} I_{\nu_+} & 0 \\ \hline 0 & -I_{\nu_-} \end{array}\right].$$

Per provare la connessione per archi di $\mathrm{A}_{(\nu_+,\nu_-)}(n;\mathbb{C})$ basterà provare che per ogni $A \in \mathrm{A}_{(\nu_+,\nu_-)}(n;\mathbb{C})$ c'è una mappa continua $\phi\colon [0,1] \longrightarrow \mathrm{A}_{(\nu_+,\nu_-)}(n;\mathbb{C})$ tale che $\phi(0) = I_{(\nu_+,\nu_-)}$, $\phi(1) = A$. Sia $T \in \mathrm{U}(n;\mathbb{C})$ che diagonalizza A, cioè

$$T^*AT = \left[\begin{array}{ccc|ccc} \lambda_1 & \dots & 0 & & & \\ \vdots & \ddots & \vdots & & 0 & \\ 0 & \dots & \lambda_{\nu_+} & & & \\ \hline & & & -\mu_1 & \dots & 0 \\ & 0 & & \vdots & \ddots & \vdots \\ & & & 0 & \dots & -\mu_{\nu_-} \end{array}\right] =: \left[\begin{array}{c|c} \Lambda & 0 \\ \hline 0 & -M \end{array}\right],$$

con $\lambda_j > 0$, $1 \leq j \leq \nu_+$, e $\mu_k > 0$, $1 \leq k \leq \nu_-$. Consideriamo la mappa continua

$$\psi\colon [0,1] \longmapsto T \left[\begin{array}{c|c} (1-t)I_{\nu_+} + t\Lambda & 0 \\ \hline 0 & -(1-t)I_{\nu_-} - tM \end{array}\right] T^*.$$

Osserviamo che $\psi(t) = \psi(t)^*$, per tutti i $t \in [0,1]$, con autovalori $(1-t) + t\lambda_j$, $1 \leq j \leq \nu_+$, e $-(1-t) - t\mu_k$, $1 \leq k \leq \nu_-$, sicché $\psi(t) \in \mathrm{A}_{(\nu_+,\nu_-)}(n;\mathbb{C})$ per tutti i $t \in [0,1]$ e $\psi(1) = A$, $\psi(0) = TI_{(\nu_+,\nu_-)}T^*$. Dal Teorema 2.5.4 sappiamo che c'è una mappa continua $\sigma\colon [0,1] \longrightarrow \mathrm{U}(n;\mathbb{C})$ tale che $\sigma(0) = I_n$ e $\sigma(1) = T$, sicché $t \longmapsto \sigma(t)^*$ deforma con continuità l'identità I_n in T^*. Basta allora porre

$$\phi(t) = \begin{cases} \sigma(2t)I_{(\nu_+,\nu_-)}\sigma(2t)^*, & t \in [0,1/2], \\ \psi(2t-1), & t \in [1/2,1]. \end{cases}$$

A questo punto osserviamo che

$$\mathrm{A}(n;\mathbb{C}) = \bigcup_{\substack{\nu_+ + \nu_- = n \\ \nu_\pm \geq 0}} \mathrm{A}_{(\nu_+,\nu_-)}(n;\mathbb{C}),$$

e

$$\mathrm{A}_{(\nu_+,\nu_-)}(n;\mathbb{C}) \cap \mathrm{A}_{(\nu'_+,\nu'_-)}(n;\mathbb{C}) = \emptyset \quad \text{se} \quad (\nu_+,\nu_-) \neq (\nu'_+,\nu'_-).$$

Mostriamo che ogni $\mathrm{A}_{(\nu_+,\nu_-)}(n;\mathbb{C})$ è aperto in $\mathrm{A}(n;\mathbb{C})$.

Si tratta di provare che data $A \in \mathrm{A}_{(\nu_+,\nu_-)}(n;\mathbb{C})$ esiste $\varepsilon > 0$ tale che

$$\{B \in \mathrm{A}(n;\mathbb{C});\ \mathrm{dist}(B,A) < \varepsilon\} \subset \mathrm{A}_{(\nu_+,\nu_-)}(n;\mathbb{C}).$$

L'idea è di usare il Teorema di Rouché. In primo luogo si osserva che se $\{B_j\}_{j\geq 1}$ è una successione di matrici in $\mathrm{M}(n;\mathbb{C})$ che converge ad una matrice B, allora la successione $\{p_{B_j}\}_{j\geq 1}$ dei relativi polinomi caratteristici converge a p_B uniformemente sui compatti di $\mathbb{C}$ (lasciamo al lettore la prova di questo fatto). Fissiamo ora due curve semplici chiuse $\Gamma_\pm \subset \{z \in \mathbb{C};\ \pm\mathrm{Re}\, z > 0\}$ tali che Γ_+, rispettivamente Γ_-, racchiude gli zeri > 0, rispettivamente < 0, di $p_A(z)$. Posto $0 < \delta := \min_{z\in\Gamma_+\cup\Gamma_-} |p_A(z)|$, la proprietà di continuità menzionata sopra garantisce che esiste $\varepsilon > 0$ tale che per ogni $B \in \mathrm{M}(n;\mathbb{C})$ con $\mathrm{dist}(B,A) < \varepsilon$ si ha $\max_{z\in\Gamma_+\cup\Gamma_-} |p_B(z) - p_A(z)| < \delta$. Dal Teorema di Rouché segue allora che $p_B(z)$ ha ν_- radici (contate con la loro molteplicità) racchiuse da Γ_-, e ν_+ radici (contate con la loro molteplicità) racchiuse da Γ_+. Poiché $\nu_+ + \nu_- = n$, ne segue che $B \in \mathrm{GL}(n;\mathbb{C})$ e, se $B = B^*$, che la segnatura di B è (ν_+,ν_-). Ciò prova che $\mathrm{A}_{(\nu_+,\nu_-)}(n;\mathbb{C})$ è aperto in $\mathrm{A}(n;\mathbb{C})$. D'altra parte lo stesso argomento di continuità prova anche che $\mathrm{A}_{(\nu_+,\nu_-)}(n;\mathbb{C})$ è chiuso in $\mathrm{A}(n;\mathbb{C})$. □

Un'altra importante osservazione a proposito delle trasformazioni normali è la seguente.

Sia $f\colon V \longrightarrow V$ una trasformazione normale rispetto ad un prodotto hermitiano fissato su V. Detti $\lambda_1,\ldots,\lambda_k \in \mathbb{C}$ gli autovalori distinti di f, il Teorema 2.5.2 garantisce che

$$f = \sum_{j=1}^{k} \lambda_j \Pi_j,$$

dove Π_j è il proiettore ortogonale di V su $E_{\lambda_j}(f) = \mathrm{Ker}(\lambda_j 1_V - f)$. Data una qualunque funzione $F\colon \mathrm{Spec}(f) \longrightarrow \mathbb{C}$, possiamo definire la trasformazione lineare $F(f)\colon V \longrightarrow V$ ponendo

$$F(f) := \sum_{j=1}^{k} F(\lambda_j)\Pi_j. \tag{2.56}$$

Poiché $\Pi_j^* = \Pi_j$, $1 \leq j \leq k$, ne segue che $F(f)^* = \sum_{j=1}^{k} \overline{F(\lambda_j)} \Pi_j$, e quindi $F(f)$ è essa stessa normale, **commuta** con f e $\mathrm{Spec}\big(F(f)\big) = F\big(\mathrm{Spec}(f)\big)$.

Si noti che se F è a valori **reali**, allora $F(f)$ è **autoaggiunta**.

Questa costruzione può essere naturalmente tradotta per matrici normali $A \in \mathrm{M}(n;\mathbb{C})$. Si scriva $A = \sum_{j=1}^{k} \lambda_j P_j$, dove $\lambda_1, \ldots, \lambda_k \in \mathbb{C}$ sono le radici distinte di $p_A(z)$ e le P_j sono le matrici autoaggiunte corrispondenti ai proiettori ortogonali di $\mathbb{C}^n$ sugli autospazi di A (pensata come mappa lineare di $\mathbb{C}^n$ in sé). Data F come sopra si pone

$$F(A) = \sum_{j=1}^{k} F(\lambda_j) P_j. \tag{2.57}$$

Una conseguenza significativa di questa costruzione è il teorema seguente, la cui dimostrazione viene lasciata per esercizio al lettore.

Teorema 2.5.6 *Sia dato uno spazio vettoriale complesso V con prodotto hermitiano fissato. Si ponga*

$$X := \{f : V \xrightarrow{\text{lin.}} V;\ f = f^*\},$$
$$Y := \{g : V \xrightarrow{\text{lin.}} V;\ g \textit{ unitaria}\}.$$

Posto $F : \mathbb{C} \longrightarrow \mathbb{C}$, $F(z) = e^{iz}$, consideriamo la mappa

$$\chi : X \ni f \longmapsto e^{if} := F(f) \in Y.$$

Allora χ è suriettiva e data $g \in Y$, con $g = \sum_{j=1}^{k} \lambda_j \Pi_j$, $\lambda_j \neq \lambda_{j'}$ se $j \neq j'$, si ha

$$\chi^{-1}(g) = \Big\{ f = \sum_{j=1}^{k} \theta_j \Pi_j;\ \theta_j \in \mathbb{R},\ e^{i\theta_j} = \lambda_j \Big\}.$$

Osserviamo che la non-iniettività di χ è causata dal fatto che la funzione $z \longmapsto e^{iz}$ **non** è iniettiva.

Abbiamo ora il seguente risultato fondamentale.

Teorema 2.5.7 (Decomposizione polare) *Data $A \in \mathrm{GL}(n;\mathbb{C})$, esistono e sono uniche $P \in \mathrm{M}(n;\mathbb{C})$ con $P = P^* > 0$, $Q \in \mathrm{U}(n;\mathbb{C})$ tali che $A = PQ$.*

La dimostrazione del teorema si basa sul lemma seguente.

Lemma 2.5.8 *Data* $T \in \mathrm{M}(n;\mathbb{C})$ *con* $T = T^* > 0$*, esiste ed è unica* $S \in \mathrm{M}(n;\mathbb{C})$ *con* $S = S^* > 0$ *e* $S^2 = T$*. Si scriverà* $S = T^{1/2}$ *e si dirà che* S *è* **la radice quadrata positiva** *di* T.

Dimostrazione (del lemma) Scriviamo $T = \sum_{j=1}^{k} \lambda_j P_j$, dove $\lambda_1, \lambda_2, \ldots, \lambda_k > 0$ sono le radici distinte di p_T e $P_1, \ldots, P_k$ sono le matrici dei proiettori ortogonali sugli autospazi corrispondenti. Posto $S := \sum_{j=1}^{k} \sqrt{\lambda_j}\, P_j$, si ha ovviamente che $S = S^* > 0$ e $S^2 = T$.

D'altra parte se $R \in \mathrm{M}(n;\mathbb{C})$ è tale che $R = R^* > 0$ e $R^2 = T$, ne segue che R **commuta** con T (perché $RT = RR^2 = R^2R = TR$). Dunque T ed R possono essere **simultaneamente** diagonalizzate, i.e. c'è una matrice $Q \in \mathrm{U}(n;\mathbb{C})$ tale che

$$Q^*TQ = \Lambda := \mathrm{diag}(\lambda_j I_{m_j})_{1\le j\le k}, \quad m_j = m_a(\lambda_j) = m_g(\lambda_j),$$
$$Q^*RQ = M := \mathrm{diag}(\mu_\ell)_{1\le \ell\le n}, \quad \mu_\ell > 0.$$

Da $R^2 = T$ si ricava $M^2 = \Lambda$ e quindi, in virtù della positività di M,

$$M = \mathrm{diag}(\sqrt{\lambda_j}\, I_{m_j})_{1\le j\le k}.$$

Dunque $R = \sum_{j=1}^{k} \sqrt{\lambda_j}\, P_j$, il che prova l'unicità. □

Dimostrazione (del teorema) Se $A = PQ$ con $P = P^* > 0$ e $Q \in \mathrm{U}(n;\mathbb{C})$, allora deve essere $AA^* = PQQ^*P = P^2$. Poiché AA^* è autoaggiunta positiva, dal lemma precedente segue che $P = (AA^*)^{1/2}$, e quindi, giacché $PQ = A$, si ha $Q = P^{-1}A$, che si verifica facilmente essere una matrice unitaria. □

Corollario 2.5.9 *Con la topologia indotta da* $\mathrm{M}(n;\mathbb{C})$, $\mathrm{GL}(n;\mathbb{C})$ *è connesso per archi.*

Dimostrazione Data $A \in \mathrm{GL}(n;\mathbb{C})$, usando la decomposizione polare, scriviamo $A = PQ$ con $P = P^* > 0$ e $Q \in \mathrm{U}(n;\mathbb{C})$. Per il Teorema 2.5.4 c'è $\phi\colon [0,1] \longrightarrow \mathrm{U}(n;\mathbb{C}) \subset \mathrm{GL}(n;\mathbb{C})$ continua, tale che $\phi(0) = Q$ e $\phi(1) = I_n$. Dunque la mappa $[0,1] \ni t \longmapsto P\phi(t) \in \mathrm{GL}(n;\mathbb{C})$ deforma con continuità A in P. D'altra parte il fatto che $P = P^* > 0$ permette di definire la mappa continua,

$$\psi\colon [0,1] \longrightarrow \mathrm{GL}(n;\mathbb{C}), \qquad \psi(t) = \big(tI_n + (1-t)P\big)\phi(t),$$

sicché $\psi(0) = PQ = A$ e $\psi(1) = I_n$. □

Un'altra conseguenza molto importante del Teorema 2.5.7 di decomposizione polare è il Teorema di Lyapunov, che tratta il seguente problema generale:

- data una matrice $A \in \mathrm{M}(n;\mathbb{C})$, che relazione c'è tra $\mathrm{Spec}(A)$ (A pensata come mappa lineare da $\mathbb{C}^n$ in sé) e l'insieme dei valori della funzione $\mathbb{C}^n \ni \zeta \longmapsto \langle A\zeta, \zeta\rangle \in \mathbb{C}$, dove $\langle\cdot,\cdot\rangle$ è il prodotto hermitiano canonico di $\mathbb{C}^n$?
  Ad esempio, sapendo che $\mathrm{Spec}(A) \subset \{z \in \mathbb{C};\ \mathrm{Re}\, z > 0\}$, si può concludere che $\mathrm{Re}\langle A\zeta, \zeta\rangle > 0$, per ogni $0 \neq \zeta \in \mathbb{C}^n$?

Quando A è normale ciò è certamente vero. Infatti, scritta $A = \sum_{j=1}^{k} \lambda_j P_j$, poiché $\mathrm{Re}\,\lambda_j > 0$ per ogni j, si ha

$$\mathrm{Re}\langle A\zeta, \zeta\rangle = \sum_{j=1}^{k} \mathrm{Re}\,\lambda_j \, \|P_j\zeta\|^2 > 0, \qquad \text{se } \ \zeta \neq 0.$$

Tuttavia, se A non è normale, ciò può essere falso. Si prenda ad esempio

$$A = \begin{bmatrix} \alpha & \beta \\ \gamma & \alpha \end{bmatrix}, \quad \alpha > 0, \ \beta, \gamma \in \mathbb{R} \text{ con } \beta\gamma < 0.$$

È subito visto che $\mathrm{Spec}(A) = \{\alpha \pm i\sqrt{|\beta\gamma|}\}$, e che $\mathrm{Spec}(A + A^*) = \{2\alpha \pm |\beta + \gamma|\}$. Dunque, se α, β e γ sono tali che $\alpha > 0$, $\beta\gamma < 0$ e $2\alpha - |\beta + \gamma| < 0$, ne segue che **non** è vero che

$$\mathrm{Re}\langle A\zeta, \zeta\rangle = \left\langle \frac{1}{2}(A + A^*)\zeta, \zeta \right\rangle > 0, \ \forall \zeta \in \mathbb{C}^2, \ \zeta \neq 0.$$

Il fenomeno osservato è conseguenza del voler considerare il solo prodotto hermitiano canonico nel valutare $\langle A\zeta, \zeta\rangle$. La domanda naturale è se basti allora cambiare il prodotto hermitiano. Il Teorema di Lyapunov dà appunto una risposta a questa domanda.

Teorema 2.5.10 (di Lyapunov) *Sia $\Gamma \subset \mathbb{C} \setminus \{0\}$ un cono convesso aperto tale che la sua chiusura $\overline{\Gamma}$* **non** *sia un semipiano (i.e. l'apertura di $\overline{\Gamma}$ è $< \pi$). Data $A \in \mathrm{M}(n;\mathbb{C})$, sono equivalenti le affermazioni seguenti:*

(i) $\mathrm{Spec}(A) \subset \Gamma$;
(ii) Esiste $H \in \mathrm{M}(n;\mathbb{C})$, con $H = H^* > 0$, tale che

$$\langle HA\zeta, \zeta\rangle \in \Gamma, \quad \forall \zeta \in \mathbb{C}^n, \ \zeta \neq 0$$

(dove $\langle\cdot,\cdot\rangle$ è il prodotto hermitiano canonico di $\mathbb{C}^n$).

Di più, l'insieme delle matrici $H = H^* > 0$ per cui vale (ii) è un **aperto convesso** *di $A_{(n,0)}(n;\mathbb{C})$.*

Dimostrazione Che (ii) implichi (i) è banale. Infatti se $\lambda \in \mathrm{Spec}(A)$ e $0 \neq \zeta \in \mathbb{C}^n$ è tale che $A\zeta = \lambda\zeta$, allora $\langle HA\zeta, \zeta\rangle = \lambda\langle H\zeta, \zeta\rangle \in \Gamma$, ed essendo $\langle H\zeta, \zeta\rangle > 0$ e Γ un cono, ne segue che $\lambda \in \Gamma$.

Assai più delicato è provare il viceversa.

Cominciamo col provarlo quando A è normale. In tal caso sappiamo che $A = \sum_{j=1}^{k} \lambda_j P_j$, con $\lambda_j \in \Gamma$ per ogni j. Presa $H = I_n$ si ha per $\zeta \neq 0$

$$\langle A\zeta, \zeta\rangle = \sum_{j=1}^{k} \lambda_j \| P_j \zeta \|^2.$$

Poiché ogni $\| P_j \zeta \|^2 \geq 0$ e $\sum_{j=1}^{k} \| P_j \zeta \|^2 = \|\zeta\|^2 > 0$, e poiché Γ è un **cono convesso**, si conclude che $\langle A\zeta, \zeta\rangle \in \Gamma$ per ogni $\zeta \neq 0$.

Facciamo ora la prova, nel caso un po' più generale, quando A è solo diagonalizzabile. Dunque esiste $T \in \mathrm{GL}(n; \mathbb{C})$ tale che

$$T^{-1}AT = \Lambda := \mathrm{diag}(\lambda_1, \ldots, \lambda_n), \tag{2.58}$$

dove i $\lambda_j \in \Gamma$ sono ora gli autovalori di A ripetuti secondo la loro molteplicità. Per il Teorema 2.5.7 possiamo scrivere $T = PQ$, con $P = P^* > 0$ e $Q \in \mathrm{U}(n; \mathbb{C})$. Da (2.58) si ha allora che

$$A = T\Lambda T^{-1} = PQ\Lambda Q^* P^{-1}.$$

Scegliendo ora $H = (P^{-1})^2$ (notare che $H = H^* > 0$), si ha

$$HA = P^{-1}Q\Lambda Q^* P^{-1},$$

e quindi per ogni $\zeta \in \mathbb{C}^n$

$$\langle HA\zeta, \zeta\rangle = \langle \Lambda\eta, \eta\rangle, \quad \text{con } \eta = Q^* P^{-1}\zeta.$$

Poiché $\langle \Lambda\eta, \eta\rangle \in \Gamma$ per ogni $\eta \neq 0$, se ne deduce (ii).
Resta da considerare il caso in cui A **non** è diagonalizzabile. Cominciamo col provare (ii) quando, per qualche $\gamma > 0$, si ha $\Gamma = \Gamma_\gamma$ dove

$$\Gamma_\gamma := \{z \in \mathbb{C};\ \mathrm{Re}\, z > 0,\ |\mathrm{Im}\, z| < \gamma\, \mathrm{Re}\, z\}.$$

Per il Teorema 2.1.14 sappiamo che c'è una base $(v_1, \ldots, v_n)$ a ventaglio per A. Posto $T = [v_1|v_2|\ldots|v_n] \in \mathrm{GL}(n; \mathbb{C})$ la matrice le cui colonne sono i v_j, si avrà

$$T^{-1}AT = \Lambda + D,$$

dove $\Lambda = \mathrm{diag}(\lambda_1, \ldots, \lambda_n)$ è come sopra (con i $\lambda_j \in \Gamma$) e $D = [d_{jk}]_{1\leq j,k\leq n} \neq 0$ è una matrice **strettamente triangolare superiore** (i.e. $d_{jk} = 0$ se $j \geq k$).

Osserviamo che per ogni fissato $0 < \varepsilon \le 1$, se si pone $T_\varepsilon := [v_1|\varepsilon v_2|\ldots|\varepsilon^{n-1}v_n]$ (che è ancora invertibile!) si ha

$$T_\varepsilon^{-1} A T_\varepsilon = \Lambda + \varepsilon D_\varepsilon,$$

dove $D_\varepsilon = [d_{jk}^{(\varepsilon)}]_{1\le j,k\le n}$ è ancora strettamente triangolare superiore e

$$\sum_{j,k=1}^{n} |d_{jk}^{(\varepsilon)}|^2 \le \sum_{j,k=1}^{n} |d_{jk}|^2 =: L^2, \quad L > 0.$$

Nuovamente scriviamo $T_\varepsilon = P_\varepsilon Q_\varepsilon$, con $P_\varepsilon = P_\varepsilon^* > 0$ e $Q_\varepsilon \in \mathrm{U}(n;\mathbb{C})$, cosicché

$$A = T_\varepsilon(\Lambda + \varepsilon D_\varepsilon)T_\varepsilon^{-1} = P_\varepsilon Q_\varepsilon(\Lambda + \varepsilon D_\varepsilon)Q_\varepsilon^* P_\varepsilon^{-1}.$$

Come prima fissiamo $H_\varepsilon = (P_\varepsilon^{-1})^2$. Allora per ogni $\zeta \in \mathbb{C}^n \setminus \{0\}$ si ha

$$\langle H_\varepsilon A\zeta, \zeta\rangle = \langle \Lambda\eta, \eta\rangle + \varepsilon\langle D_\varepsilon\eta, \eta\rangle, \quad \text{con } \eta = Q_\varepsilon^* P_\varepsilon^{-1}\zeta.$$

Osserviamo ora che c'è $0 < \gamma' < \gamma$ tale che $\lambda_j \in \overline{\Gamma}_{\gamma'}$ per ogni j. Si ha quindi

$$\begin{aligned} |\operatorname{Im}\langle H_\varepsilon A\zeta, \zeta\rangle| &\le |\operatorname{Im}\langle \Lambda\eta, \eta\rangle| + \varepsilon|\operatorname{Im}\langle D_\varepsilon\eta, \eta\rangle| \le \\ &\le \gamma' \sum_{j=1}^{n} \operatorname{Re}\lambda_j |\eta_j|^2 + \varepsilon L\|\eta\|^2 = \sum_{j=1}^{n} \big(\gamma' \operatorname{Re}\lambda_j + \varepsilon L\big)|\eta_j|^2. \end{aligned}$$

D'altra parte

$$\gamma \operatorname{Re}\langle H_\varepsilon A\zeta, \zeta\rangle = \gamma \sum_{j=1}^{n} \operatorname{Re}\lambda_j |\eta_j|^2 + \varepsilon\gamma \operatorname{Re}\langle D_\varepsilon\eta, \eta\rangle \ge \sum_{j=1}^{n} \big(\gamma \operatorname{Re}\lambda_j - \varepsilon\gamma L\big)|\eta_j|^2.$$

Quindi $\langle H_\varepsilon A\zeta, \zeta\rangle \in \Gamma_\gamma$ se per ogni j si ha

$$\gamma' \operatorname{Re}\lambda_j + \varepsilon L < \gamma \operatorname{Re}\lambda_j - \varepsilon\gamma L,$$

cioè

$$0 < \varepsilon < \frac{\gamma - \gamma'}{(1+\gamma)L} \min_{1\le j\le n} \operatorname{Re}\lambda_j. \tag{2.59}$$

Perciò se ε viene **fissato** sin dall'inizio in modo tale che valga (2.59), si ha la conclusione.

Concludiamo la prova di (ii) quando Γ è qualunque. L'ipotesi che $\overline{\Gamma}$ abbia apertura $< \pi$ garantisce che per qualche $\theta \in [0, 2\pi)$ e per qualche $\gamma > 0$ si ha

$$e^{i\theta}\Gamma = \Gamma_\gamma$$

(cioè un opportuno ruotato di Γ è Γ_γ). Poiché $e^{i\theta}A$ ha spettro in Γ_γ, per quanto già provato esiste $H = H^* > 0$ tale che

$$\langle He^{i\theta}A\zeta, \zeta\rangle \in \Gamma_\gamma, \quad \forall \zeta \neq 0.$$

Ma siccome $\langle He^{i\theta}A\zeta, \zeta\rangle = e^{i\theta}\langle HA\zeta, \zeta\rangle$, la tesi segue.

Dimostriamo infine l'ultima affermazione del teorema. L'insieme delle $H = H^* > 0$ per cui (ii) è vera è ovviamente un sottoinsieme di $A_{(n,0)}(n; \mathbb{C})$, e che sia convesso è banale tenuto conto che Γ è un cono convesso. Resta da vedere che tale insieme è aperto. Data $H = H^* > 0$ per cui vale (ii), si tratta di vedere che se $K = K^* > 0$ e $\mathrm{dist}(H, K) < \varepsilon$, con $\varepsilon > 0$ opportunamente piccolo, allora anche $\langle KA\zeta, \zeta\rangle \in \Gamma$, per ogni $\zeta \neq 0$, e chiaramente basterà provarlo quando $\|\zeta\| = 1$ e quando $\Gamma = \Gamma_\gamma$ per un certo $\gamma > 0$. Ora,

$$|\operatorname{Im}\langle KA\zeta, \zeta\rangle| \leq |\operatorname{Im}\langle HA\zeta, \zeta\rangle| + |\operatorname{Im}\langle (K-H)A\zeta, \zeta\rangle| \leq |\operatorname{Im}\langle HA\zeta, \zeta\rangle| + \varepsilon\|A\|,$$

dove $\|A\| := \left(\sum_{j,k=1}^{n} |a_{jk}|^2\right)^{1/2}$ se $A = [a_{jk}]_{1\leq j,k\leq n}$. Analogamente

$$\operatorname{Re}\langle KA\zeta, \zeta\rangle \geq \operatorname{Re}\langle HA\zeta, \zeta\rangle - \varepsilon\|A\|.$$

Il fatto che $\langle HA\zeta, \zeta\rangle \in \Gamma$ per ogni $\zeta \neq 0$ garantisce che per qualche $\gamma' \in (0, \gamma)$

$$|\operatorname{Im}\langle HA\zeta, \zeta\rangle| \leq \gamma' \operatorname{Re}\langle HA\zeta, \zeta\rangle, \quad \forall \zeta \neq 0.$$

Quindi $\langle KA\zeta, \zeta\rangle \in \Gamma$ se

$$\gamma' \operatorname{Re}\langle HA\zeta, \zeta\rangle + \varepsilon\|A\| \leq \gamma \operatorname{Re}\langle HA\zeta, \zeta\rangle - \varepsilon\gamma\|A\|,$$

e ciò avviene se

$$0 < \varepsilon < \frac{\gamma - \gamma'}{(1+\gamma)\|A\|} \min_{\|\zeta\|=1} \langle HA\zeta, \zeta\rangle.$$

La prova del teorema è così conclusa. □

Osservazione 2.5.11 Osserviamo quanto segue.

1. Con le notazioni di (ii), se si considera in $\mathbb{C}^n$ il nuovo prodotto hermitiano $\langle \zeta, \eta\rangle_H := \langle H\zeta, \eta\rangle$, si ha $\langle HA\zeta, \zeta\rangle = \langle A\zeta, \zeta\rangle_H$. In virtù del Teorema 2.3.9, il Teorema di Lyapunov può essere dunque riformulato dicendo che $\mathrm{Spec}(A) \subset \Gamma$ è equivalente all'esistenza di un prodotto hermitiano $\langle \cdot, \cdot\rangle_H$ in $\mathbb{C}^n$, relativamente al quale la funzione $0 \neq \zeta \longmapsto \langle A\zeta, \zeta\rangle_H$ prende i suoi valori in Γ.
2. La dimostrazione che (i)⇒(ii) è costruttiva, ma non suggerisce come determinare **tutte** le matrici $H = H^* > 0$ per cui vale (ii).

3. È opportuno osservare che il richiedere Γ aperto gioca un ruolo **solo** nel caso in cui A **non** è diagonalizzabile.
4. Come conseguenza del teorema, si osservi che il sapere che $\mathrm{Spec}(A) \subset \{z \in \mathbb{C};\ \mathrm{Re}\, z > 0\}$ oppure, rispettivamente, $\mathrm{Spec}(A) \subset \{z \in \mathbb{C};\ \mathrm{Im}\, z > 0\}$, implica l'esistenza di una $H = H^* > 0$ tale che

$$\frac{1}{2}(HA + A^*H) > 0 \quad \text{oppure, risp.,} \quad \frac{1}{2i}(HA - A^*H) > 0.$$

5. È infine importante notare che la prova fatta può essere estesa al caso in cui le entrate della matrice A dipendono con continuità da un parametro. △

Finora abbiamo trattato trasformazioni (e matrici) normali ed unitarie. Cosa succede nel caso reale? Abbiamo le seguenti definizioni naturali.

Definizione 2.5.12 *Sia V uno spazio vettoriale reale con un prodotto scalare $\langle \cdot, \cdot \rangle$ fissato. Una trasformazione lineare $f\colon V \longrightarrow V$ si dirà* **normale** *quando*

$$f \circ {}^t f = {}^t f \circ f.$$

In particolare si dirà che f è **ortogonale** *quando*

$$f \circ {}^t f = {}^t f \circ f = 1_V.$$

Se $A \in \mathrm{M}(n;\mathbb{R})$, diremo che A è **normale**, *rispettivamente* **ortogonale**, *quando $A\,{}^tA = {}^tAA$, risp. $A\,{}^tA = {}^tAA = I_n$.*

Con $\mathrm{O}(n;\mathbb{R})$ indicheremo l'insieme delle matrici $n \times n$ ortogonali. △

L'osservazione cruciale che stabilisce un legame tra il caso reale e quello complesso è la seguente.

Lemma 2.5.13 *Sia V uno spazio vettoriale reale con prodotto scalare $\langle \cdot, \cdot \rangle$ fissato. Si consideri il complessificato ${}^{\mathbb{C}}V$ ed il prodotto hermitiano $\langle \cdot, \cdot \rangle_{\mathbb{C}}$ su ${}^{\mathbb{C}}V$, complessificato di $\langle \cdot, \cdot \rangle$:*

$$\langle u + iv, u' + iv' \rangle_{\mathbb{C}} = \langle u, u' \rangle + \langle v, v' \rangle + i\big(\langle v, u' \rangle - \langle u, v' \rangle\big). \tag{2.60}$$

Allora $f\colon V \longrightarrow V$ è **normale**, *risp.* **ortogonale**, *se e solo se ${}^{\mathbb{C}}f\colon {}^{\mathbb{C}}V \longrightarrow {}^{\mathbb{C}}V$ è* **normale**, *risp.* **unitaria**.

Dimostrazione Siccome ${}^{\mathbb{C}}f(u+iv) = f(u) + if(v)$, allora da (2.60) segue subito che $({}^{\mathbb{C}}f)^* = {}^{\mathbb{C}}({}^t f)$, e poiché ${}^{\mathbb{C}}(f \circ g) = {}^{\mathbb{C}}f \circ {}^{\mathbb{C}}g$ (il lettore lo verifichi), il lemma è dimostrato. □

Il lettore verifichi per esercizio le proprietà seguenti.

- Le trasformazioni lineari da V in sé (V reale) ortogonali rispetto ad un fissato prodotto scalare formano un gruppo rispetto alla composizione.
- $\mathrm{O}(n;\mathbb{R})$ è un gruppo (non commutativo per $n \geq 2$) rispetto al prodotto tra matrici. Notare che $\mathrm{O}(n;\mathbb{R})$ è un sottogruppo di $\mathrm{U}(n;\mathbb{C})$.
- Una matrice $A \in \mathrm{M}(n;\mathbb{R})$ è ortogonale se e solo se le colonne (equivalentemente le righe) di A formano una base ortonormale di $\mathbb{R}^n$ rispetto al prodotto scalare canonico.

Prendiamo allora una trasformazione lineare $f\colon V \longrightarrow V$, V reale, normale rispetto ad un fissato prodotto scalare $\langle\cdot,\cdot\rangle$. Il Lemma 2.5.13 garantisce che ${}^{\mathbb{C}}f$ è normale su ${}^{\mathbb{C}}V$ rispetto al prodotto hermitiano (2.60). Si noti che $p_f(z) = p_{{}^{\mathbb{C}}f}(z)$. Supponiamo che

- p_f abbia h radici reali distinte $\lambda_1,\dots,\lambda_h$ (λ_j con molteplicità $m_a(\lambda_j)$, $j = 1,\dots,h$), e $2k$ radici complesse (**non reali**) distinte $\mu_j = \alpha_j + i\beta_j$, $\bar{\mu}_j = \alpha_j - i\beta_j$, $j = 1,\dots,k$ (μ_j e $\bar{\mu}_j$ con molteplicità $m_a(\mu_j) = m_a(\bar{\mu}_j)$, $j = 1,\dots,k$).

Per il Teorema 2.5.2 ${}^{\mathbb{C}}f$ è diagonalizzabile, e, di più, si ha la decomposizione $\langle\cdot,\cdot\rangle_{\mathbb{C}}$-ortogonale

$$
{}^{\mathbb{C}}V = \bigoplus_{j=1}^{h} E_{\lambda_j} \oplus \bigoplus_{j=1}^{k} (E_{\mu_j} \oplus \bar{E}_{\mu_j}),
$$

dove $E_{\lambda_j} = E_{\lambda_j}({}^{\mathbb{C}}f)$ e $E_{\mu_j} = E_{\mu_j}({}^{\mathbb{C}}f)$. Da ciò segue, per il Teorema 2.2.4, la decomposizione

$$
V = \bigoplus_{j=1}^{h} \operatorname{Re} E_{\lambda_j} \oplus \bigoplus_{j=1}^{k} \operatorname{Re}(E_{\mu_j} \oplus \bar{E}_{\mu_j}).
$$

Proviamo che tale decomposizione è $\langle\cdot,\cdot\rangle$-ortogonale. Per fare ciò basterà provare che se $W = \bar{W}$ e $U = \bar{U}$ sono due sottospazi di ${}^{\mathbb{C}}V$ ortogonali per $\langle\cdot,\cdot\rangle_{\mathbb{C}}$, allora $\operatorname{Re} W$ e $\operatorname{Re} U$ sono ortogonali in V per $\langle\cdot,\cdot\rangle$.

Infatti se $w \in \operatorname{Re} W$ e $u \in \operatorname{Re} U$, allora $w + i0 \in W$ e $u + i0 \in U$ e dunque

$$
0 = \langle w + i0, u + i0\rangle_{\mathbb{C}} = \langle w, u\rangle,
$$

il che prova l'asserto. □

Osserviamo ora che ogni base $\langle\cdot,\cdot\rangle$-ortonormale di ciascun $\operatorname{Re} E_{\lambda_j} = E_{\lambda_j}(f)$ dà luogo ad una base $\langle\cdot,\cdot\rangle_{\mathbb{C}}$-ortonormale di E_{λ_j} (tramite il passaggio $w \longmapsto w + i0$).

D'altra parte, se $(w_1' + iw_1'', w_2' + iw_2'', \dots, w_r' + iw_r'')$ è una base $\langle\cdot,\cdot\rangle_{\mathbb{C}}$-ortonormale di E_{μ_j}, proviamo che

$$
(\sqrt{2}\,w_1', \sqrt{2}\,w_1'', \sqrt{2}\,w_2', \sqrt{2}\,w_2'', \dots, \sqrt{2}\,w_r', \sqrt{2}\,w_r'')
$$

è una base $\langle\cdot,\cdot\rangle$-ortonormale di $\mathrm{Re}(E_{\mu_j} \oplus \bar{E}_{\mu_j})$. Per vederlo, si osserva che non solo si ha $\langle w_j' + iw_j'', w_k' + iw_k''\rangle_{\mathbb{C}} = \delta_{jk}$, ma anche che $\langle w_j' + iw_j'', w_k' - iw_k''\rangle_{\mathbb{C}} = 0$ per tutti i j,k (perché E_{μ_j} è $\langle\cdot,\cdot\rangle_{\mathbb{C}}$-ortogonale a $\bar{E}_{\mu_j} = E_{\bar{\mu}_j}$). Allora, da

$$\begin{cases} \delta_{jk} = \langle w_j' + iw_j'', w_k' + iw_k''\rangle_{\mathbb{C}} = \langle w_j', w_k'\rangle + \langle w_j'', w_k''\rangle, & \forall j,k, \\ 0 = \langle w_j' + iw_j'', w_k' - iw_k''\rangle_{\mathbb{C}} = \langle w_j', w_k'\rangle - \langle w_j'', w_k''\rangle, & \forall j,k, \end{cases}$$

si ha

$$\langle w_j', w_k'\rangle = \langle w_j'', w_k''\rangle = 0, \quad \forall j,k, \ j \neq k,$$
$$\langle w_j', w_j'\rangle = \langle w_j'', w_j''\rangle = \frac{1}{2}, \quad \forall j,$$

e quindi la tesi. □

La conclusione è dunque che *c'è una base* $\langle\cdot,\cdot\rangle$*-ortogonale di* V *relativamente alla quale la matrice di* f *ha la forma a blocchi (2.21).*

Ha particolare interesse esaminare più precisamente il caso in cui f è **ortogonale**.

Poiché ${}^{\mathbb{C}}f$ è unitaria, con le notazioni usate prima, avremo

$$\lambda_j = +1 \text{ oppure } -1, \quad 1 \leq j \leq h, \quad |\mu_j| = |\alpha_j + i\beta_j| = 1, \quad 1 \leq j \leq k.$$

Per certi angoli $0 < \theta_j < 2\pi$, $\theta_j \neq \pi$, scriviamo $\alpha_j + i\beta_j = e^{-i\theta_j}$, sicché i blocchi B_j in (2.22) sono dati da

$$B_j = \left[\begin{array}{cc|cc|c|cc} \cos\theta_j & -\sin\theta_j & \multicolumn{2}{c|}{0} & \cdots & \multicolumn{2}{c}{0} \\ \sin\theta_j & \cos\theta_j & & & & & \\ \hline \multicolumn{2}{c|}{0} & \cos\theta_j & -\sin\theta_j & \cdots & \multicolumn{2}{c}{0} \\ & & \sin\theta_j & \cos\theta_j & & & \\ \hline \multicolumn{2}{c|}{\vdots} & \multicolumn{2}{c|}{\vdots} & \ddots & \multicolumn{2}{c}{\vdots} \\ \hline \multicolumn{2}{c|}{0} & \multicolumn{2}{c|}{0} & \cdots & \cos\theta_j & -\sin\theta_j \\ & & & & & \sin\theta_j & \cos\theta_j \end{array}\right]. \tag{2.61}$$

L'informazione geometrica racchiusa in questa struttura è la seguente. C'è una decomposizione di V in sottospazi ortogonali W che sono rette (cioè unidimensionali) oppure piani (cioè bidimensionali) su ciascuno dei quali f agisce così:

(i) $f\big|_W = 1_W$ oppure $f\big|_W = -1_W$ ($\dim_{\mathbb{R}} W = 1$);
(ii) $f\big|_W$ è una rotazione elementare, cioè rappresentata dalla matrice

$$\begin{bmatrix} \cos\theta & -\sin\theta \\ \sin\theta & \cos\theta \end{bmatrix}, \quad 0 < \theta < 2\pi, \ \theta \neq \pi \quad (\dim_{\mathbb{R}} W = 2).$$

Si osservi che se $\dim_{\mathbb{R}} V$ è dispari il caso (i) ha **sicuramente** luogo ($p_f(z)$ ha sicuramente almeno una radice reale).

Si noti inoltre che se $A \in O(n; \mathbb{R})$, allora $\det A = +1$ oppure -1, e dunque che l'insieme

$$O_+(n; \mathbb{R}) := \{A \in O(n; \mathbb{R}); \quad \det A = 1\} \tag{2.62}$$

è un sottogruppo di $O(n; \mathbb{R})$.

Come conseguenza della discussione precedente abbiamo il seguente teorema.

Teorema 2.5.14 *$O_+(n; \mathbb{R})$ è connesso per archi.*

Dimostrazione Come al solito, basta provare che ogni matrice $A \in O_+(n; \mathbb{R})$ può essere deformata con continuità (dentro $O_+(n; \mathbb{R})$) nell'identità I_n. La discussione sulla struttura delle trasformazioni di $\mathbb{R}^n$ ortogonali per il prodotto scalare canonico assicura che c'è una matrice $T \in O(n; \mathbb{R})$ tale che ${}^tTAT = B$, dove B ha la forma a blocchi del tipo

$$B = \begin{bmatrix} I_{n_1} & 0 & 0 & \dots & 0 \\ 0 & -I_{n_2} & 0 & \dots & 0 \\ 0 & 0 & B_1 & \dots & 0 \\ \vdots & \vdots & \vdots & \ddots & \vdots \\ 0 & 0 & 0 & \dots & B_k \end{bmatrix},$$

dove ogni blocco B_j è della forma (2.61). Poiché $\det B = \det A = 1$, allora o $n_2 = 0$ oppure n_2 è pari. Ragionando in questo ultimo caso, possiamo scrivere

$$-I_{n_2} = \left[\begin{array}{c|c|c} \begin{matrix} \cos\pi & -\sin\pi \\ \sin\pi & \cos\pi \end{matrix} & \dots & 0 \\ \hline \vdots & \ddots & \vdots \\ \hline 0 & \dots & \begin{matrix} \cos\pi & -\sin\pi \\ \sin\pi & \cos\pi \end{matrix} \end{array}\right],$$

dove il numero dei blocchi $\begin{bmatrix} \cos\pi & -\sin\pi \\ \sin\pi & \cos\pi \end{bmatrix}$ è $n_2/2$. Definiamo allora

$$\phi\colon [0,1] \longrightarrow O_+(n; \mathbb{R}), \qquad \phi(s) = {}^tTB_sT,$$

dove la matrice B_s è ottenuta sostituendo in B

- i blocchi $\begin{bmatrix} \cos\pi & -\sin\pi \\ \sin\pi & \cos\pi \end{bmatrix}$ con i blocchi $\begin{bmatrix} \cos s\pi & -\sin s\pi \\ \sin s\pi & \cos s\pi \end{bmatrix}$,
- ed i blocchi $\begin{bmatrix} \cos\theta_j & -\sin\theta_j \\ \sin\theta_j & \cos\theta_j \end{bmatrix}$ con i blocchi $\begin{bmatrix} \cos s\theta_j & -\sin s\theta_j \\ \sin s\theta_j & \cos s\theta_j \end{bmatrix}$,

terminando così la prova poiché $\det B_s = 1$ per ogni $s \in [0,1]$. □

2.6 Spazio duale a mappa duale

In questa sezione esamineremo l'importante nozione di **spazio duale** (algebrico) di uno spazio vettoriale V sul campo $\mathbb{K}$.

Definizione 2.6.1 *Dato V spazio vettoriale su $\mathbb{K}$, si chiama* **spazio duale** *di V l'insieme delle* **forme lineari** *su V, i.e.*

$$V' := \{\phi: V \longrightarrow \mathbb{K};\ \phi \text{ è lineare}\}.$$

Si rende V' uno spazio vettoriale su $\mathbb{K}$ definendo per ogni $\phi, \psi \in V'$ e per ogni $\lambda \in \mathbb{K}$

$$\begin{aligned} \phi + \psi: V \longrightarrow \mathbb{K}, \quad & (\phi + \psi)(v) := \phi(v) + \psi(v),\ \forall v \in V, \\ \lambda\phi: V \longrightarrow \mathbb{K}, \quad & (\lambda\phi)(v) := \lambda\phi(v),\ \forall v \in V. \end{aligned}$$ △

Il risultato seguente fornisce le prime proprietà fondamentali di V'.

Teorema 2.6.2 *Sia* $\dim_{\mathbb{K}} V = n < +\infty$*. Si hanno i fatti seguenti.*

(i) *Data una base $\vec{\varepsilon} = (\varepsilon_1, \dots, \varepsilon_n)$ di V, per $j = 1, \dots, n$ definiamo $\phi_j \in V'$ nel modo seguente:*

$$\phi_j\Big(\sum_{k=1}^{n} \lambda_k \varepsilon_k\Big) := \lambda_j.$$

Allora $\vec{\phi} = (\phi_1, \dots, \phi_n)$ è una base di V', detta **la base duale di** $\vec{\varepsilon}$.

(ii) $\dim_{\mathbb{K}} V = \dim_{\mathbb{K}} V'$.

(iii) $(V')'$ *(il* **biduale** *di V) è* **canonicamente** *isomorfo a V. Precisamente, l'isomorfismo canonico è realizzato dalla mappa*

$$\ell: V \longrightarrow (V')', \quad \ell(v)(\phi) := \phi(v),\ \forall v \in V,\ \forall \phi \in V'.$$

Dimostrazione Proviamo (i). La prova che $\phi_1, \dots, \phi_n$ sono linearmente indipendenti viene lasciata al lettore. Si noti che

$$\phi_j(\varepsilon_k) = \delta_{jk}, \quad 1 \le j, k \le n.$$

Data ora $\phi \in V'$, è banale provare che

$$\phi = \sum_{j=1}^{n} \phi(\varepsilon_j)\phi_j,$$

il che prova (i) e anche, di conseguenza, (ii).

Quanto a (iii), basterà dimostrare che la mappa ℓ è iniettiva, i.e. $\ell(v) = 0 \Longrightarrow v = 0$. Ciò è banale, perché $\ell(v) = 0$ significa $\phi(v) = 0$ per ogni $\phi \in V'$, e quindi per (i) si ha $v = 0$. □

Osservazione 2.6.3 Nel caso in cui $\dim_{\mathbb{K}} V < +\infty$, (ii) dice che $\dim_{\mathbb{K}} V' = \dim_{\mathbb{K}} V$, e dunque V e V' sono certamente isomorfi. Tuttavia **non** c'è un isomorfismo canonico tra V e V' (ogni isomorfismo dipende dalla scelta di una base di V).

Osserviamo anche che l'indentificazione di V con il suo biduale $(V')'$ vista in (iii) non è vera in generale quando V ha dimensione infinita (la mappa ℓ come in (ii) continua ad essere ben definita ed iniettiva; il problema risiede nella sua suriettività). △

Accanto alla nozione di spazio duale si introduce quella di **mappa duale**.

Definizione 2.6.4 *Siano V, W due spazi vettoriali sullo stesso $\mathbb{K}$, e sia $f: V \longrightarrow W$ lineare. Definiamo*

$$f': W' \longrightarrow V', \quad f'(\psi)(v) := \psi(f(v)), \quad \forall v \in V, \ \forall \psi \in W'.$$

La mappa f' è ovviamente lineare, e viene detta **mappa duale di** f. △

Osservazione 2.6.5 Se $\dim_{\mathbb{K}} V = n$, $\dim_{\mathbb{K}} W = m$ e detta $A \in \mathrm{M}(m, n; \mathbb{K})$ la matrice di f relativa alle basi $\vec{v} = (v_1, \ldots, v_n)$ di V e $\vec{w} = (w_1, \ldots, w_m)$ di W, la matrice di f' relativa alle rispettive basi duali è la **trasposta** di A, ${}^tA \in \mathrm{M}(n, m; \mathbb{K})$ (il lettore si convinca che ciò è vero). △

L'osservazione ora fatta fa sorgere spontanea la domanda se ci sia una relazione (e che tipo di relazione sia) tra la mappa duale f' e la mappa trasposta ${}^tf$, risp. aggiunta f^* viste in precedenza.

La connessione è chiarita dal seguente *Teorema di rappresentazione di F. Riesz* delle forme lineari. Ci limitiamo al caso di dimensione finita.

Teorema 2.6.6 *Sia V una spazio vettoriale su $\mathbb{K}$, con $\dim_{\mathbb{K}} V = n$, e si supponga dato su V un prodotto interno $\langle \cdot, \cdot \rangle$. La mappa*

$$j: V \longrightarrow V', \quad j(v)(w) := \langle w, v \rangle, \quad v, w \in V,$$

è **biettiva**, **lineare** *quando $\mathbb{K} = \mathbb{R}$, ed* **antilineare** *quando $\mathbb{K} = \mathbb{C}$ (antilinearità significa qui che $j(\lambda v) = \bar{\lambda} j(v)$, $v \in V$, $\lambda \in \mathbb{C}$).*

Dimostrazione Che si abbia $j(v_1 + v_2) = j(v_1) + j(v_2)$, per ogni $v_1, v_2 \in V$, è ovvio, e che si abbia $j(\lambda v) = \lambda j(v)$ per ogni $v \in V$ e $\lambda \in \mathbb{R}$, quando $\mathbb{K} = \mathbb{R}$, e rispettivamente $j(\lambda v) = \bar{\lambda} j(v)$ per ogni $v \in V$ e $\lambda \in \mathbb{C}$, quando $\mathbb{K} = \mathbb{C}$, è pure ovvio. Proviamo che j è in ogni caso iniettiva. Infatti

$$j(v) = 0 \Longleftrightarrow \langle w, v \rangle = 0 \ \ \forall w \in V \Longleftrightarrow v = 0.$$

Si noti che, essendo $\dim_{\mathbb{K}} V = \dim_{\mathbb{K}} V'$, nel caso $\mathbb{K} = \mathbb{R}$ ciò basta per concludere che j è un isomorfismo lineare. Proviamo direttamente che in ogni caso j è suriettiva. Sia $\vec{v} = (v_1, \ldots, v_n)$ una base ortonormale di V e sia $\vec{\phi} = (\phi_1, \ldots, \phi_n)$

la relativa base duale. Data ora $\phi \in V'$ e scritta $\phi = \sum_{j=1}^{n} \lambda_j \phi_j$, consideriamo il vettore $v := \sum_{j=1}^{n} \bar{\lambda}_j v_j$. Allora, per ogni $w = \sum_{j=1}^{n} \alpha_j v_j \in V$,

$$j(v)(w) = \left\langle w, \sum_{j=1}^{n} \bar{\lambda}_j v_j \right\rangle = \sum_{j=1}^{n} \lambda_j \langle w, v_j \rangle = \sum_{j=1}^{n} \lambda_j \alpha_j .$$

D'altra parte

$$\phi(w) = \sum_{j=1}^{n} \lambda_j \phi_j(w) = \sum_{j=1}^{n} \lambda_j \alpha_j ,$$

da cui $j(v) = \phi$. Ciò conclude la dimostrazione. □

Osservazione 2.6.7 Si noti che l'identificazione $j: V \longrightarrow V'$ **non** è canonica, in quanto dipende dall'aver fissato un prodotto interno su V. △

Siano ora V, W due spazi vettoriali su $\mathbb{K}$ con $\dim_{\mathbb{K}} V = n$, $\dim_{\mathbb{K}} W = m$, e si supponga che su V, risp. W, sia fissato un prodotto interno $\langle \cdot, \cdot \rangle_V$, risp. $\langle \cdot, \cdot \rangle_W$. Per il Teorema 2.6.6 abbiamo le corrispondenti identificazioni $j_V: V \longrightarrow V'$ e $j_W: W \longrightarrow W'$. Data ora $f: V \longrightarrow W$ lineare, e considerata la corrispondente mappa duale $f': W' \longrightarrow V'$, si ha il seguente diagramma commutativo di spazi vettoriali e mappe lineari

$$\begin{array}{ccc} V & \xrightarrow{f} & W \\ {\scriptstyle j_V^{-1}} \uparrow & & \downarrow {\scriptstyle j_W} \\ V' & \xleftarrow{f'} & W' \end{array}$$

da cui la mappa $j_V^{-1} \circ f' \circ j_W : W \longrightarrow V$. Lasciamo al lettore la cura di verificare che tale mappa coincide con

- ${}^t f$, quando $\mathbb{K} = \mathbb{R}$,
- f^*, quando $\mathbb{K} = \mathbb{C}$.

2.7 Trasformazioni e matrici nilpotenti. Forma canonica di Jordan: I parte

Una delle proprietà più significative dell'algebra delle trasformazioni lineari di uno spazio V in sé è che se $\dim_{\mathbb{K}} V \geq 2$ allora ci sono elementi nilpotenti, ci sono cioè delle $f: V \longrightarrow V$ non nulle tali che una loro potenza opportuna è la trasformazione nulla. Come esempio tipico si consideri $f: \mathbb{K}^2 \longrightarrow \mathbb{K}^2$, $f(x_1, x_2) = (x_2, 0)$.

In questo paragrafo considereremo solo spazi vettoriali di dimensione ≥ 2.

Definizione 2.7.1 *Sia $f: V \longrightarrow V$ lineare. Diremo che f è* **nilpotente** *se esiste un intero $k \geq 2$ tale che*

$$f^{k-1} \neq 0, \qquad f^k = 0. \tag{2.63}$$

L'intero k si chiama **indice di nilpotenza** *di f.*

Analogamente, una matrice $A \in \mathrm{M}(n;\mathbb{K})$, $n \geq 2$, *si dirà* **nilpotente** *se esiste un intero* $k \geq 2$ *tale che*

$$A^{k-1} \neq 0, \qquad A^k = 0. \tag{2.64}$$

L'intero k *si chiama* **indice di nilpotenza** *di* A. △

Abbiamo subito il lemma seguente.

Lemma 2.7.2 *Se* $f\colon V \longrightarrow V$ *è nilpotente allora il suo indice di nilpotenza è* $\leq n = \dim_{\mathbb{K}} V$ *e, di più,* $\mathrm{Spec}(f) = \{0\}$ *e* f **non** *è diagonalizzabile.*

Dimostrazione Basta fare la prova nel caso $\mathbb{K} = \mathbb{C}$, in quanto, se V è reale, $f\colon V \longrightarrow V$ è nilpotente se e solo se ${}^{\mathbb{C}}f\colon {}^{\mathbb{C}}V \longrightarrow {}^{\mathbb{C}}V$ lo è, ed in tal case f ed ${}^{\mathbb{C}}f$ hanno lo **stesso** indice di nilpotenza.

Per il Teorema 2.1.14 sappiamo che c'è una base a ventaglio per f rispetto alla quale la matrice $A = [a_{j\ell}]_{1\leq j,\ell\leq n}$ di f è triangolare superiore (i.e. $a_{j\ell} = 0$ se $j > \ell$). Poiché la matrice associata a f^k è A^k, f è nilpotente se e solo se A è nilpotente (con lo stesso indice). D'altra parte A^k, che è pure triangolare superiore, ha come elementi sulla diagonale principale gli a_{jj}^k, $1 \leq j \leq n$. Dunque A è nilpotente se e solo se A è **strettamente triangolare superiore** (i.e. $a_{j\ell} = 0$ se $j \geq \ell$). Bastano ora **al più** n iterazioni per ottenere la matrice nulla, i.e. $k \leq n$.

Infine, poiché $p_f(z) = p_A(z) = \prod_{j=1}^{n}(a_{jj} - z) = (-1)^n z^n$, ne segue che $\mathrm{Spec}(f) = \{0\}$ e, poiché $f \neq 0$, $0 < \dim \mathrm{Ker}\, f < \dim \mathrm{Ker}\, f^2 \leq n$, sicché per il Teorema 2.1.10 f non è diagonalizzabile. □

Ciò che ci proponiamo ora è studiare la struttura delle trasformazioni nilpotenti per poterle rappresentare nella forma più semplice possibile.

Definizione 2.7.3 *Dato* ℓ *intero* ≥ 2, *chiamiamo* **matrice elementare di Jordan** $\boldsymbol{\ell}$**-dimensionale** *la matrice* $J_\ell \in \mathrm{M}(\ell;\mathbb{R})$ *definita da*

$$J_\ell = \begin{bmatrix} 0 & 1 & & \dots & & 0 \\ & 0 & 1 & & & \\ \vdots & & 0 & \ddots & & \vdots \\ & & & \ddots & 1 & \\ & & & & 0 & 1 \\ 0 & & & \dots & & 0 \end{bmatrix}, \tag{2.65}$$

cioè tutti gli elementi di J_ℓ *sono nulli tranne quelli sulla diagonale immediatamente sopra quella principale, che sono uguali a* 1.

Si noti che J_ℓ *ha indice di nilpotenza* ℓ. △

Abbiamo il primo importante teorema di struttura.

Teorema 2.7.4 (di Jordan, prima parte) *Sia* $f\colon V \longrightarrow V$ *lineare nilpotente con indice* k *(*$2 \le k \le n = \dim_{\mathbb{K}} V$*). Allora:*

(i) $\{0\} \ne \operatorname{Ker} f \subsetneq \operatorname{Ker} f^2 \subsetneq \ldots \subsetneq \operatorname{Ker} f^{k-1} \subsetneq \operatorname{Ker} f^k = V$.

(ii) *Posto* $n_1 = \dim \operatorname{Ker} f$, $n_2 = \dim \operatorname{Ker} f^2 - \dim \operatorname{Ker} f$, *e così via fino a* $n_k = \dim \operatorname{Ker} f^k - \dim \operatorname{Ker} f^{k-1}$, *si ha*

$$n_1 + n_2 + \ldots + n_k = n, \qquad n_1 \ge n_2 \ge \ldots \ge n_{k-1} \ge n_k. \tag{2.66}$$

(iii) *Esiste una base di* V *(detta* **base di Jordan***) relativamente alla quale la matrice di* f *ha la forma diagonale a blocchi seguente (detta* **forma canonica di Jordan***):*

- *ci sono* n_k *blocchi* J_k,
- *se* $n_{k-1} > n_k$, *e solo in tal caso, ci sono* $n_{k-1} - n_k$ *blocchi* J_{k-1},
- *se* $n_{k-2} > n_{k-1}$, *e solo in tal caso, ci sono* $n_{k-2} - n_{k-1}$ *blocchi* J_{k-2}, *e così via, fino a*
- *se* $n_2 > n_3$, *e solo in tal caso, ci sono* $n_2 - n_3$ *blocchi* J_2,
- *se* $n_1 > n_2$, *e solo in tal caso, c'è un blocco* $(n_1 - n_2) \times (n_1 - n_2)$ *di zeri.*

Dimostrazione La proprietà (i) è subito provata tenendo conto che se per un qualche p si ha $\operatorname{Ker} f^p = \operatorname{Ker} f^{p+1}$, allora $\operatorname{Ker} f^p = \operatorname{Ker} f^{p+\ell}$ per ogni $\ell \ge 1$, e poiché $\operatorname{Ker} f^{k-1} \subsetneq V = \operatorname{Ker} f^k$, ciascuna delle inclusioni in (i) deve essere stretta, e, d'altra parte, $\operatorname{Ker} f \ne \{0\}$ perché f **non** è invertibile.

Veniamo ora al punto (ii). L'uguaglianza $n_1 + n_2 + \ldots + n_k = n$ è una verifica banale. Proviamo ora che $n_1 \ge n_2 \ge \ldots \ge n_k$. Cominciamo con lo scrivere $V = \operatorname{Ker} f^k = \operatorname{Ker} f^{k-1} \oplus W_1$, per un certo sottospazio W_1 con $\dim W_1 = n_k$. Proviamo che si ha

(•) $f(W_1) \subset \operatorname{Ker} f^{k-1}$ e la restrizione $f\big|_{W_1}$ è **iniettiva**,

(••) $f(W_1) \cap \operatorname{Ker} f^{k-2} = \{0\}$.

L'inclusione $f(W_1) \subset \operatorname{Ker} f^{k-1}$ è ovvia. Se poi $v \in W_1$ e $f(v) = 0$, allora anche $f^{k-1}(v) = 0$, sicché $v \in W_1 \cap \operatorname{Ker} f^{k-1} = \{0\}$.

Quanto a (••), sia $\zeta \in f(W_1) \cap \operatorname{Ker} f^{k-2}$. Poiché $\zeta = f(v)$ per un ben determinato $v \in W_1$, e poiché $f^{k-2}(\zeta) = 0$, ne segue, di nuovo, $v \in W_1 \cap \operatorname{Ker} f^{k-1} = \{0\}$, e quindi $\zeta = 0$.

Come conseguenza si ha quindi che $f(W_1) \oplus \operatorname{Ker} f^{k-2} \subset \operatorname{Ker} f^{k-1}$, e dunque

$$n_{k-1} = \dim \operatorname{Ker} f^{k-1} - \dim \operatorname{Ker} f^{k-2} \ge \dim f(W_1) = \dim W_1 = n_k.$$

Sia allora W_2 un supplementare di $f(W_1) \oplus \operatorname{Ker} f^{k-2}$ in $\operatorname{Ker} f^{k-1}$. Si noti che $\dim W_2 = n_{k-1} - n_k$, e quindi W_2 **non** è banale se e solo se $n_{k-1} > n_k$. Ragionando come sopra si prova che

(•) $f\big(f(W_1) \oplus W_2\big) \subset \operatorname{Ker} f^{k-2}$ e la restrizione $f\big|_{f(W_1)\oplus W_2}$ è **iniettiva**,

(••) $\big(f^2(W_1) \oplus f(W_2)\big) \cap \operatorname{Ker} f^{k-3} = \{0\}$.

Ne consegue che $\big(f^2(W_1) \oplus f(W_2)\big) \oplus \operatorname{Ker} f^{k-3} \subset \operatorname{Ker} f^{k-2}$, da cui

$$n_{k-2} \geq \dim\ f^2(W_1) + \dim f(W_2) = n_k + (n_{k-1} - n_k) = n_{k-1}.$$

Sia allora W_3 un supplementare di $f^2(W_1) \oplus f(W_2) \oplus \operatorname{Ker} f^{k-3}$ in $\operatorname{Ker} f^{k-2}$. Si noti che $\dim W_3 = n_{k-2} - n_{k-1}$ e quindi W_3 **non** è banale se e solo se $n_{k-2} > n_{k-1}$.

Il passo successivo consiste nel provare che

(•) $f\big(f^2(W_1) \oplus f(W_2) \oplus W_3\big) \subset \operatorname{Ker} f^{k-3}$ e la restrizione $f\big|_{f^2(W_1)\oplus f(W_2)\oplus W_3}$ è **iniettiva**,

(••) $\big(f^3(W_1) \oplus f^2(W_2) \oplus f(W_3)\big) \cap \operatorname{Ker} f^{k-4} = \{0\}$.

Ciò si vede ragionando come prima.

Di nuovo questo prova che

$$\begin{aligned} n_{k-3} &\geq \dim f^3(W_1) + \dim f^2(W_2) + \dim f(W_3) = \\ &= n_k + (n_{k-1} - n_k) + (n_{k-2} - n_{k-1}) = n_{k-2}. \end{aligned}$$

Proseguendo in tale maniera costruiamo dunque sottospazi $W_1, W_2, \ldots, W_{k-1}$ di V con $\dim W_1 = n_k$, $\dim W_2 = n_{k-1} - n_k, \ldots, \dim W_{k-1} = n_2 - n_3$ (si tenga presente che, per $j \geq 2$, W_j **non** è banale se e solo se $n_{k-j+1} - n_{k-j+2} > 0$), tali che

$$\operatorname{Ker} f^2 = f^{k-2}(W_1) \oplus f^{k-3}(W_2) \oplus \ldots \oplus f(W_{k-2}) \oplus W_{k-1} \oplus \operatorname{Ker} f.$$

Ancora si prova che

$$(\bullet) \quad \begin{cases} f\big(f^{k-2}(W_1) \oplus \ldots \oplus f(W_{k-2}) \oplus W_{k-1}\big) \subset \operatorname{Ker} f, \text{ e che} \\ f\big|_{f^{k-2}(W_1)\oplus\ldots\oplus f(W_{k-2})\oplus W_{k-1}} \text{ è iniettiva.} \end{cases}$$

Allora

$$\begin{aligned} n_1 = \dim \operatorname{Ker} f &\geq \dim f^{k-1}(W_1) + \dim f^{k-2}(W_2) + \ldots + \dim f(W_{k-1}) = \\ &= n_k + (n_{k-1} - n_k) + \ldots + (n_2 - n_3) = n_2. \end{aligned}$$

C'è allora W_k supplementare di $f^{k-1}(W_1) \oplus \ldots \oplus f(W_{k-1})$ in $\operatorname{Ker} f$ (non banale se e solo se $n_1 > n_2$). Dunque V può essere scritto nella forma seguente

$$\begin{aligned} V = &\big(f^{k-1}(W_1) \oplus f^{k-2}(W_1) \oplus \ldots \oplus f(W_1) \oplus W_1\big) \oplus \\ &\oplus \big(f^{k-2}(W_2) \oplus f^{k-3}(W_2) \oplus \ldots \oplus f(W_2) \oplus W_2\big) \oplus \ldots \oplus \\ &\oplus \big(f(W_{k-1}) \oplus W_{k-1}\big) \oplus W_k. \end{aligned}$$

Si noti che se, per $j \geq 2$, W_j è banale allora la stringa

$$f^{k-j}(W_j) \oplus f^{k-j-1}(W_j) \oplus \ldots \oplus f(W_j) \oplus W_j$$

è pure banale, e quindi non appare nella decomposizione di V. Definito allora per $j = 1, \ldots, k$,

$$V_j := f^{k-j}(W_j) \oplus f^{k-j-1}(W_j) \oplus \ldots \oplus f(W_j) \oplus W_j,$$

si ha

$$V = V_1 \oplus V_2 \oplus \ldots \oplus V_k.$$

Come viene ora fissata una base di Jordan per V?

Ovviamente, fissata una base $\vec{v}_j$ per ciascun V_j (non banale), si otterrà la base $\vec{v} = (\vec{v}_1, \vec{v}_2, \ldots, \vec{v}_k)$ di V.

Come si fissa allora ogni $\vec{v}_j$?

Si fissi una base $(e_{1j}, e_{2j}, \ldots, e_{\nu_j j})$ di W_j ($\nu_j = \dim W_j = n_{k-j+1} - n_{k-j+2}$), e si definisca la base

$$\begin{aligned}\vec{v}_j := \big(&f^{k-j}(e_{1j}), f^{k-j-1}(e_{1j}), \ldots, f(e_{1j}), e_{1j},\\ &f^{k-j}(e_{2j}), f^{k-j-1}(e_{2j}), \ldots, f(e_{2j}), e_{2j}, \ldots,\\ &f^{k-j}(e_{\nu_j j}), f^{k-j-1}(e_{\nu_j j}), \ldots, f(e_{\nu_j j}), e_{\nu_j j}\big).\end{aligned}$$

Per concludere la prova del teorema si tratta ora di riconoscere che la matrice di f nella base $\vec{v}$ ha la struttura a blocchi enunciata in (iii). Osserviamo che per costruzione ogni V_j è **invariante** per f (i.e. $f(V_j) \subset V_j$) e, in particolare, che $f(V_k) = f(W_k) = \{0\}$. Quindi la matrice di f nella base $\vec{v}$ è costituita dai blocchi dati dalle matrici delle restrizioni $f\big|_{V_j}$ nelle basi $\vec{v}_j$ di V_j, $1 \leq j \leq k$.

Ora, subito, se V_k non è banale, la matrice di $f\big|_{V_k}$ è la matrice nulla $(n_1 - n_2) \times (n_1 - n_2)$. Per ogni $1 \leq j \leq k-1$ (per cui V_j non è banale), osserviamo che la matrice di $f\big|_{V_j}$ è essa stessa costituita da ν_j blocchi quadrati $(k-j+1)\times(k-j+1)$, ottenuti considerando la restrizione di f a ciascun sottospazio di V_j dato da

$$\mathrm{Span}\{f^{k-j}(e_{\ell j}), f^{k-j-1}(e_{\ell j}), \ldots, f(e_{\ell j}), e_{\ell j}\}, \quad \ell = 1, \ldots, \nu_j.$$

È immediato ora riconoscere che la matrice di f ristretta a ciascuno di questi sottospazi è una matrice di Jordan J_{k-j+1}.

Ciò conclude la prova. □

Come esercizio calcoliamo ora le possibili forme canoniche di Jordan di una matrice 5×5 nilpotente A, a seconda dell'indice di nilpotenza k.

- Caso $k = 5$. Poiché $n_1 + n_2 + \ldots + n_5 = 5$ e $n_1 \geq n_2 \geq \ldots \geq n_5 \geq 1$ ne consegue che $n_1 = n_2 = \ldots = n_5 = 1$, sicché la forma di Jordan di A è J_5.
- Caso $k = 4$. Si ha $n_1 + n_2 + n_3 + n_4 = 5$ e $n_1 \geq n_2 \geq n_3 \geq n_4 \geq 1$. Dunque, necessariamente, $n_4 = n_3 = n_2 = 1$ e $n_1 = 2$, e quindi la forma di Jordan di A è

$$\left[\begin{array}{c|c} J_4 & 0 \\ \hline 0 & 0_{1\times 1} \end{array}\right].$$

- Caso $k = 3$. Si ha $n_1+n_2+n_3 = 5$ e $n_1 \geq n_2 \geq n_3 \geq 1$. Allora necessariamente $n_3 = 1$ e quindi $n_1 + n_2 = 4$, con $n_1 \geq n_2 \geq 1$. Ci sono due possibilità:

$$n_1 = 3,\ n_2 = 1, \quad \text{oppure} \quad n_1 = n_2 = 2.$$

  Da qui le corrispondenti forme

$$\left[\begin{array}{c|c} J_3 & 0 \\ \hline 0 & 0_{2\times 2} \end{array}\right], \quad \left[\begin{array}{c|c} J_3 & 0 \\ \hline 0 & J_2 \end{array}\right].$$

- Caso $k = 2$. Si ha $n_1 + n_2 = 5$ e $n_1 \geq n_2 \geq 1$. Si hanno le seguenti possibilità:

$$n_2 = 1,\ n_1 = 4, \quad \text{oppure} \quad n_2 = 2,\ n_1 = 3,$$

  da cui le corrispondenti forme

$$\left[\begin{array}{c|c} J_2 & 0 \\ \hline 0 & 0_{3\times 3} \end{array}\right], \quad \left[\begin{array}{c|c|c} J_2 & 0 & 0 \\ \hline 0 & J_2 & 0 \\ \hline 0 & 0 & 0_{1\times 1} \end{array}\right].$$

  Il lettore è invitato a studiare il caso in cui A è 8×8.

2.8 Teorema di Hamilton-Cayley. Forma canonica di Jordan: II parte

Dato V, spazio vettoriale su $\mathbb{K}$ con $\dim_{\mathbb{K}} V = n$, e $f: V \longrightarrow V$ lineare, sia $\mathcal{L}(V)$ l'algebra delle trasformazioni lineari di V in sé. Consideriamo allora la mappa

$$F: \mathbb{K}[z] \longrightarrow \mathcal{L}(V),$$

definita così: se $q(z) = \alpha_0 + \alpha_1 z + \alpha_2 z^2 + \ldots + \alpha_r z^r \in \mathbb{K}[z]$ allora $F(q) =: q(f) = \alpha_0 1_V + \alpha_1 f + \alpha_2 f^2 + \ldots + \alpha_r f^r \in \mathcal{L}(V)$.

È immediato verificare che F ha le proprietà seguenti:

- $F(q_1 + q_2) = F(q_1) + F(q_2)$, $F(\alpha q) = \alpha F(q)$, $\forall \alpha \in \mathbb{K}$, $\forall q, q_1, q_2 \in \mathbb{K}[z]$,
- $F(q_1 q_2) = F(q_1) \circ F(q_2) = F(q_2) \circ F(q_1) = F(q_2 q_1)$, $\forall q_1, q_2 \in \mathbb{K}[z]$,
- $F(1) = 1_V$ (e dunque $F(\alpha) = \alpha 1_V$, $\forall \alpha \in \mathbb{K}$).

Un'osservazione fondamentale è che F **non** è iniettiva. Ciò è conseguenza del fatto che $\mathbb{K}[z]$, come spazio vettoriale su $\mathbb{K}$, ha dimensione infinita, mentre $\dim_{\mathbb{K}} \mathcal{L}(V) = n^2$.

Dunque l'insieme

$$\mathcal{J}_F := \{q \in \mathbb{K}[z];\ F(q) = 0\} \tag{2.67}$$

è **non** banale e, per le proprietà precedenti di F, è un **ideale** di $\mathbb{K}[z]$.

Abbiamo intanto il seguente teorema fondamentale.

Teorema 2.8.1 (Hamilton-Cayley) *Il polinomio caratteristico p_f di f appartiene a $\mathcal{J}_F$, i.e.*

$$p_f(f) = 0. \tag{2.68}$$

Dimostrazione Cominciamo col caso $\mathbb{K} = \mathbb{C}$. Per il Teorema 2.1.14, esiste una base $\vec{v} = (v_1, \ldots, v_n)$ a ventaglio per f. Detta $A = [a_{jk}]_{1 \le j,k \le n}$ la matrice di f nella base $\vec{v}$, si ha che $p_f(z) = p_A(z) = \prod_{j=1}^{n}(a_{jj} - z)$. Ne segue che

$$p_f(f) = (a_{11}1_V - f) \circ (a_{22}1_V - f) \circ \ldots \circ (a_{nn}1_V - f),$$

e, di più, se $\sigma\colon \{1, 2, \ldots, n\} \longrightarrow \{1, 2, \ldots, n\}$ è una qualsiasi permutazione, allora si ha anche

$$p_f(f) = (a_{\sigma(1)\sigma(1)}1_V - f) \circ (a_{\sigma(2)\sigma(2)}1_V - f) \circ \ldots \circ (a_{\sigma(n)\sigma(n)}1_V - f).$$

Possiamo perciò scrivere, senza pericolo di ambiguità,

$$p_f(f) = \prod_{j=1}^{n}(a_{jj}1_V - f).$$

Ci basterà dunque provare che $p_f(f)v_j = 0$, per $1 \le j \le n$. Ora, $f(v_1) = a_{11}v_1$, e quindi

$$p_f(f)v_1 = \left(\prod_{j=2}^{n}(a_{jj}1_V - f)\right) \circ (a_{11}1_V - f)v_1 = 0.$$

Ancora, $f(v_2) = a_{12}v_1 + a_{22}v_2$, e quindi

$$(a_{11}1_V - f) \circ (a_{22}1_V - f)v_2 = (a_{11}1_V - f)(a_{12}v_1) = 0,$$

da cui $p_f(f)v_2 = 0$. Iterando questo procedimento si ha l'asserto.

Se $\mathbb{K} = \mathbb{R}$, poiché $p_f(z) = p_{{}^{\mathbb{C}}f}(z)$, da quanto provato prima segue $p_f({}^{\mathbb{C}}f) = 0$. Ma è banale riconoscere che per ogni $q \in \mathbb{R}[z]$ si ha ${}^{\mathbb{C}}(q(f)) = q({}^{\mathbb{C}}f)$. Dunque ${}^{\mathbb{C}}(p_f(f)) = 0$ e quindi $p_f(f) = 0$. □

Si osservi in particolare che se $A \in \mathrm{M}(2; \mathbb{K})$, allora poiché $p_A(z) = z^2 - \mathrm{Tr}(A)z + \det(A)$, si ha

$$A^2 - \mathrm{Tr}(A)A + \det(A)I_2 = 0. \tag{2.69}$$

Il fatto che $p_f \in \mathcal{J}_F$ **non** implica che p_f generi l'ideale $\mathcal{J}_F$. Si sa che **esiste ed è unico** un polinomio monico **non nullo** $m_f(z) = \alpha_0 + \alpha_1 z + \ldots + \alpha_{r-1} z^{r-1} + z^r$ tale che

$$\mathcal{J}_F = \{q m_f;\ q \in \mathbb{K}[z]\}.$$

Il polinomio m_f si chiama **polinomio minimo** di f.

Poiché dal teorema precedente m_f è un divisore di p_f, ne segue che $r = \deg(m_f) \leq n = \deg(p_f)$.

Vedremo tra poco come si calcola esplicitamente m_f.

Il lemma seguente sarà utile.

Lemma 2.8.2 *Siano $q_1, q_2 \in \mathbb{K}[z]$ due polinomi* **primi** *tra loro e tali che $q_1 q_2 \in \mathcal{J}_F$. Si ha allora che*

$$V = \operatorname{Ker} F(q_1) \oplus \operatorname{Ker} F(q_2).$$

Dimostrazione Poiché q_1 e q_2 sono primi tra loro ne segue che per certi polinomi $h_1, h_2 \in \mathbb{K}[z]$ si ha

$$h_1(z)q_1(z) + h_2(z)q_2(z) = 1, \quad \forall z.$$

Il fatto che $\operatorname{Ker} F(q_1) \cap \operatorname{Ker} F(q_2) = \{0\}$ è allora banale perché

$$h_1(f) \circ q_1(f) + h_2(f) \circ q_2(f) = 1_V.$$

Dato ora $v \in V$ si ha che $h_1(f)\big(q_1(f)v\big) \in \operatorname{Ker} q_2(f)$ in quanto $q_2(f) \circ q_1(f)$ è la mappa nulla per ipotesi. Per lo stesso motivo $h_2(f)\big(q_2(f)v\big) \in \operatorname{Ker} q_1(f)$. Poiché

$$v = h_1(f)\big(q_1(f)v\big) + h_2(f)\big(q_2(f)v\big),$$

si ha dunque la conclusione. □

Poniamoci ora nel caso $\mathbb{K} = \mathbb{C}$, e siano $\lambda_1, \ldots, \lambda_k \in \mathbb{C}$ gli autovalori **distinti** di f, con molteplicità algebriche $m_1 = m_a(\lambda_1), \ldots, m_k = m_a(\lambda_k)$.

Poiché $p_f(z) = \prod_{j=1}^{k} (\lambda_j - z)^{m_j}$, dal Teorema 2.8.1 segue che

$$\prod_{j=1}^{k} (\lambda_j 1_V - f)^{m_j} = 0.$$

Definiamo

$$V_j := \operatorname{Ker}\big((\lambda_j 1_V - f)^{m_j}\big), \quad 1 \leq j \leq n, \tag{2.70}$$

che chiameremo **autospazio generalizzato** di f relativo all'autovalore λ_j. È importante notare che

$$E_{\lambda_j} \subset \operatorname{Ker}\big((\lambda_j 1_V - f)^{m_j}\big), \quad 1 \leq j \leq n,$$

e che per il Teorema 2.1.7 si ha uguaglianza se e solo se $m_j = m_g(\lambda_j)$.

Osserviamo ora che i due polinomi $(\lambda_1 - z)^{m_1}$ e $q_1(z) := \prod_{j=2}^{k}(\lambda_j - z)^{m_j}$ sono primi tra loro, e quindi per il Lemma 2.8.2 si ha intanto che

$$V = V_1 \oplus \operatorname{Ker} F(q_1).$$

Ora, $\operatorname{Ker} F(q_1)$ è **invariante** per f, in quanto $q_1(f) \circ f = f \circ q_1(f)$. Dunque $f_1 := f\big|_{\operatorname{Ker} F(q_1)} : \operatorname{Ker} F(q_1) \longrightarrow \operatorname{Ker} F(q_1)$, ed il suo polinomio caratteristico $p_{f_1}(z)$ è proprio $q_1(z) := \prod_{j=2}^{k}(\lambda_j - z)^{m_j}$. Poiché $(\lambda_2 - z)^{m_2}$ e $q_2(z) := \prod_{j=3}^{k}(\lambda_j - z)^{m_j}$ sono primi tra loro e $q_1(f_1) = 0$, ancora dal Lemma 2.8.2 se ne deduce che

$$\operatorname{Ker} F(q_1) = V_2 \oplus \operatorname{Ker} F(q_2).$$

Procedendo in questo modo si conclude che

$$V = V_1 \oplus V_2 \oplus \ldots \oplus V_k, \quad \dim V_j = m_j, \quad 1 \leq j \leq k. \tag{2.71}$$

Per la restrizione $f\big|_{V_j}$ si ha che $f\big|_{V_j} = \lambda_j 1_{V_j} + g_j$, per una certa $g_j : V_j \longrightarrow V_j$ che per ipotesi verifica $g_j^{m_j} = 0$. Ora se $m_j = m_g(\lambda_j)$, e **solo** in questo caso, si ha $g_j = 0$, altrimenti $g_j \neq 0$ è nilpotente con indice di nilpotenza ν_j, $2 \leq \nu_j \leq m_j$. Applicando il Teorema 2.7.4 a ciascuna g_j (nel caso non banale di nilpotenza), si conclude che c'è una base di V (detta **base di Jordan**) relativamente alla quale la matrice A di f ha la struttura a blocchi seguente:

$$A = \begin{bmatrix} \lambda_1 I_{m_1} + B_1 & 0 & \ldots & 0 \\ 0 & \lambda_2 I_{m_2} + B_2 & \ldots & 0 \\ \vdots & \vdots & \ddots & \vdots \\ 0 & 0 & \ldots & \lambda_k I_{m_k} + B_k \end{bmatrix}, \tag{2.72}$$

dove $B_j = 0$ se e solo se $m_j = m_g(\lambda_j)$, mentre, quando $m_j > m_g(\lambda_j)$, $B_j \neq 0$ è nilpotente e ha la forma canonica prevista per g_j dal Teorema 2.7.4.

È naturale osservare che:

- la struttura (2.72) è in perfetto accordo col Teorema 2.1.10 di diagonalizzabilità, nel senso che ogni $B_j = 0$ se e solo se $m_j = m_g(\lambda_j)$, $j = 1, \ldots, k$;
- dalla (2.72) segue che il polinomio minimo $m_f(z)$ è dato da

$$m_f(z) = (-1)^n \Big(\prod_{m_j = m_g(\lambda_j)} (\lambda_j - z) \Big) \Big(\prod_{m_j > m_g(\lambda_j)} (\lambda_j - z)^{\nu_j} \Big).$$

Abbiamo in conclusione dimostrato il teorema seguente.

Teorema 2.8.3 *Data $f: V \longrightarrow V$ lineare, con $\dim_{\mathbb{C}} V = n$, siano $\lambda_1, \dots, \lambda_k \in \mathbb{C}$ gli autovalori* **distinti** *di f, con molteplicità algebrica $m_1, \dots, m_k$. Allora:*

- $V = \bigoplus_{j=1}^{k} V_j$, $V_j := \mathrm{Ker}\big((\lambda_j 1_V - f)^{m_j}\big)$, $\dim_{\mathbb{C}} V_j = m_j$, $1 \le j \le k$;
- *in ogni V_j c'è una base $\vec{v}_j$ tale che nella base complessiva $\vec{v} = (\vec{v}_1, \dots, \vec{v}_k)$ di V la matrice A di f ha la forma a blocchi (2.72), ove $B_j = 0_{m_j \times m_j}$ se e solo se $m_j = m_g(\lambda_j)$, mentre ogniqualvolta $m_j > m_g(\lambda_j)$, B_j non è nulla ed è nilpotente con la forma prescritta dal Teorema 2.7.4.*

Ci domandiamo ora cosa accade quando V è **reale**, cioè $\mathbb{K} = \mathbb{R}$. Come al solito, supponiamo che $p_f(z)$ abbia un certo numero k di radici reali **distinte** $\lambda_1, \dots, \lambda_k$ (con molteplicità algebrica $r_1, \dots, r_k$), ed un certo numero h di coppie coniugate **distinte** di radici complesse, **non** reali, $\alpha_1 \pm i\beta_1, \dots, \alpha_h \pm i\beta_h$ (con molteplicità algebrica $\ell_1, \dots, \ell_h$).

Applicando il Teorema 2.8.3 a ${}^{\mathbb{C}}f$ si ha

- ${}^{\mathbb{C}}V = \bigoplus_{j=1}^{k} W_j \oplus \bigoplus_{j=1}^{h} (E_j \oplus \bar{E}_j)$, dove $W_j := \mathrm{Ker}\big((\lambda_j 1_{{}^{\mathbb{C}}V} - {}^{\mathbb{C}}f)^{r_j}\big)$, con $\dim_{\mathbb{C}} W_j = r_j$, $1 \le j \le k$, e dove $E_j = \mathrm{Ker}\big(((\alpha_j + i\beta_j)1_{{}^{\mathbb{C}}V} - {}^{\mathbb{C}}f)^{\ell_j}\big)$, con $\dim_{\mathbb{C}} E_j = \ell_j$, $1 \le j \le h$;
- in ogni W_j, $1 \le j \le k$, ed in ogni E_j, $1 \le j \le h$, c'è una base per cui nella base complessiva di ${}^{\mathbb{C}}V$ la matrice A di ${}^{\mathbb{C}}f$ ha la forma a blocchi seguente

$$A = \begin{bmatrix} A_0 & 0 & \dots & 0 \\ 0 & A_1 & \dots & 0 \\ \vdots & \vdots & \ddots & \vdots \\ 0 & 0 & \dots & A_h \end{bmatrix}, \tag{2.73}$$

dove il blocco A_0 ha a sua volta la struttura a blocchi $r_j \times r_j$

$$A_0 = \begin{bmatrix} \lambda_1 I_{r_1} + B_1 & \dots & 0 \\ \vdots & \ddots & \vdots \\ 0 & \dots & \lambda_k I_{r_k} + B_k \end{bmatrix},$$

ed i blocchi A_j, $1 \le j \le h$, hanno a loro volta la struttura a blocchi $\ell_j \times \ell_j$

$$A_j = \begin{bmatrix} (\alpha_j + i\beta_j) I_{\ell_j} + C_j & 0 \\ 0 & (\alpha_j - i\beta_j) I_{\ell_j} + C_j \end{bmatrix},$$

con $B_j = 0_{r_j \times r_j}$ se e solo se $r_j = m_g(\lambda_j)$, risp. $C_j = 0_{\ell_j \times \ell_j}$ se e solo se $\ell_j = m_g(\alpha_j + i\beta_j) = m_g(\alpha_j - i\beta_j)$, ed in tutti gli altri casi B_j, risp. C_j, sono matrici nilpotenti della forma prescritta dal Teorema 2.7.4.

Poiché

$$V = \bigoplus_{j=1}^{k} \operatorname{Re} W_j \oplus \bigoplus_{j=1}^{h} \operatorname{Re}(E_j \oplus \bar{E}_j),$$

partendo dalle basi sopra fissate si ottiene una base di V relativamente alla quale la matrice di f presenta i blocchi $\lambda_j I_{r_j} + B_j$ esattamente come in (2.73), mentre i blocchi

$$\begin{bmatrix} (\alpha_j + i\beta_j)I_{\ell_j} + C_j & 0 \\ 0 & (\alpha_j - i\beta_j)I_{\ell_j} + C_j \end{bmatrix} \tag{2.74}$$

sono sostituiti da blocchi della forma

$$\left[\begin{array}{c|c|c|c|c} \begin{matrix} \alpha_j & \beta_j \\ -\beta_j & \alpha_j \end{matrix} & D_{j,1} & 0 & \dots & 0 \\ \hline 0 & \begin{matrix} \alpha_j & \beta_j \\ -\beta_j & \alpha_j \end{matrix} & D_{j,2} & \dots & 0 \\ \hline \vdots & \vdots & \vdots & \ddots & \vdots \\ \hline 0 & 0 & \dots & \begin{matrix} \alpha_j & \beta_j \\ -\beta_j & \alpha_j \end{matrix} & D_{j,\ell_j-1} \\ \hline 0 & 0 & \dots & 0 & \begin{matrix} \alpha_j & \beta_j \\ -\beta_j & \alpha_j \end{matrix} \end{array}\right], \tag{2.75}$$

con $D_{j,1}, D_{j,2}, \dots, D_{j,\ell_j-1}$ blocchi 2×2 della forma seguente:

- se in (2.74) un'occorrenza di $\alpha_j + i\beta_j$ è seguita da un 1, allora il blocco corrispondente $\begin{bmatrix} \alpha_j & \beta_j \\ -\beta_j & \alpha_j \end{bmatrix}$ in (2.75) è seguito dal blocco $D_{j,\cdot} = \begin{bmatrix} 1 & 0 \\ 0 & 1 \end{bmatrix}$,
- se in (2.74) un'occorrenza di $\alpha_j + i\beta_j$ è seguita da uno 0, allora il blocco corrispondente $\begin{bmatrix} \alpha_j & \beta_j \\ -\beta_j & \alpha_j \end{bmatrix}$ in (2.75) è seguito dal blocco $D_{j,\cdot} = \begin{bmatrix} 0 & 0 \\ 0 & 0 \end{bmatrix}$.

Lasciamo al lettore la verifica di queste proprietà e la formulazione di un enunciato analogo a quello del Teorema 2.8.3 nel caso $\mathbb{K} = \mathbb{R}$.

Ad esempio, se la matrice A di ${}^{\mathbb{C}}f$ è del tipo

$$\left[\begin{array}{cc|ccc|ccc} \lambda & 1 & & & & & & \\ 0 & \lambda & & 0_{2\times 3} & & & 0_{2\times 3} & \\ \hline & & \alpha+i\beta & 1 & 0 & & & \\ & 0_{3\times 2} & 0 & \alpha+i\beta & 1 & & 0_{3\times 3} & \\ & & 0 & 0 & \alpha+i\beta & & & \\ \hline & & & & & \alpha-i\beta & 1 & 0 \\ & 0_{3\times 2} & & 0_{3\times 3} & & 0 & \alpha-i\beta & 1 \\ & & & & & 0 & 0 & \alpha-i\beta \end{array}\right],$$

con $\lambda \in \mathbb{R}$ e $\beta \neq 0$, allora la matrice di f è della forma

$$\left[\begin{array}{cc|cc|cc|cc} \lambda & 1 & & & & & & \\ 0 & \lambda & & & 0_{2\times 6} & & & \\ \hline & & \alpha & \beta & 1 & 0 & & \\ & & -\beta & \alpha & 0 & 1 & 0_{2\times 2} & \\ \cline{3-8} & 0_{6\times 2} & & & \alpha & \beta & 1 & 0 \\ & & 0_{2\times 2} & & -\beta & \alpha & 0 & 1 \\ \cline{3-8} & & & & & & \alpha & \beta \\ & & 0_{2\times 2} & & 0_{2\times 2} & & \beta & \alpha \end{array}\right].$$

Capitolo 3
Alcune applicazioni all'analisi matriciale

3.1 Funzioni di matrici e di trasformazioni lineari

In tutta questa parte supporremo sempre $\mathbb{K} = \mathbb{C}$.

Nella Sezione 2.3 abbiamo costruito $F(f): V \longrightarrow V$ per una trasformazione lineare $f: V \longrightarrow V$ che sia normale rispetto ad un fissato prodotto hermitiano su V, con $F: \text{Spec}(f) \longrightarrow \mathbb{C}$ una assegnata funzione.

In questa sezione ci proponiamo di costruire $F(f)$ per una **qualsiasi** trasformazione lineare f, restringendoci però ad F **olomorfa** in un intorno di $\text{Spec}(f)$ in $\mathbb{C}$.

Il punto di partenza è capire cosa succede nel caso delle matrici.

Su $\text{M}(n; \mathbb{C})$ considereremo, come già fatto in precedenza, la topologia definita dalla norma euclidea di $\mathbb{C}^{n^2}$ nel modo seguente: se $A = [a_{jk}]_{1 \le j,k \le n} \in \text{M}(n; \mathbb{C})$,

$$\|A\| := \Big(\sum_{j,k=1}^{n} |a_{jk}|^2 \Big)^{1/2}. \tag{3.1}$$

Osserviamo che in questo modo si ha $\text{dist}(A, B) = \|A - B\|$ e, come conseguenza della disuguaglianza di Cauchy-Schwarz,

$$\|AB\| \le \|A\| \, \|B\|, \quad \forall A, B \in \text{M}(n; \mathbb{C}).$$

Il seguente teorema stabilisce una relazione tra le possibili norme su $\text{M}(n; \mathbb{C})$ e lo spettro di una matrice $A \in \text{M}(n; \mathbb{C})$, pensata come mappa lineare di $\mathbb{C}^n$ in sé, cioè $p_A^{-1}(0)$.

Teorema 3.1.1 *Data una qualunque norma* $A \longmapsto |A|$ *in* $\text{M}(n; \mathbb{C})$ *soddisfacente la condizione*

$$|AB| \le |A| \, |B|, \quad \forall A, B \in \text{M}(n; \mathbb{C}), \tag{3.2}$$

si hanno i fatti che seguono.

C. Parenti, A. Parmeggiani, *Algebra lineare ed equazioni differenziali ordinarie*, UNITEXT 117, https://doi.org/10.1007/978-88-470-3993-3_3

(i) *Esiste il limite*

$$\lim_{j\to+\infty} |A^j|^{1/j} \leq |A|.$$

Tale limite è **indipendente** *dalla norma* $|\cdot|$ *fissata soddisfacente (3.2), verrà indicato con* $r(A)$ *e chiamato il* **raggio spettrale** *di* A.

(ii) *Se* $\lambda \in \mathbb{C}$ *con* $|\lambda| > r(A)$, *allora* $\lambda I_n - A$ *è invertibile e*

$$(\lambda I_n - A)^{-1} = \sum_{h=0}^{\infty} \frac{1}{\lambda^{h+1}} A^h \qquad (A^0 = I_n),$$

con convergenza rispetto ad ogni norma scelta.

(iii) *Si ha*

$$r(A) = \max\{|\lambda|;\ \lambda \in \mathbb{C},\ p_A(\lambda) = 0\}.$$

Dimostrazione Proviamo (i). Ovviamente si ha

$$0 \leq |A^j|^{1/j} \leq |A|, \quad \forall j \geq 1.$$

Posto $t := \inf\{|A^j|^{1/j};\ j \geq 1\}$, ci basterà provare che $\limsup_{j\to+\infty} |A^j|^{1/j} \leq t$. Dato $\varepsilon > 0$, sia $m \in \mathbb{N}$ tale che $|A^m|^{1/m} \leq t + \varepsilon$. Ora, ogni $j > m$ si scrive come $j = hm + \ell$, con $h \geq 1$ e $0 \leq \ell \leq m - 1$, sicché

$$|A^j| = |A^{hm} A^\ell| \leq |A^m|^h |A|^\ell,$$

e quindi

$$|A^j|^{1/j} \leq |A^m|^{h/j} |A|^{\ell/j} = \left(|A^m|^{1/m}\right)^{hm/j} |A|^{\ell/j} \leq (t+\varepsilon)^{hm/j} |A|^{\ell/j}.$$

Se $j \to +\infty$ allora $hm/j \to 1$ e $\ell/j \to 0$, sicché

$$\limsup_{j\to+\infty} |A^j|^{1/j} \leq t + \varepsilon,$$

il che prova, per l'arbitrarietà di ε, quanto si voleva.

Ricordiamo ora che, siccome $\mathrm{M}(n;\mathbb{C})$ è di dimensione finita, se $|\cdot|_1$ e $|\cdot|_2$ sono due norme su $\mathrm{M}(n;\mathbb{C})$, esiste allora $c > 0$ per cui

$$\frac{1}{c}|A|_1 \leq |A|_2 \leq c|A|_1, \quad \forall A \in \mathrm{M}(n;\mathbb{C}).$$

Dunque se $|\cdot|_1$ e $|\cdot|_2$ verificano entrambe la condizione (3.2),

$$\lim_{j\to+\infty} |A^j|_1^{1/j} = \lim_{j\to+\infty} |A^j|_2^{1/j},$$

e quindi $r(A)$ **non** dipende dalla scelta della norma su $\mathrm{M}(n;\mathbb{C})$ (soddisfacente (3.2)).

Proviamo ora (ii). Sia $\varepsilon > 0$ tale che $|\lambda| \geq r(A) + \varepsilon$. Allora avremo

$$|A^h|^{1/h} \leq r(A) + \varepsilon/2,$$

per tutti gli h sufficientemente grandi. Ne segue che per tali h avremo

$$\frac{1}{|\lambda|^{h+1}}|A^h| \leq \frac{(r(A)+\varepsilon/2)^h}{(r(A)+\varepsilon)^{h+1}} = \frac{1}{r(A)+\varepsilon}\Big(\frac{r(A)+\varepsilon/2}{r(A)+\varepsilon}\Big)^h,$$

il che prova la convergenza in norma $|\cdot|$ della serie.

Poiché

$$(\lambda I_n - A)\sum_{h=0}^{N}\frac{1}{\lambda^{h+1}}A^h = I_n - \frac{1}{\lambda^{N+1}}A^{N+1} \longrightarrow I_n, \quad \text{per } N \to +\infty,$$

si ha la tesi.

Proviamo infine (iii). Poiché $\lambda I_n - A$ è invertibile quando $|\lambda| > r(A)$, ne segue che

$$L := \max_{p_A(\lambda)=0} |\lambda| \leq r(A).$$

D'altra parte $\lambda I_n - A$ è pure invertibile se $|\lambda| > L$ e la funzione $\lambda \longmapsto (\lambda I_n - A)^{-1}$ è **olomorfa** (cioè ogni elemento della matrice $(\lambda I_n - A)^{-1}$ è olomorfo) per $|\lambda| > L$. Poiché per $|\lambda| > r(A)$ si ha $(\lambda I_n - A)^{-1} = \sum_{h=0}^{\infty}\frac{1}{\lambda^{h+1}}A^h$, per l'unicità del prolungamento analitico tale identità è vera per $|\lambda| > L$, sicché deve essere

$$\frac{|A^h|}{|\lambda|^{h+1}} \longrightarrow 0 \quad \text{per} \quad h \to +\infty$$

quando $|\lambda| > L$.

Quindi per ogni $\varepsilon > 0$ si avrà, scegliendo $|\lambda| = L + \varepsilon$,

$$|A^h| < \big(L+\varepsilon\big)^{h+1}$$

per tutti gli h abbastanza grandi. Dunque

$$\lim_{j\to+\infty} |A^j|^{1/j} \leq L + \varepsilon,$$

e, per l'arbitrarietà di ε, $r(A) \leq L$, da cui la tesi. □

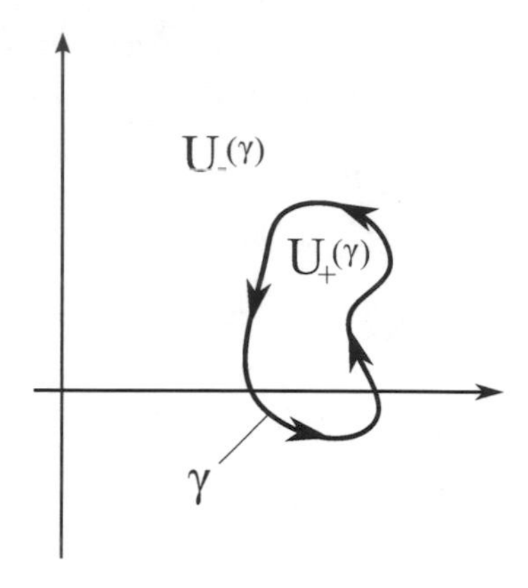

Figura 3.1 Il circuito γ

Sia data ora una funzione

$$\psi : \Omega \subset \mathbb{C} \longrightarrow \mathrm{M}(n; \mathbb{C}),$$

dove Ω è un aperto non vuoto di $\mathbb{C}$. Supponiamo che ψ sia continua, nel senso che $\lambda \to \lambda_0$ in Ω implica $\|\psi(\lambda) - \psi(\lambda_0)\| \to 0$. È immediato dalla (3.1) che, scritta $\psi(\lambda) = [\psi_{jk}(\lambda)]_{1 \le j,k \le n}$, la continuità di ψ equivale alla continuità di tutte le singole funzioni $\psi_{jk} : \Omega \longrightarrow \mathbb{C}$.

D'ora innanzi diremo che $\gamma \subset \mathbb{C}$ è un **circuito** se γ è il sostegno di una curva regolare a tratti, semplice e chiusa di $\mathbb{C}$, orientata in senso antiorario. È noto (Teorema di Jordan) che ogni circuito γ decompone $\mathbb{C}$ nella forma $\mathbb{C} = U_+(\gamma) \cup \gamma \cup U_-(\gamma)$, dove $U_\pm(\gamma)$ sono aperti connessi non vuoti di $\mathbb{C}$ con frontiera comune γ, $U_+(\gamma)$ essendo la componente **limitata** di $\mathbb{C} \setminus \gamma$ ("interna" a γ), e $U_-(\gamma)$ la componente **illimitata** di $\mathbb{C} \setminus \gamma$ ("esterna" a γ) (si veda la Figura 3.1).

Data allora $\psi : \Omega \subset \mathbb{C} \longrightarrow \mathrm{M}(n; \mathbb{C})$ continua e dato un circuito $\gamma \subset \Omega$, resta definita la matrice

$$\frac{1}{2\pi i} \oint_\gamma \psi(\lambda) d\lambda := \Big[\frac{1}{2\pi i} \oint_\gamma \psi_{jk}(\lambda) d\lambda \Big]_{1 \le j,k \le n}. \tag{3.3}$$

Il lemma seguente è fondamentale.

Lemma 3.1.2 *Sia $A \in \mathrm{M}(n; \mathbb{C})$. Siano $\mu_1, \dots, \mu_k \in \mathbb{C}$ gli autovalori* **distinti** *di A con molteplicità algebrica $m_1, \dots, m_k$, e sia*

$$\mathbb{C}^n = \bigoplus_{j=1}^k W_j, \quad W_j = \mathrm{Ker}\Big((\mu_j I_n - A)^{m_j} \Big), \tag{3.4}$$

la decomposizione di $\mathbb{C}^n$ data dal Teorema 2.8.3. Sia $\gamma \subset \mathbb{C}$ un circuito tale che

$$\mu_j \notin \gamma, \quad j = 1, \dots, k. \tag{3.5}$$

Dunque la mappa, detta **risolvente** *di A,*

$$\mathbb{C} \setminus \{\mu_1, \ldots, \mu_k\} \ni \lambda \longmapsto (\lambda I_n - A)^{-1} \in \mathrm{M}(n;\mathbb{C})$$

è ben definita e continua. Posto allora

$$P_\gamma(A) := \frac{1}{2\pi i} \oint_\gamma (\lambda I_n - A)^{-1} d\lambda, \tag{3.6}$$

si ha che $P_\gamma(A)$ è la matrice proiezione di $\mathbb{C}^n$ su $\bigoplus_{j:\, \mu_j \in U_+(\gamma)} W_j$. In particolare si ha che $P_\gamma(A) = 0_{n\times n}$ se $\{\mu_1, \ldots, \mu_k\} \subset U_-(\gamma)$, e $P_\gamma(A) = I_n$ se $\{\mu_1, \ldots, \mu_k\} \subset U_+(\gamma)$.

Dimostrazione In accordo con il Teorema 2.8.3 si fissi una base di Jordan $\vec{v}_j$ in ciascun W_j, e sia $\vec{v} = (\vec{v}_1, \ldots, \vec{v}_k)$ la risultante base complessiva di $\mathbb{C}^n$. Se $T \in \mathrm{GL}(n;\mathbb{C})$ è la matrice le cui colonne sono i vettori della base v, allora $T^{-1}AT = \Lambda$, dove Λ ha la forma a blocchi

$$\Lambda = \begin{bmatrix} \Lambda_1 & 0 & \ldots & 0 \\ 0 & \Lambda_2 & \ldots & 0 \\ \vdots & \vdots & \ddots & \vdots \\ 0 & 0 & \ldots & \Lambda_k \end{bmatrix},$$

dove ogni blocco $\Lambda_j \in \mathrm{M}(m_j;\mathbb{C})$ è della forma $\Lambda_j = \mu_j I_{m_j} + B_j$, con $B_j = 0_{m_j\times m_j}$ se $m_j = m_g(\mu_j)$, ovvero con B_j nilpotente con la struttura prevista dal Teorema 2.7.4 se $m_j > m_g(\mu_j)$. Ne segue che per $\lambda \in \gamma$,

$$(\lambda I_n - A)^{-1} = T(\lambda I_n - \Lambda)^{-1} T^{-1},$$

e

$$(\lambda I_n - \Lambda)^{-1} = \begin{bmatrix} (\lambda I_{m_1} - \Lambda_1)^{-1} & 0 & \ldots & 0 \\ 0 & (\lambda I_{m_2} - \Lambda_2)^{-1} & \ldots & 0 \\ \vdots & \vdots & \ddots & \vdots \\ 0 & 0 & \ldots & (\lambda I_{m_k} - \Lambda_k)^{-1} \end{bmatrix}.$$

Occorre dunque calcolare $(\lambda I_{m_j} - \Lambda_j)^{-1}$, $1 \le j \le k$.

Abbiamo due casi possibili.

(i) $B_j = 0$, e quindi $\Lambda_j = \mu_j I_{m_j}$. In tal caso

$$(\lambda I_{m_j} - \Lambda_j)^{-1} = \frac{1}{\lambda - \mu_j} I_{m_j}.$$

(ii) $B_j \neq 0$ e nilpotente. In tal caso B_j ha a sua volta una struttura a blocchi, con blocchi del tipo J_ℓ oppure $0_{\ell\times\ell}$, per opportuni ℓ. In corrispondenza, Λ_j ha una struttura a blocchi del tipo $\mu_j I_\ell + J_\ell$ oppure $\mu_j I_\ell$. Allora $(\lambda I_{m_j} - \Lambda_j)^{-1}$ ha la medesima suddivisione a blocchi del tipo

$$\big((\lambda-\mu_j)I_\ell - J_\ell\big)^{-1} \quad \text{oppure} \quad \frac{1}{\lambda-\mu_j}I_\ell.$$

Nel primo caso è immediato verificare che

$$\begin{aligned}&\big((\lambda-\mu_j)I_\ell - J_\ell\big)^{-1} =\\ &= \frac{1}{\lambda-\mu_j}I_\ell + \frac{1}{(\lambda-\mu_j)^2}J_\ell + \frac{1}{(\lambda-\mu_j)^3}J_\ell^2 + \ldots + \frac{1}{(\lambda-\mu_j)^\ell}J_\ell^{\ell-1}.\end{aligned} \tag{3.7}$$

A questo punto possiamo calcolare facilmente

$$P_\gamma(\Lambda) = \frac{1}{2\pi i}\oint_\gamma (\lambda I_n - \Lambda)^{-1} d\lambda,$$

che risulta avere la struttura a blocchi

$$P_\gamma(\Lambda) = \begin{bmatrix} P_\gamma(\Lambda_1) & 0 & \ldots & 0 \\ 0 & P_\gamma(\Lambda_2) & \ldots & 0 \\ \vdots & \vdots & \ddots & \vdots \\ 0 & 0 & \ldots & P_\gamma(\Lambda_k) \end{bmatrix}.$$

Nel caso (i) si ha

$$P_\gamma(\Lambda_j) = \Big(\frac{1}{2\pi i}\oint_\gamma \frac{1}{\lambda-\mu_j}d\lambda\Big)I_{m_j} = \begin{cases} 0, & \text{se} \quad \mu_j \notin U_+(\gamma) \\ I_{m_j}, & \text{se} \quad \mu_j \in U_+(\gamma). \end{cases}$$

Nel caso (ii), per gli eventuali blocchi $\dfrac{1}{\lambda-\mu_j}I_\ell$ si ha

$$\Big(\frac{1}{2\pi i}\oint_\gamma \frac{1}{\lambda-\mu_j}d\lambda\Big)I_\ell = \begin{cases} 0, & \text{se} \quad \mu_j \notin U_+(\gamma) \\ I_\ell, & \text{se} \quad \mu_j \in U_+(\gamma), \end{cases}$$

e per i blocchi $\big((\lambda-\mu_j)I_\ell - J_\ell\big)^{-1}$ si ha

$$\begin{aligned}&\frac{1}{2\pi i}\oint_\gamma \big((\lambda-\mu_j)I_\ell - J_\ell\big)^{-1} d\lambda =\\ &= \frac{1}{2\pi i}\Bigg(\Big(\oint_\gamma \frac{1}{\lambda-\mu_j}d\lambda\Big)I_\ell + \sum_{h=1}^{\ell-1}\Big(\oint_\gamma \frac{1}{(\lambda-\mu_j)^{h+1}}d\lambda\Big)J_\ell^h\Bigg) =\\ &= \Big(\frac{1}{2\pi i}\oint_\gamma \frac{1}{\lambda-\mu_j}d\lambda\Big)I_\ell = \begin{cases} 0, & \text{se} \quad \mu_j \notin U_+(\gamma) \\ I_\ell, & \text{se} \quad \mu_j \in U_+(\gamma). \end{cases}\end{aligned}$$

In conclusione, i blocchi di $P_\gamma(\Lambda)$ sono I_{m_j} se $\mu_j \in U_+(\gamma)$ e $0_{m_j \times m_j}$ se $\mu_j \notin U_+(\gamma)$.

Poiché $P_\gamma(\Lambda)^2 = P_\gamma(\Lambda)$, la stessa proprietà vale per $P_\gamma(A) = TP_\gamma(\Lambda)T^{-1}$, sicché $P_\gamma(A)$ è una matrice proiezione.

Resta da vedere qual è Im $P_\gamma(A)$. Ogni $\xi \in \mathbb{C}^n$ si scrive univocamente come $\xi = \xi_1 + \xi_2 + \ldots + \xi_k$, con $\xi_j \in W_j$ $(1 \leq j \leq k)$, e quindi

$$P_\gamma(A)\xi = TP_\gamma(\Lambda)(T^{-1}\xi) = T \sum_{j:\, \mu_j \in U_+(\gamma)} T^{-1}\xi_j = \sum_{j:\, \mu_j \in U_+(\gamma)} \xi_j,$$

sicché $\operatorname{Im} P_\gamma(A) = \bigoplus_{j:\, \mu_j \in U_+(\gamma)} W_j$. Ciò conclude la dimostrazione. □

D'ora innanzi se $\Omega \subset \mathbb{C}$ è un aperto (non vuoto), con $\mathcal{O}(\Omega)$ indicheremo l'insieme delle funzioni olomorfe su Ω.

Definizione 3.1.3 *Sia data $A \in \mathrm{M}(n;\mathbb{C})$ con autovalori distinti $\mu_1, \ldots, \mu_k \in \mathbb{C}$, e sia data $F \in \mathcal{O}(\Omega)$, con $\Omega \supset \{\mu_1, \ldots, \mu_k\}$. Preso un circuito $\gamma \subset \Omega$ tale che $\mu_1, \ldots, \mu_k \in U_+(\gamma)$, definiamo*

$$F_\gamma(A) := \frac{1}{2\pi i} \oint_\gamma F(\lambda)(\lambda I_n - A)^{-1} d\lambda. \tag{3.8}$$

△

La matrice $F_\gamma(A)$ in realtà **non** dipende dalla scelta di γ, fermo restando che $\{\mu_1, \ldots, \mu_k\} \subset U_+(\gamma)$. Vale infatti il lemma seguente.

Lemma 3.1.4 *Se $F \in \mathcal{O}(\Omega)$ e $\gamma_1, \gamma_2 \subset \Omega$ sono circuiti tali che*

$$\{\mu_1, \ldots, \mu_k\} \subset U_+(\gamma_1) \cap U_+(\gamma_2) \cap \Omega,$$

allora

$$F_{\gamma_1}(A) = F_{\gamma_2}(A).$$

Dimostrazione Ci basta provare il lemma quando A è nella forma canonica di Jordan data dal Teorema 2.8.3. Infatti, se A non è in forma di Jordan, c'è allora una matrice $T \in \mathrm{GL}(n;\mathbb{C})$ tale che $B := T^{-1}AT$ è in forma di Jordan. Poiché $(\lambda I_n - B)^{-1} = T^{-1}(\lambda I_n - A)^{-1}T$, ne segue che $F_\gamma(B) = T^{-1}F_\gamma(A)T$, e quindi se facciamo vedere che $F_{\gamma_1}(B) = F_{\gamma_2}(B)$ avremo la tesi.

Possiamo dunque supporre che A sia in forma diagonale a blocchi, con blocchi del tipo μI_ℓ ovvero $\mu I_\ell + J_\ell$, con $\mu \in \{\mu_1, \ldots, \mu_k\}$ e per un certo $1 \leq \ell \leq m_a(\mu)$. Ci basta dunque calcolare $F_\gamma(\mu I_\ell)$ e $F_\gamma(\mu I_\ell + J_\ell)$, che costituiscono i blocchi di $F_\gamma(A)$. Ora, per il Teorema di Cauchy si ha

$$F_\gamma(\mu I_\ell) = \Big(\frac{1}{2\pi i} \oint_\gamma F(\lambda) \frac{1}{\lambda - \mu} d\lambda\Big) I_\ell = F(\mu) I_\ell.$$

Nell'altro caso, dalla (3.7) si ha

$$\big(\lambda I_n - (\mu I_n + J_\ell)\big)^{-1} = \frac{1}{\lambda - \mu} I_\ell + \frac{1}{(\lambda - \mu)^2} J_\ell + \ldots + \frac{1}{(\lambda - \mu)^\ell} J_\ell^{\ell - 1},$$

e dunque

$$F_\gamma(\mu I_\ell + J_\ell) = \frac{1}{2\pi i} \left(\Big(\oint_\gamma \frac{F(\lambda)}{\lambda - \mu} d\lambda \Big) I_\ell + \sum_{h=1}^{\ell - 1} \Big(\oint_\gamma \frac{F(\lambda)}{(\lambda - \mu)^{h+1}} d\lambda \Big) J_\ell^h \right).$$

Dal Teorema dei Residui si ha che per $p = 1, 2, \ldots$,

$$\frac{1}{2\pi i} \oint_\gamma \frac{F(\lambda)}{(\lambda - \mu)^p} d\lambda = \frac{1}{(p-1)!} \Big(\frac{d}{d\lambda}\Big)^{p-1} F \Big|_{\lambda = \mu} = \frac{1}{(p-1)!} F^{(p-1)}(\mu),$$

e quindi

$$F_\gamma(\mu I_\ell + J_\ell) = \sum_{h=0}^{\ell - 1} \frac{F^{(h)}(\mu)}{h!} J_\ell^h, \quad \text{dove} \quad J_\ell^0 = I_\ell.$$

Ciò conclude la prova. □

Il lemma precedente consente, ogniqualvolta $F \in \mathcal{O}(\Omega)$ e $\{\mu_1, \ldots, \mu_k\} \subset \Omega$, di definire

$$F(A) := F_\gamma(A)$$

dove $\gamma \subset \Omega$ è un qualsiasi circuito tale che

$$\{\mu_1, \ldots, \mu_k\} \subset U_+(\gamma).$$

Le principali proprietà della costruzione $A \longmapsto F(A)$ sono espresse dal teorema seguente.

Teorema 3.1.5 *Dato $\Omega \subset \mathbb{C}$ aperto con $\{\mu_1, \ldots, \mu_k\} \subset \Omega$ valgono le seguenti proprietà.*

(i) *Se $F \in \mathcal{O}(\Omega)$ allora*

$$\mathrm{Spec}(F(A)) = \{F(\mu_j);\ j = 1, \ldots, k\}$$

e

$$\det F(A) = \prod_{j=1}^{k} F(\mu_j)^{m_j}.$$

(ii) *Se $\{F_j\}_{j\geq 1} \subset \mathcal{O}(\Omega)$ è una successione uniformemente convergente sui compatti di Ω ad $F \in \mathcal{O}(\Omega)$, allora*

$$\|F_j(A) - F(A)\| \longrightarrow 0 \ \ per \ \ j \to +\infty.$$

In particolare se su Ω si ha $F(\lambda) = \sum_{\ell=0}^{\infty} \alpha_\ell \lambda^\ell$, con convergenza uniforme della serie sui compatti di Ω, allora

$$F(A) = \sum_{\ell=0}^{\infty} \alpha_\ell A^\ell,$$

con convergenza in $\mathrm{M}(n; \mathbb{C})$.

(iii) *Se $F, G \in \mathcal{O}(\Omega)$, allora*

$$F(A)G(A) = G(A)F(A) = (FG)(A).$$

In particolare, se $F \in \mathcal{O}(\Omega)$ non ha zeri in Ω, allora

$$F(A)\Big(\frac{1}{F}\Big)(A) = 1(A) = I_n,$$

cioè $F(A)$ è invertibile e $F(A)^{-1} = (1/F)(A)$.

(iv) *Se $F \in \mathcal{O}(\Omega)$, allora $F(A)$* **commuta** *con* **ogni** *matrice che* **commuta** *con A.*

(v) *Data $F \in \mathcal{O}(\Omega)$ si ha che*

$$F(A)^* = \tilde{F}(A^*),$$

dove $\tilde{F} \in \mathcal{O}(\bar{\Omega})$ (con $\bar{\Omega} = \{\bar{z} \in \mathbb{C};\ z \in \Omega\}$ il "coniugato" di Ω) è così definita:

$$\tilde{F}(\lambda) := \overline{F(\bar{\lambda})}, \quad \lambda \in \bar{\Omega}.$$

In particolare, se $\{\mu_1, \ldots, \mu_k\} \subset \mathbb{R}$, $F \in \mathcal{O}(\Omega)$ con $\Omega = \bar{\Omega}$, e $F\big|_{\Omega\cap\mathbb{R}}$ è **reale**, *allora*

$$F(A)^* = F(A^*),$$

e dunque se $A = A^*$ allora $F(A)^* = F(A)$.

Dimostrazione La prova di (i) viene lasciata al lettore (suggerimento: si parta dal caso in cui A è in forma canonica di Jordan).

Proviamo (ii). Scelto $\gamma \subset \Omega$ con $\{\mu_1, \ldots, \mu_k\} \subset U_+(\gamma)$, sia $L(\gamma)$ la lunghezza di γ. Poiché

$$\|F_{j,\gamma}(A) - F_\gamma(A)\| \leq \frac{1}{2\pi} L(\gamma) \max_{\lambda\in\gamma} |F_j(\lambda) - F(\lambda)| \max_{\lambda\in\gamma} \|(\lambda I_n - A)^{-1}\|,$$

la tesi segue immediatamente.

Proviamo ora (iii). Scegliamo due circuiti $\gamma_1, \gamma_2 \subset \Omega$ con

$$\{\mu_1, \ldots, \mu_k\} \subset U_+(\gamma_1) \subset U_+(\gamma_1) \cup \gamma_1 \subset U_+(\gamma_2),$$

e scriviamo

$$\begin{aligned} F(A)G(A) &= F_{\gamma_1}(A)G_{\gamma_2}(A) = \\ &= \Big(\frac{1}{2\pi i}\Big)^2 \oint_{\gamma_1}\oint_{\gamma_2} F(\lambda)(\lambda I_n - A)^{-1} G(\zeta)(\zeta I_n - A)^{-1} d\lambda d\zeta. \end{aligned} \tag{3.9}$$

Utilizziamo ora **l'identità del risolvente** (valida per ogni $\lambda, \zeta \notin \{\mu_1, \ldots, \mu_k\}$ con $\lambda \neq \zeta$) la cui prova viene lasciata al lettore:

$$(\lambda I_n - A)^{-1}(\zeta I_n - A)^{-1} = \frac{1}{\zeta - \lambda}\big((\lambda I_n - A)^{-1} - (\zeta I_n - A)^{-1}\big). \tag{3.10}$$

Utilizzando (3.10) in (3.9) si ha

$$\begin{aligned} F(A)G(A) = &\frac{1}{2\pi i}\oint_{\gamma_1} F(\lambda)\Big(\frac{1}{2\pi i}\oint_{\gamma_2} \frac{G(\zeta)}{\zeta - \lambda} d\zeta\Big)(\lambda I_n - A)^{-1} d\lambda + \\ &- \frac{1}{2\pi i}\oint_{\gamma_2} G(\zeta)\Big(\frac{1}{2\pi i}\oint_{\gamma_1} \frac{F(\lambda)}{\zeta - \lambda} d\lambda\Big)(\zeta I_n - A)^{-1} d\zeta. \end{aligned}$$

Poiché

$$\frac{1}{2\pi i}\oint_{\gamma_2} \frac{G(\zeta)}{\zeta - \lambda} d\zeta = G(\lambda), \quad \text{essendo} \quad \lambda \in U_+(\gamma_2),$$

e

$$\frac{1}{2\pi i}\oint_{\gamma_1} \frac{F(\lambda)}{\lambda - \zeta} d\lambda = 0, \quad \text{essendo} \quad \zeta \in U_-(\gamma_1),$$

si ha in conclusione che

$$F(A)G(A) = \frac{1}{2\pi i}\oint_{\gamma_1} F(\lambda)G(\lambda)(\lambda I_n - A)^{-1} d\lambda = (FG)(A),$$

il che termina la prova di (iii).

Proviamo (iv). Se $[A, B] = 0$ allora anche $[(\lambda I_n - A)^{-1}, B] = 0$, per ogni $\lambda \notin \{\mu_1, \dots, \mu_k\}$, e dunque $[F(A), B] = 0$. □

Proviamo infine (v). Sia

$$F(A) = \frac{1}{2\pi i} \oint_\gamma F(\lambda)(\lambda I_n - A)^{-1} d\lambda.$$

Senza minore generalità possiamo supporre che γ sia parametrizzata dalla funzione $[-a, a] \ni t \longmapsto \lambda(t) \in \Omega$ (con $a > 0$), sicché

$$F(A) = \frac{1}{2\pi i} \int_{-a}^{a} F(\lambda(t))\big(\lambda(t) I_n - A\big)^{-1} \lambda'(t) dt.$$

Dati ora due vettori qualsiasi $u, v \in \mathbb{C}^n$, e detto $\langle \cdot, \cdot \rangle$ il prodotto hermitiano canonico di $\mathbb{C}^n$, si ha

$$\langle F(A)u, v\rangle = \Big\langle u, \Big(\frac{-1}{2\pi i} \int_{-a}^{a} \overline{F(\lambda(t))}\big(\overline{\lambda(t)} I_n - A^*\big)^{-1} \overline{\lambda'(t)} dt\Big) v\Big\rangle.$$

Posto $[-a, a] \ni s \longmapsto \mu(s) := \overline{\lambda(-s)}$, si ha che questa è una parametrizzazione in senso antiorario di $\bar{\gamma}$, che denotiamo $\bar{\gamma}^+$, e si ha che

$$\begin{aligned} \langle F(A)u, v\rangle &= \Big\langle u, \Big(\frac{1}{2\pi i} \int_{-a}^{a} \overline{F(\overline{\mu(s)})}\big(\mu(s) I_n - A^*\big)^{-1} \mu'(s) ds\Big) v\Big\rangle = \\ &= \Big\langle u, \Big(\frac{1}{2\pi i} \int_{\bar{\gamma}^+} \tilde{F}(\mu)(\mu I_n - A^*)^{-1} d\mu\Big) v\Big\rangle = \langle u, \tilde{F}(A^*) v\rangle, \end{aligned}$$

da cui la tesi per l'arbitrarietà di u e v.

La seconda parte di (v) è ora ovvia, tenuto conto del fatto che in questo caso necessariamente $\tilde{F} = F$.

Ciò termina la dimostrazione del teorema. □

Osservazione 3.1.6 È conveniente osservare i fatti seguenti.

- A proposito del punto (ii) del teorema precedente, si osservi che una condizione sufficiente affinché una serie di potenze $\sum_{\ell=0}^{\infty} \alpha_\ell \lambda^\ell$ definisca una funzione olomorfa su un intorno dell'insieme degli zeri di $p_A(z)$ è che per il raggio di convergenza r della serie si abbia $r > \|A\|$.

- Se A è una matrice **normale**, i.e. $AA^* = A^*A$, sappiamo che A si scrive come

$$A = \sum_{j=1}^{k} \mu_j P_j,$$

dove P_j sono le matrici proiezione ortogonale sui $\operatorname{Ker}(\mu_j I_n - A)$. A suo tempo, per una qualunque mappa $F\colon \{\mu_1, \dots, \mu_k\} \longrightarrow \mathbb{C}$, abbiamo definito $F(A) = \sum_{j=1}^{k} F(\mu_j) P_j$. È il caso di osservare che se $F \in \mathcal{O}(\Omega)$ con $\{\mu_1, \dots, \mu_k\} \subset \Omega$, le due definizioni di $F(A)$ **coincidono**. Infatti, preso γ come al solito, per $\lambda \in \gamma$

$$(\lambda I_n - A)^{-1} = \sum_{j=1}^{k} \frac{1}{\lambda - \mu_j} P_j,$$

e quindi

$$F_\gamma(A) = \sum_{j=1}^{k} \Big(\frac{1}{2\pi i} \oint_\gamma \frac{F(\lambda)}{\lambda - \mu_j} d\lambda \Big) P_j = \sum_{j=1}^{k} F(\mu_j) P_j.$$

- L'identità

$$(\zeta I_n - A)^{-1} = \sum_{h=0}^{\infty} \frac{1}{\zeta^{h+1}} A^h,$$

valida per ogni $\zeta \in \mathbb{C}$ con $|\zeta| > \|A\|$, può essere riottenuta come $F(A)$, scegliendo $F(\lambda) = \dfrac{1}{\zeta - \lambda} \in \mathcal{O}(\mathbb{C} \setminus \{\zeta\})$.

- Se $A = A^* > 0$, sappiamo che esiste un'unica matrice $B = B^* > 0$ tale che $B^2 = A$. Abbiamo chiamato B la radica quadrata (positiva) di A, cioè $B = A^{1/2}$. La costruzione di una radice quadrata di A può essere fatta in ipotesi più generali. Ricordiamo che la funzione

$$\tilde{\mathbb{C}} := \{\lambda = \rho e^{i\theta};\ \rho > 0,\ -\pi < \theta < \pi\} \ni \lambda \longmapsto \lambda^{1/2} = \sqrt{\rho}\, e^{i\theta/2}$$

è olomorfa su $\tilde{\mathbb{C}}$. Dunque se $\{\mu_1, \dots, \mu_k\} \subset \tilde{\mathbb{C}}$ possiamo definire (con $\gamma \subset \tilde{\mathbb{C}}$ e $\{\mu_1, \dots, \mu_k\} \subset U_+(\gamma)$)

$$A^{1/2} = \frac{1}{2\pi i} \oint_\gamma \lambda^{1/2} (\lambda I_n - A)^{-1} d\lambda.$$

Da (iii) del Teorema 3.1.5 segue che $(A^{1/2})^2 = A$, e se $A = A^* = \sum_{j=1}^{k} \mu_j P_j$ con $\mu_j > 0$, allora $A^{1/2} = \sum_{j=1}^{k} \sqrt{\mu_j}\, P_j$.

È interessante osservare il caso esplicito in cui $A = \mu I_n + J_n$, con $\mu \in \tilde{\mathbb{C}}$. Poiché, come già sappiamo,

$$(\lambda I_n - A)^{-1} = \frac{1}{\lambda - \mu} I_n + \sum_{h=1}^{n-1} \frac{1}{(\lambda - \mu)^{h+1}} J_n^h,$$

$$A^{1/2} = \frac{1}{2\pi i}\left(\left(\oint_\gamma \frac{\lambda^{1/2}}{\lambda - \mu} d\lambda\right) I_n + \sum_{h=1}^{n-1}\left(\oint_\gamma \frac{\lambda^{1/2}}{(\lambda - \mu)^{h+1}} d\lambda\right) J_n^h\right).$$

Ora, per $p = 1, 2, \ldots$,

$$\frac{1}{2\pi i}\oint_\gamma \frac{\lambda^{1/2}}{(\lambda - \mu)^p} d\lambda = \frac{1}{(p-1)!}\left(\frac{d}{d\lambda}\right)^{p-1} \lambda^{1/2}\Big|_{\lambda=\mu},$$

e quindi

$$A^{1/2} = \mu^{1/2} I_n + \frac{1}{2\mu^{1/2}} J_n + \ldots + \frac{1}{(n-1)!}\left(\frac{d}{d\lambda}\right)^{n-1} \lambda^{1/2}\Big|_{\lambda=\mu} J_n^{n-1}.$$

Più in generale, se definiamo

$$\tilde{\mathbb{C}} \ni \lambda = \rho e^{i\theta} \longmapsto F(\lambda) = \ln \rho + i\theta,$$

allora $F \in \mathcal{O}(\tilde{\mathbb{C}})$, e, se $\{\mu_1, \ldots, \mu_k\} \subset \tilde{\mathbb{C}}$, resta definita la matrice $\ln A$ e dunque anche, per ogni $\alpha \in \mathbb{C}$, la matrice $A^\alpha = G(A)$, con $G(\lambda) = \lambda^\alpha := e^{\alpha \ln \lambda}$.

- Un caso particolarmente importante, come vedremo, si ha prendendo $F(\lambda) = e^\lambda$, $\lambda \in \mathbb{C}$. In tal caso si ottiene la matrice e^A, detta la matrice **esponenziale** di A. Dal Teorema 3.1.5 si ottengono immediatamente le proprietà seguenti:

(i) $e^A \in \mathrm{GL}(n; \mathbb{C})$ con $(e^A)^{-1} = e^{-A}$;

(ii) $p_{e^A}^{-1}(0) = \{e^{\mu_j};\ 1 \le j \le k\}$ e

$$\det(e^A) = \prod_{j=1}^{k} (e^{\mu_j})^{m_j} = e^{\sum_{j=1}^k m_j \mu_j} = e^{\mathrm{Tr}(A)};$$

(iii) si ha

$$e^A = I_n + \frac{1}{1!} A + \frac{1}{2!} A^2 + \ldots = \sum_{j=0}^{\infty} \frac{1}{j!} A^j,$$

e quindi, anche, $(e^A)^* = e^{A^*}$;

(iv) se $A = \mu I_n + J_n$, $\mu \in \mathbb{C}$, allora

$$e^A = e^\mu\left(I_n + \frac{1}{1!} J_n + \frac{1}{2!} J_n^2 + \ldots + \frac{1}{(n-1)!} J_n^{n-1}\right).$$

Un'ulteriore importante proprietà dell'esponenziale è la seguente. Se $A, B \in \mathrm{M}(n; \mathbb{C})$ e $[A, B] = 0$, allora

$$e^{A+B} = e^A e^B - e^B e^A.$$

Dimostrazione $e^{A+B} = \sum_{j=0}^{\infty} \frac{1}{j!}(A+B)^j$. Se $[A, B] = 0$ vale per $(A+B)^j$ l'usuale formula del binomio, cioè

$$(A+B)^j = \sum_{h=0}^{j} \binom{j}{h} A^{j-h} B^h,$$

e quindi l'usuale prova che $e^{a+b} = e^a e^b$ quando $a, b \in \mathbb{C}$ può essere ripetuta *verbatim* per concludere la tesi. □

△

Lemma 3.1.7 *La mappa*

$$\mathrm{M}(n; \mathbb{C}) \ni B \longmapsto e^B \in \mathrm{GL}(n; \mathbb{C})$$

è **suriettiva**.

Dimostrazione (del lemma) Sia data $S \in \mathrm{GL}(n; \mathbb{C})$. Se

$$p_S^{-1}(0) \subset \tilde{\mathbb{C}} = \{\lambda \in \mathbb{C};\ \lambda = \rho e^{i\theta},\ \rho > 0,\ \theta \in (-\pi, \pi)\},$$

giacché la funzione $F(\lambda) := \ln \rho + i\theta$ è olomorfa in $\tilde{\mathbb{C}}$ e poiché $e^{F(\lambda)} = \lambda$ per ogni $\lambda \in \tilde{\mathbb{C}}$, dal Teorema 3.1.5 si ha

$$F(S) \in \mathrm{M}(n; \mathbb{C}), \quad \text{e} \quad e^{F(S)} = S.$$

Se invece $p_S(z) = 0$ ha radici reali negative, si fissi $\mu \in \mathbb{R}$ in modo tale che per la matrice $e^{i\mu} S =: \tilde{S}$ si abbia $p_{\tilde{S}}^{-1}(0) \subset \tilde{\mathbb{C}}$. Poiché allora $e^{F(\tilde{S})} = \tilde{S} = e^{i\mu} S$, ne segue che

$$e^{-i\mu I_n + F(\tilde{S})} = S. \qquad \square$$

Finora abbiamo considerato $F(A)$ per una matrice A. Facciamo vedere ora come sia possibile, data $f\colon V \longrightarrow V$ lineare e $\dim_{\mathbb{C}} V = n$, definire $F(f)\colon V \longrightarrow V$ lineare quando $F \in \mathcal{O}(\Omega)$ con $\Omega \supset \mathrm{Spec}(f)$. In quest'ambito il modo più "economico" di procedere è il seguente. Fissata una qualunque base $\vec{v} = (v_1, \dots, v_n)$ di V, e detta $A \in \mathrm{M}(n; \mathbb{C})$ la matrice di f in tale base, poiché $\mathrm{Spec}(f) = \{\lambda \in \mathbb{C};\ p_A(\lambda) = 0\}$, definiamo $F(f)\colon V \longrightarrow V$ ponendo

$$F(f)\Big(v = \sum_{j=1}^{n} \xi_j v_j\Big) := \sum_{k=1}^{n}\Big(\sum_{j=1}^{n} F(A)_{kj}\xi_j\Big)v_k,$$

cioè $F(f)$ è **la** trasformazione lineare da V in sé la cui matrice nella base $\vec{v}$ è $F(A)$. Questa definizione è del tutto coerente perché se B è la matrice di f rispetto ad un'altra base $\vec{w}$ di V, allora $B = T^{-1}AT$ per una ben determinata $T \in \mathrm{GL}(n;\mathbb{C})$, e dunque

$$F(B) = T^{-1}F(A)T.$$

3.2 Equazioni matriciali. Crescita del risolvente

Vediamo ora alcune applicazioni significative delle tecniche sviluppate in questa sezione. Il primo problema che vogliamo studiare è il seguente. Date due matrice $A, B \in \mathrm{M}(n;\mathbb{C})$ (il caso $n \geq 2$ è quello significativo!) si considera la mappa lineare

$$\mathrm{M}(n;\mathbb{C}) \ni X \longmapsto f(X) := AX + XB \in \mathrm{M}(n;\mathbb{C}). \tag{3.11}$$

Ci si domanda sotto quali condizioni (su A e B) questa mappa è invertibile e, qualora lo sia, come si può scriverne esplicitamente l'inversa.

Si ha il risultato seguente.

Teorema 3.2.1 *Valgono:*

(i) *f è invertibile se e solo se $p_B^{-1}(0) \cap p_{-A}^{-1}(0) = \emptyset$;*

(ii) *se f è invertibile allora per ogni $Y \in \mathrm{M}(n;\mathbb{C})$*

$$\begin{aligned} f^{-1}(Y) &= \frac{1}{2\pi i}\oint_{\gamma_B}(\lambda I_n + A)^{-1}Y(\lambda I_n - B)^{-1}d\lambda = \\ &= -\frac{1}{2\pi i}\oint_{\gamma_A}(\lambda I_n + A)^{-1}Y(\lambda I_n - B)^{-1}d\lambda, \end{aligned} \tag{3.12}$$

dove γ_B (risp. γ_A) è un qualunque circuito in $\mathbb{C}$ tale che $p_B^{-1}(0) \subset U_+(\gamma_B)$ e $p_{-A}^{-1}(0) \subset U_-(\gamma_B)$ (risp. $p_{-A}^{-1}(0) \subset U_+(\gamma_A)$ e $p_B^{-1}(0) \subset U_-(\gamma_A)$);

(iii) *se $B = A^*$ e $p_A^{-1}(0) \subset \{\lambda \in \mathbb{C};\ \mathrm{Re}\,\lambda > 0\}$, allora se $Y = Y^* > 0$ ne segue $f^{-1}(Y) = f^{-1}(Y)^* > 0$.*

Dimostrazione Cominciamo da (i). Poiché $\mathrm{M}(n;\mathbb{C})$ ha dimensione finita, basta studiare l'iniettività di f. Proviamo come prima cosa che se $p_B^{-1}(0) \cap p_{-A}^{-1}(0) = \emptyset$ allora f è iniettiva, i.e.

$$AX + XB = 0 \Longrightarrow X = 0.$$

Scriviamo

$$\mathbb{C}^n = \bigoplus_{\lambda \in p_B^{-1}(0)} \mathrm{Ker}\big((B - \lambda I_n)^{m_\lambda}\big),$$

dove m_λ è la molteplicità algebrica di λ. Ora, se $AX + XB = 0$ ne segue che per ogni $\lambda \in p_B^{-1}(0)$ si ha

$$X(B - \lambda I_n)^{m_\lambda} = (-1)^{m_\lambda}(A + \lambda I_n)^{m_\lambda} X.$$

Quindi se $\zeta \in \mathrm{Ker}\big((B - \lambda I_n)^{m_\lambda}\big)$ si ha $(A + \lambda I_n)^{m_\lambda} X\zeta = 0$, e poiché per ipotesi $A + \lambda I_n$ è invertibile, si ha anche $X\zeta = 0$. Allora $X\colon \mathbb{C}^n \longrightarrow \mathbb{C}^n$ è nulla su ciascun autospazio generalizzato di B, e dunque $X = 0$.

Viceversa, proviamo che se $p_B^{-1}(0) \cap p_{-A}^{-1}(0) \neq \emptyset$ allora f non è iniettiva, cioè esiste $X \neq 0$ tale che $AX + XB = 0$. Osserviamo preliminarmente che si può supporre che B sia in forma canonica di Jordan. Infatti, se così non fosse, consideriamo $T \in \mathrm{GL}(n;\mathbb{C})$ tale che $B = TDT^{-1}$ con D in forma canonica di Jordan. Allora

$$AX + XB = 0 \Longleftrightarrow AZ + ZD = 0,$$

dove $Z = XT$, e dunque $X \neq 0$ se e solo se $Z \neq 0$.

Fissiamo $\lambda \in p_B^{-1}(0) \cap p_{-A}^{-1}(0)$ e definiamo $X\colon \mathbb{C}^n \longrightarrow \mathbb{C}^n$ imponendo, per cominciare, che sia $X\zeta = 0$ per ogni $\zeta \in \bigoplus_{\substack{\mu \in p_B^{-1}(0)\\ \mu \neq \lambda}} \mathrm{Ker}\big((B - \mu I_n)^{m_\mu}\big)$. Occorre ora definire $X\zeta$ quando $\zeta \in \mathrm{Ker}\big((B - \lambda I_n)^{m_\lambda}\big)$. Distinguiamo due casi:

- $m_\lambda = m_g(\lambda)$. In tal caso, detta $(v_1, \ldots, v_{m_\lambda})$ una base di $\mathrm{Ker}\big((B - \lambda I_n)^{m_\lambda}\big)$, si ha

$$AXv_j + XBv_j = (A + \lambda I_n)Xv_j, \quad 1 \leq j \leq m_\lambda.$$

  Per avere $AXv_j + XBv_j = 0$, $1 \leq j \leq m_\lambda$, basta allora definire $Xv_j = 0$ per $j = 2, \ldots, m_\lambda$, ed imporre che Xv_1 sia un autovettore di $-A$ corrispondente a λ.
- $m_\lambda > m_g(\lambda)$. In tal caso B ha una struttura a blocchi e tra questi c'è certamente un blocco del tipo $\lambda I_\ell + J_\ell$, dove $\ell \geq 2$ è l'indice di nilpotenza di $B - \lambda I_n$. Definiamo allora X nulla sui nuclei degli altri blocchi, mentre sul nucleo di $\lambda I_\ell + J_\ell$ procediamo così: presi $v_1, \ldots, v_\ell$ non nulli tali che $Bv_1 = \lambda v_1$, $Bv_2 = \lambda v_2 + v_1$, ..., $Bv_\ell = \lambda v_\ell + v_{\ell-1}$, definiamo $Xv_j = 0$ per $j = 1, \ldots, \ell - 1$, e Xv_ℓ essere un qualunque autovettore di $-A$ corrispondente a λ. Ne segue che $AXv_j + XBv_j = 0$ per $j = 1, \ldots, \ell$.

In entrambi i casi abbiamo dunque costruito una matrice X **non nulla** che manda $\mathrm{Ker}\big((B - \lambda I_n)^{m_\lambda}\big)$ in $\mathrm{Ker}(A + \lambda I_n)$, il che conclude la prova di (i).

Proviamo ora la (ii), cioè la (3.12). Data $Y \in \mathrm{M}(n;\mathbb{C})$ e posto

$$X := \frac{1}{2\pi i} \oint_{\gamma_B} (\lambda I_n + A)^{-1} Y (\lambda I_n - B)^{-1} d\lambda \in \mathrm{M}(n;\mathbb{C}),$$

dimostriamo che $AX + XB = Y$. Ora

$$XB = \frac{1}{2\pi i} \oint_{\gamma_B} (\lambda I_n + A)^{-1} Y (\lambda I_n - B)^{-1} (B - \lambda I_n + \lambda I_n) d\lambda =$$

$$= \underbrace{\Big(\frac{-1}{2\pi i} \oint_{\gamma_B} (\lambda I_n + A)^{-1} d\lambda \Big)}_{=0} Y + \frac{1}{2\pi i} \oint_{\gamma_D} \lambda (\lambda I_n + A)^{-1} Y (\lambda I_n - B)^{-1} d\lambda,$$

e

$$AX = \frac{1}{2\pi i} \oint_{\gamma_B} (A + \lambda I_n - \lambda I_n)(\lambda I_n + A)^{-1} Y (\lambda I_n - B)^{-1} d\lambda =$$

$$= \underbrace{Y \Big(\frac{1}{2\pi i} \oint_{\gamma_B} (\lambda I_n - B)^{-1} d\lambda \Big)}_{=I_n} - \frac{1}{2\pi i} \oint_{\gamma_B} \lambda (\lambda I_n + A)^{-1} Y (\lambda I_n - B)^{-1} d\lambda,$$

e dunque, sommando, si ha la tesi. Lasciamo al lettore la verifica della seconda identità in (3.12).

Proviamo infine il punto (iii). Osserviamo subito che se $B = A^*$ la condizione $p_{-A}^{-1}(0) \cap p_{A^*}^{-1}(0) = \emptyset$ equivale a dire che $p_A^{-1}(0) \cap i\mathbb{R} = \emptyset$. Se ciò accade, $AX + XA^* = Y$ se e solo se $AX^* + X^*A^* = Y^*$, sicché se $Y = Y^*$ per unicità si ha $X = X^*$.

Proviamo in conclusione che quando $p_A^{-1}(0) \subset \{\lambda \in \mathbb{C};\ \mathrm{Re}\,\lambda > 0\}$ e $Y = Y^* > 0$, ne segue che $f^{-1}(Y) = f^{-1}(Y)^* > 0$. Sia $r > 0$ tale che

$$p_A^{-1}(0) \subset \{\lambda \in \mathbb{C};\ \mathrm{Re}\,\lambda > 0,\ |\lambda| \le r\}.$$

Per ogni $R > r$ sia γ_R il circuito il cui sostegno è

$$\{0\} \times [-iR, iR] \cup \{\lambda = Re^{i\theta};\ \theta \in [-\pi/2, \pi/2]\},$$

orientato in senso antiorario. Dal punto (ii) segue che per ogni $R > r$ si ha

$$f^{-1}(Y) = \frac{1}{2\pi i} \oint_{\gamma_R} (\lambda I_n + A)^{-1} Y (\lambda I_n - A^*)^{-1} d\lambda. \tag{3.13}$$

Poiché

$$\|(\lambda I_n + A)^{-1} Y (\lambda I_n - A^*)^{-1}\| = O\Big(\frac{1}{|\lambda|^2}\Big), \quad |\lambda| \to +\infty,$$

passando al limite per $R \to +\infty$ in (3.13) si ottiene

$$f^{-1}(Y) = -\frac{1}{2\pi} \int_{-\infty}^{+\infty} (itI_n + A)^{-1} Y (itI_n - A^*)^{-1} dt. \tag{3.14}$$

Poiché $\left((itI_n + A)^{-1}\right)^* = -(itI_n - A^*)^{-1}$, ne segue che per ogni $\zeta \in \mathbb{C}^n$

$$\langle f^{-1}(Y)\zeta, \zeta\rangle = \frac{1}{2\pi}\int_{-\infty}^{+\infty} \langle Y(itI_n - A^*)^{-1}\zeta, (itI_n - A^*)^{-1}\zeta\rangle dt. \tag{3.15}$$

Ora, per ipotesi, esiste $C > 0$ tale che $\langle Y\eta, \eta\rangle \geq C\,\|\eta\|^2$, per ogni $\eta \in \mathbb{C}^n$. D'altra parte è immediato verificare che esiste $C' > 0$ tale che $\|itI_n - A^*\| \leq C'(1+t^2)^{1/2}$, per ogni $t \in \mathbb{R}$. Allora, poiché

$$\|(itI_n - A^*)^{-1}\zeta\| \geq \frac{1}{C'\sqrt{1+t^2}}\|\zeta\|, \quad \forall \zeta \in \mathbb{C}^n,$$

da (3.15) si conclude che

$$\langle f^{-1}(Y)\zeta, \zeta\rangle \geq \frac{C}{2\pi C'}\Big(\int_{-\infty}^{+\infty} \frac{1}{1+t^2}dt\Big)\|\zeta\|^2 = \frac{C}{2C'}\|\zeta\|^2.$$

La prova del teorema è così completa. □

Osservazione 3.2.2 Riconsiderando il punto 4 dell'Osservazione 2.5.11, notiamo che quanto dimostrato sopra permette di determinare **tutte** le matrici $H = H^* > 0$ tali che $\operatorname{Re} HA > 0$ quando $p_A^{-1}(0) \subset \{z \in \mathbb{C};\ \operatorname{Re} z > 0\}$. △

Una seconda questione che vogliamo ora trattare è la seguente. Data $A \in \mathrm{M}(n;\mathbb{C})$ ($n \geq 2$ è il caso significativo!) si vuole stimare *la crescita del risolvente di* A, cioè si vuole stimare $\|(\lambda I_n - A)^{-1}\|$ per $\lambda \in \mathbb{C} \setminus p_A^{-1}(0)$. Vedremo che per $|\lambda| \to +\infty$ la norma di $(\lambda I_n - A)^{-1}$ si comporta come $1/|\lambda|$, mentre, quando

$$\operatorname{dist}(\lambda, p_A^{-1}(0)) := \min_{\mu \in p_A^{-1}(0)} |\lambda - \mu| \to 0,$$

la divergenza di $\|(\lambda I_n - A)^{-1}\|$ dipende in maniera sostanziale dalla diagonalizzabilità o meno di A. Vale il seguente teorema.

Teorema 3.2.3 *Si hanno i fatti seguenti.*

(i) *Per ogni* $A \in \mathrm{M}(n;\mathbb{C})$

$$\lim_{|\lambda| \to +\infty} |\lambda|\,\|(\lambda I_n - A)^{-1}\| = 1.$$

(ii) *Se* $A \in \mathrm{M}(n;\mathbb{C})$ *è* **diagonalizzabile**, *esiste una costante* $C(A) \geq 1$ *tale che*

$$\frac{C(A)^{-1}}{\operatorname{dist}(\lambda, p_A^{-1}(0))} \leq \|(\lambda I_n - A)^{-1}\| \leq \frac{C(A)}{\operatorname{dist}(\lambda, p_A^{-1}(0))}.$$

Se $A = A^*$ *allora si può prendere* $C(A) = 1$.

*(iii) Supposto A **non** diagonalizzabile, siano $\mu_1, \dots, \mu_k \in \mathbb{C}$ le radici distinte di p_A. Per ogni $j = 1, \dots, k$, definiamo*

$$\ell_j = \begin{cases} 1, \ \textit{se } m_a(\mu_j) = m_g(\mu_j), \\ \max\dim \ \textit{dei blocchi di Jordan relativi a } \mu_j, \ \textit{se } m_a(\mu_j) > m_g(\mu_j), \end{cases}$$

e sia $\ell = \max_{1 \le j \le k} \ell_j$ (notare che $\ell \ge 2$). Posto

$$\delta := \min\Big\{1, \frac{1}{2}\min_{j \neq j'} |\mu_j - \mu_{j'}|\Big\},$$

esiste $C(A) \ge 1$ tale che per ogni $j = 1, \dots, k$

$$0 < |\lambda - \mu_j| < \delta \Longrightarrow \frac{C(A)^{-1}}{|\lambda - \mu_j|^{\ell_j}} \le \|(\lambda I_n - A)^{-1}\| \le \frac{C(A)}{|\lambda - \mu_j|^{\ell}}.$$

Dimostrazione Proviamo (i). Preso λ con $|\lambda| > \|A\|$, poiché

$$\lambda I_n - A = \lambda\Big(I_n - \frac{1}{\lambda}A\Big),$$

si ha, usando la serie di Neumann,

$$(\lambda I_n - A)^{-1} = \frac{1}{\lambda}\sum_{k \ge 0} \frac{1}{\lambda^k} A^k,$$

e quindi

$$\|(\lambda I_n - A)^{-1}\| \le \frac{1}{|\lambda|}\sum_{k \ge 0}\Big(\frac{\|A\|}{|\lambda|}\Big)^k = \frac{1}{|\lambda| - \|A\|}.$$

D'altra parte, da $I_n = (\lambda I_n - A)(\lambda I_n - A)^{-1}$ segue che

$$\|I_n\| \le \|(\lambda I_n - A)\| \, \|(\lambda I_n - A)^{-1}\| \le \big(|\lambda|\|I_n\| + \|A\|\big)\|(\lambda I_n - A)^{-1}\|,$$

e quindi

$$\|(\lambda I_n - A)^{-1}\| \ge \frac{\|I_n\|}{|\lambda|\|I_n\| + \|A\|}.$$

Da queste disuguaglianze segue la (i).

Proviamo ora (ii). Per cominciare, mostriamo che se A è diagonale allora

$$\|(\lambda I_n - A)^{-1}\| = \frac{1}{\operatorname{dist}(\lambda, p_A^{-1}(0))}.$$

Infatti, supposto $A = \operatorname{diag}(\mu_1, \dots, \mu_n)$, per ogni $\zeta \in \mathbb{C}^n$

$$\|(\lambda I_n - A)^{-1}\zeta\|^2 = \sum_{j=1}^{n} \frac{1}{|\lambda - \mu_j|^2}|\zeta_j|^2 \le \frac{1}{\operatorname{dist}\big(\lambda, p_A^{-1}(0)\big)^2}\|\zeta\|^2.$$

D'altra parte, per ogni λ fissato (diverso dai μ_j) si scelga $\zeta = \zeta_\lambda \in \mathbb{C}^n \setminus \{0\}$ tale che

$$(\lambda I_n - A)^{-1}\zeta = \frac{1}{\lambda - \mu_j}\zeta,$$

dove $|\lambda - \mu_j| = \operatorname{dist}(\lambda, p_A^{-1}(0))$. Ciò prova l'asserto in questo caso.

Ora, in generale, se A è diagonalizzabile, si fissi $T \in \mathrm{GL}(n;\mathbb{C})$ tale che $T^{-1}AT = \Lambda$, con $\Lambda = \operatorname{diag}(\mu_1, \dots, \mu_n)$. Allora, per ogni $\zeta \in \mathbb{C}^n$,

$$(\lambda I_n - A)^{-1}\zeta = T^{-1}(\lambda I_n - \Lambda)^{-1}T\zeta,$$

sicché

$$\|(\lambda I_n - A)^{-1}\zeta\| \le \|T^{-1}\|\,\|(\lambda I_n - \Lambda)^{-1}T\zeta\| \le \frac{\|T^{-1}\|\,\|T\|}{\operatorname{dist}(\lambda, p_A^{-1}(0))}\|\zeta\|.$$

D'altra parte, per ogni λ fissato (diverso dai μ_j) si scelga $\zeta = \zeta_\lambda \in \mathbb{C}^n \setminus \{0\}$ tale che

$$(\lambda I_n - \Lambda)^{-1}T\zeta = \frac{1}{\lambda - \mu_j}T\zeta,$$

dove $|\lambda - \mu_j| = \operatorname{dist}(\lambda, p_A^{-1}(0))$. Ne segue che, usando il fatto che $1 \le \|T\|\,\|T^{-1}\|$,

$$\|(\lambda I_n - A)^{-1}\zeta\| = \frac{1}{\operatorname{dist}(\lambda, p_A^{-1}(0))}\|\zeta\| \ge \frac{1}{\|T\|\,\|T^{-1}\|}\frac{1}{\operatorname{dist}(\lambda, p_A^{-1}(0))}\|\zeta\|,$$

da cui la tesi in (ii) con $C(A) = \|T\|\,\|T^{-1}\|$.

Si osservi che quando $A = A^*$ si può scegliere $T \in \mathrm{U}(n;\mathbb{C})$, per cui $\|T\| = \|T^*\| = \|T^{-1}\| = 1$.

Proviamo infine (iii). Come passo preliminare facciamo la stima nel caso in cui A sia, per certi $\mu \in \mathbb{C}$ ed $r \ge 2$, del tipo

$$A = \mu I_r + J_r.$$

In tal caso, per $\lambda \ne \mu$, si ha

$$(\lambda I_r - A)^{-1} = \frac{1}{\lambda - \mu}I_r + \sum_{j=2}^{r} \frac{1}{(\lambda - \mu)^j}J_r^{j-1}.$$

Se $0 < |\lambda - \mu| < 1$ allora per ogni $\zeta \in \mathbb{C}^r$ si ha

$$\|(\lambda I_r - A)^{-1}\zeta\| \leq \frac{1}{|\lambda - \mu|^r} \underbrace{\left(\|I_r\| + \sum_{j=2}^{r} \|J_r\|^{j-1}\right)}_{=:C_r \geq 1} \|\zeta\|.$$

D'altra parte, scelto $\zeta = te_r$, con $0 \neq t \in \mathbb{C}$, si ha

$$(\lambda I_r - A)^{-1}\zeta = t \begin{bmatrix} 1/(\lambda - \mu)^r \\ 1/(\lambda - \mu)^{r-1} \\ \vdots \\ 1/(\lambda - \mu) \end{bmatrix},$$

e quindi

$$\|(\lambda I_r - A)^{-1}\zeta\| \geq \frac{1}{|\lambda - \mu|^r} \|\zeta\|.$$

In conclusione, per ogni λ con $0 < |\lambda - \mu| < 1$ si ha

$$\frac{1}{|\lambda - \mu|^r} \leq \|(\lambda I_r - A)^{-1}\| \leq \frac{C_r}{|\lambda - \mu|^r}.$$

Passiamo ora al caso generale, supponendo dapprima che A sia in forma canonica di Jordan, i.e.

$$A = \operatorname{diag}\big(\mu_j I_{m_j} + B_j;\ 1 \leq j \leq k\big), \quad m_j = m_a(\mu_j),$$

dove $B_j = 0$ se $m_j = m_g(\mu_j)$, e altrimenti B_j ha a sua volta una struttura a blocchi tra i quali figura certamente il blocco J_{ℓ_j}. Scritto ora ogni $\zeta \in \mathbb{C}^n$ nella forma

$$\zeta = \begin{bmatrix} \zeta^{(1)} \\ \zeta^{(2)} \\ \vdots \\ \zeta^{(k)} \end{bmatrix}, \quad \zeta^{(j)} \in \mathbb{C}^{m_j}, \quad 1 \leq j \leq k,$$

e tenuto conto della stima precedente, poiché quando $0 < |\lambda - \mu_j| < \delta$ si ha $|\lambda - \mu_{j'}| > |\lambda - \mu_j|$ per $j' \neq j$, otteniamo, con una costante $C \geq 1$ dipendente solo da A,

$$\|(\lambda I_n - A)^{-1}\zeta\| \leq \frac{C}{|\lambda - \mu_j|^{\ell}} \|\zeta\|.$$

D'altra parte, scelto ζ con $\zeta^{(j')} = 0$ per $j' \neq j$ e

$$\zeta^{(j)} = \begin{bmatrix} 0 \\ \vdots \\ 0 \\ t \\ 0 \\ \vdots \\ 0 \end{bmatrix} \in \mathbb{C}^{m_j},$$

dove $0 \neq t \in \mathbb{C}$ occupa la ℓ_j-esima posizione, si ha

$$(\lambda I_n - A)^{-1}\zeta = \eta = \begin{bmatrix} \eta^{(1)} \\ \vdots \\ \eta^{(k)} \end{bmatrix},$$

con $\eta^{(j')} = 0$ per $j' \neq j$ e

$$\eta^{(j)} = t \begin{bmatrix} 1/(\lambda - \mu_j)^{\ell_j} \\ 1/(\lambda - \mu_j)^{\ell_j - 1} \\ \dots \\ 1/(\lambda - \mu_j) \\ 0 \\ \vdots \\ 0 \end{bmatrix}.$$

Ne segue allora che

$$\|(\lambda I_n - A)^{-1}\zeta\| \geq \frac{1}{|\lambda - \mu_j|^{\ell_j}} \|\zeta\|.$$

Infine, nel caso generale, sia $T \in \mathrm{GL}(n; \mathbb{C})$ tale che $T^{-1}AT$ sia in forma canonica di Jordan. Da una parte si avrà, per $0 < |\lambda - \mu_j| < \delta$,

$$\|(\lambda I_n - A)^{-1}\zeta\| \leq \frac{C \|T\| \, \|T^{-1}\|}{|\lambda - \mu_j|^{\ell}} \|\zeta\|,$$

e dall'altra, scegliendo $T^{-1}\zeta$ come in precedenza,

$$\|(\lambda I_n - A)^{-1}\zeta\| \geq \frac{1}{\|T\| \, \|T^{-1}\|} \frac{1}{|\lambda - \mu_j|^{\ell_j}} \|\zeta\|.$$

Posto $C(A) = C \|T\| \, \|T^{-1}\|$, si ha la tesi. □

3.3 Introduzione di parametri e fibrati vettoriali

Nelle sezioni precedenti abbiamo considerato matrici “costanti”, cioè con elementi numerici fissati. Tuttavia nelle applicazioni la situazione con la quale sovente si ha a che fare è quella di matrici che dipendono da uno o più parametri.

Per fissare le idee, supponiamo di avere una matrice $A(x) = [a_{jk}(x)]_{1\leq j,k\leq n} \in \mathrm{M}(n;\mathbb{K})$, dove $x = (x_1,\ldots,x_\nu)$ varia in un certo aperto $X \subset \mathbb{R}^\nu$ ($\nu \geq 1$), e le $a_{jk}(x)$ sono funzioni di classe $C^\infty(X)$ (scriveremo $A \in C^\infty(X;\mathrm{M}(n;\mathbb{K}))$). In questa situazione, due domande che tipicamente si pongono sono le seguenti.

(i) *Supposto che $A(x_0)$, per un certo $x_0 \in X$, sia diagonalizzabile, ne segue che anche $A(x)$ lo è, almeno per tutti gli $x \in X$ sufficientemente vicini a x_0?*
(ii) *Supposto di conoscere la forma canonica di Jordan di $A(x_0)$, per un certo $x_0 \in X$, si può dire che $A(x)$ ha la* **stessa** *forma di Jordan, almeno per tutti gli $x \in X$ sufficientemente vicini a x_0?*

Purtroppo (o per fortuna!) entrambe queste domande hanno in generale una risposta negativa, come questi esempi elementari mostrano.

(i) $A(x) = \begin{bmatrix} 1 & x \\ 0 & 1 \end{bmatrix}$, $x \in \mathbb{R}$, allora $A(0) = I_2$, e dunque diagonalizzabile, ma, per $x \neq 0$, $A(x)$ **non** lo è.
(ii) $A(x) = \begin{bmatrix} x & 1 \\ 0 & x^2 \end{bmatrix}$, $x \in \mathbb{R}$, allora $A(0) = J_2$, mentre per $0 < |x| < 1$ si ha che $A(x)$ è diagonalizzabile (perché $x \neq x^2$).

Uno dei motivi che concorrono all'**instabilità** delle forme normali di $A(x)$ è il fatto che per $x', x'' \in X$ con $x' \neq x''$ (non importa quanto “vicini” tra loro!) in generale $A(x')$ e $A(x'')$ **non commutano**.

In realtà la situazione è ancora più complessa di quanto facciano supporre le osservazioni precedenti.

Ci si può porre, ad esempio, la seguente domanda: *supposto $\mathbb{K} = \mathbb{C}$ e $A(x) = A(x)^*$ per ogni $x \in X$, c'è una matrice $U(x)$ unitaria e dipendente in maniera C^∞ da x tale che*

$$U(x)^* A(x) U(x)$$

sia la matrice diagonale $\Lambda(x) = \begin{bmatrix} \lambda_1(x) & \ldots & 0 \\ \vdots & \ddots & \vdots \\ 0 & \ldots & \lambda_n(x) \end{bmatrix}$ *per ogni $x \in X$?*

Ovviamente una condizione necessaria perché ciò accada è che le funzioni $\lambda_j \in C^\infty(X;\mathbb{R})$ per $1 \leq j \leq n$, e cioè che le radici del polinomio caratteristico $p_{A(x)}(z)$ siano C^∞ in X.

Questo **non** sempre accade, e quandanche accada, in generale non basta a garantire che la $U(x)$ dipenda in maniera C^∞ da $x \in X$, come gli esempi elementari seguenti mostrano.

- Sia

$$A(x) = \begin{bmatrix} \alpha_1(x) & i\beta(x) \\ -i\beta(x) & \alpha_2(x) \end{bmatrix}, \quad \alpha_1, \alpha_2, \beta \in C^\infty(X;\mathbb{R}).$$

Gli autovalori sono

$$\lambda_\pm(x) = \frac{1}{2}\Big(\alpha_1(x) + \alpha_2(x) \pm \sqrt{(\alpha_1(x) - \alpha_2(x))^2 + 4\beta(x)^2}\Big).$$

Se $\alpha_1(x) - \alpha_2(x)$ e $\beta(x)$ si annullano simultaneamente, è ben noto che in generale $\sqrt{(\alpha_1(x) - \alpha_2(x))^2 + 4\beta(x)^2}$ **non** è in $C^\infty(X)$.
- Sia $X = \mathbb{R}^2$ e si consideri

$$A(x_1, x_2) = \begin{bmatrix} x_1^2 - x_2^2 & i x_1 x_2 \\ -i x_1 x_2 & 0 \end{bmatrix}.$$

In tal caso gli autovalori sono

$$\lambda_+(x_1, x_2) = x_1^2, \quad \lambda_-(x_1, x_2) = -x_2^2,$$

entrambi appartenenti a $C^\infty(\mathbb{R}^2)$.
Per gli autovettori corrispondenti abbiamo le equazioni

$$-i x_1 x_2 \xi_1 - x_1^2 \xi_2 = 0$$

e

$$-i x_1 x_2 \eta_1 + x_2^2 \eta_2 = 0.$$

Per $(x_1, x_2) \neq (0, 0)$ abbiamo dunque

$$(\xi_1, \xi_2) = \frac{(x_1, -i x_2)}{\sqrt{x_1^2 + x_2^2}}$$

e

$$(\eta_1, \eta_2) = \frac{(x_2, i x_1)}{\sqrt{x_1^2 + x_2^2}}.$$

Quindi per $(x_1, x_2) \neq (0, 0)$ c'è una matrice unitaria dipendente in maniera C^∞ da x tale che

$$U(x_1, x_2)^* A(x_1, x_2) U(x_1, x_2) = \begin{bmatrix} x_1^2 & 0 \\ 0 & -x_2^2 \end{bmatrix}, \quad (x_1, x_2) \neq (0, 0).$$

Tale matrice è necessariamente del tipo seguente

$$U(x_1, x_2) = \begin{bmatrix} \dfrac{x_1}{\sqrt{x_1^2 + x_2^2}} f(x_1, x_2) & \dfrac{x_2}{\sqrt{x_1^2 + x_2^2}} g(x_1, x_2) \\ \dfrac{-ix_2}{\sqrt{x_1^2 + x_2^2}} f(x_1, x_2) & \dfrac{ix_1}{\sqrt{x_1^2 + x_2^2}} g(x_1, x_2) \end{bmatrix},$$

dove $f, g \in C^\infty(\mathbb{R}^2 \setminus \{(0,0)\}; \mathbb{C})$ con $|f(x_1, x_2)| = |g(x_1, x_2)| = 1$. **Nessuna** scelta di f e g può far sì che U (come matrice unitaria) sia estendibile in maniera C^∞ a tutto $\mathbb{R}^2$!

Le osservazioni viste sono piuttosto scoraggianti. Vogliamo tuttavia far ora vedere che, lo stesso, qualcosa si può dire delle proprietà di una matrice $A \in C^\infty(X; \mathrm{M}(n; \mathbb{K}))$. A tal fine è necessario premettere una nozione precisa di cosa si debba intendere per "famiglia di sottospazi di $\mathbb{K}^n$ che variano in modo C^∞ rispetto ad un parametro".

Definizione 3.3.1 *Dato $X \times \mathbb{K}^n$ ($X \subset \mathbb{R}^\nu$, aperto) diremo che $V \subset X \times \mathbb{K}^n$ è un* **fibrato (vettoriale) di rango** *ℓ, $0 \le \ell \le n$, se:*

(i) quando $\ell = n$, $V = X \times \mathbb{K}^n$, e quando $\ell = 0$, $V = X \times \{0\}$;
(ii) quando $1 \le \ell < n$, detta $p \colon X \times \mathbb{K}^n \longrightarrow X$ la proiezione su X, si ha

(a) $p(V) = X$;
(b) $p^{-1}(x) \cap V = \{x\} \times V_x$, dove V_x è un sottospazio vettoriale di $\mathbb{K}^n$ con $\dim_{\mathbb{K}} V_x = \ell$, per ogni $x \in X$; V_x si chiama **fibra di V su x***;*
(c) per ogni $x_0 \in X$ esistono un intorno aperto $\Omega \subset X$ di x_0 ed una matrice $L \in C^\infty(\Omega; \mathrm{M}(n, \ell; \mathbb{K}))$ tali che

- $\mathrm{rg}\, L(x) = \ell$, $\forall x \in \Omega$
- $V_x = \mathrm{Im}\, L(x)$, $\forall x \in \Omega$.

La mappa

$$\Omega \times \mathbb{K}^\ell \ni (x, \zeta) \longmapsto (x, L(x)\zeta) \in V\big|_\Omega := \{(x, v);\ x \in \Omega,\ v \in V_x\}$$

si chiama (una) **trivializzazione** *di V su Ω.* △

È ovvio che se $E \subset \mathbb{K}^n$ è un sottospazio di $\mathbb{K}^n$ con $\dim_{\mathbb{K}} E = \ell$, allora $X \times E$ è un fibrato di rango ℓ (detto **fibrato prodotto** di rango ℓ).

Esempi non banali sono forniti dal teorema seguente.

Teorema 3.3.2 *Sia $A \in C^\infty(X; \mathrm{M}(n; \mathbb{K}))$ tale che $\mathrm{rg}\, A(x) = \ell$ è costante per ogni $x \in X$. Allora*

$$\mathrm{Ker}\, A := \{(x, \zeta);\ x \in X,\ \zeta \in \mathrm{Ker}\, A(x)\}$$

e

$$\mathrm{Im}\, A := \{(x, \zeta);\ x \in X,\ \zeta \in \mathrm{Im}\, A(x)\}$$

sono fibrati di rango $n - \ell$ e ℓ, rispettivamente.

Dimostrazione Il caso $\ell = n$ è banale giacché allora $\text{Ker}\, A = X \times \{0\}$ e $\text{Im}\, A = X \times \mathbb{K}^n$. Alla stessa maniera il caso $\ell = 0$ è pure banale, giacché allora $\text{Ker}\, A = X \times \mathbb{K}^n$ e $\text{Im}\, A = X \times \{0\}$.

Supponiamo quindi che $1 \leq \ell < n$. Cominciamo col provare che $V = \text{Ker}\, A$ è un fibrato di rango $n - \ell$. Che si abbia $p(V) = X$ e V_x di dimensione $n - \ell$, per ogni x, è ovvio. Resta da provare il punto (c) della Definizione 3.3.1. Scriviamo

$$A(x) = \left[\begin{array}{c|c} \alpha(x) & \beta(x) \\ \hline \gamma(x) & \delta(x) \end{array}\right], \tag{3.16}$$

con $\alpha \in C^\infty(X; \text{M}(\ell; \mathbb{K}))$, $\beta \in C^\infty(X; \text{M}(\ell, n - \ell; \mathbb{K}))$, $\gamma \in C^\infty(X; \text{M}(n - \ell, \ell; \mathbb{K}))$, $\delta \in C^\infty(X; \text{M}(n - \ell; \mathbb{K}))$, e supponiamo che $\alpha(x_0)$ sia **invertibile**. Sia $\Omega \subset X$ un intorno aperto di x_0 sul quale $\alpha(x)$ è ancora invertibile (l'esistenza di Ω è garantita dal fatto che $x \mapsto \det \alpha(x)$ è C^∞ su X e $\det \alpha(x_0) \neq 0$). Si noti che, allora, $x \mapsto \alpha(x)^{-1}$ è C^∞ su Ω. Ora $\zeta = \begin{bmatrix} \zeta' \\ \zeta'' \end{bmatrix}$, $\zeta' \in \mathbb{K}^\ell$, $\zeta'' \in \mathbb{K}^{n-\ell}$, sta in $\text{Ker}\, A(x)$, $x \in \Omega$, se e solo se

$$\begin{cases} \alpha(x)\zeta' + \beta(x)\zeta'' = 0 \\ \gamma(x)\zeta' + \delta(x)\zeta'' = 0, \end{cases}$$

i.e.

$$\begin{cases} \zeta' = -\alpha(x)^{-1}\beta(x)\zeta'' \\ \big(\delta(x) - \gamma(x)\alpha(x)^{-1}\beta(x)\big)\zeta'' = 0. \end{cases}$$

Proviamo che

$$\delta(x) - \gamma(x)\alpha(x)^{-1}\beta(x) = 0, \quad \forall x \in \Omega.$$

Se ciò non fosse vero per qualche $x' \in \Omega$ ne seguirebbe $\dim \text{Ker}\, A(x') < n - \ell$ e quindi $\text{rg}\, A(x') > \ell$, contro l'ipotesi. Concludendo, per $x \in \Omega$

$$\text{Ker}\, A(x) = \left\{ \begin{bmatrix} -\alpha(x)^{-1}\beta(x)\zeta'' \\ \zeta'' \end{bmatrix};\ \zeta'' \in \mathbb{K}^{n-\ell} \right\} = \text{Im}\, L(x),$$

$$\text{con} \quad L(x) = \begin{bmatrix} -\alpha(x)^{-1}\beta(x) \\ I_{n-\ell} \end{bmatrix}.$$

Ciò prova il punto (c) quando $\alpha(x_0)$ è invertibile.

D'altra parte, per x_0 fissato, poiché $\text{rg}\, A(x_0) = \ell$, si può sempre trovare una matrice $T \in \text{GL}(n; \mathbb{K})$ tale che, scritta $A(x)T$ nella forma (3.16), si abbia $\alpha(x_0)$ invertibile. Ragionando come sopra, su un intorno Ω di x_0 avremo $\text{Ker}\, A(x)T = \text{Im}\, L(x)$, con $L \in C^\infty(\Omega; \text{M}(n, \ell; \mathbb{K}))$, sicché

$$\text{Ker}\, A(x) = \text{Im}\, TL(x), \quad \forall x \in \Omega.$$

Si noti che $\operatorname{rg} TL(x) = \ell$, per ogni $x \in \Omega$.

Quanto a $\operatorname{Im} A$, supponendo dapprima che $\alpha(x_0)$ sia invertibile, si ha che $\begin{bmatrix} \eta' \\ \eta'' \end{bmatrix} \in \operatorname{Im} A(x)$, $x \in \Omega$, se e solo se

$$\begin{cases} \alpha(x)\zeta' + \beta(x)\zeta'' = \eta' \\ \gamma(x)\zeta' + \delta(x)\zeta'' = \eta'' \end{cases}$$

per qualche $\begin{bmatrix} \zeta' \\ \zeta'' \end{bmatrix} \in \mathbb{K}^n$, i.e.

$$\begin{cases} \zeta' = \alpha(x)^{-1}\big(\eta' - \beta(x)\zeta''\big) \\ \big(\delta(x) - \gamma(x)\alpha(x)^{-1}\beta(x)\big)\zeta'' = \eta'' - \gamma(x)\alpha(x)^{-1}\eta'. \end{cases}$$

Poiché $\delta(x) = \gamma(x)\alpha(x)^{-1}\beta(x)$ su Ω, ne segue che su Ω

$$\operatorname{Im} A(x) = \left\{ \begin{bmatrix} \eta' \\ \gamma(x)\alpha(x)^{-1}\eta' \end{bmatrix};\ \eta' \in \mathbb{K}^\ell \right\} = \operatorname{Im} L(x),$$

$$\text{con}\quad L(x) = \begin{bmatrix} I_\ell \\ \gamma(x)\alpha(x)^{-1} \end{bmatrix}.$$

Se poi $A(x)T$, con $T \in \mathrm{GL}(n;\mathbb{K})$, è tale che $\alpha(x_0)$ è invertibile, poiché $\operatorname{Im} A(x)T = \operatorname{Im} A(x)$, si conclude ancora che $\operatorname{Im} A(x) = \operatorname{Im} L(x)$, per ogni $x \in \Omega$. Ciò conclude la prova del teorema. □

Osservazione 3.3.3 Il Teorema 3.3.2 è stato enunciato per matrici quadrate. In realtà se $A \in C^\infty(X; \mathrm{M}(p,q;\mathbb{K}))$ e $\operatorname{rg} A(x) = \ell \le \min\{p,q\}$ è **costante** su X, allora si prova che $\operatorname{Im} A \subset X \times \mathbb{K}^p$ è un fibrato di rango ℓ, e $\operatorname{Ker} A \subset X \times \mathbb{K}^q$ è un fibrato di rango $q - \ell$.

Lasciamo al lettore i dettagli della prova. △

Definizione 3.3.4 *Se $V \subset X \times \mathbb{K}^n$ è un fibrato di rango ℓ, chiamiamo* **sezione** *di V su un aperto $\Omega \subset X$ ogni mappa $\zeta\colon \Omega \longrightarrow \mathbb{K}^n$ di classe C^∞ tale che $\zeta(x) \in V_x$, $\forall x \in \Omega$.* △

La Definizione 3.3.1, punto (c), garantisce che per ogni $x_0 \in X$ ci sono un intorno aperto $\Omega \ni x_0$ e ℓ sezioni $\zeta_j\colon \Omega \longrightarrow \mathbb{K}^n$, $j = 1,\dots,\ell$, tali che $\zeta_1(x),\dots,\zeta_\ell(x)$ è una base di V_x, per ogni $x \in \Omega$. A tal fine basta definire $\zeta_j(x) = L(x)v_j$, $1 \le j \le \ell$, dove $v_1,\dots,v_\ell$ è una qualsiasi base fissata di $\mathbb{K}^\ell$.

In generale, l'intorno Ω di x_0 su cui si hanno ℓ sezioni indipendenti di V **non** può essere tutto X. Se ciò accade, vale a dire se esistono ℓ sezioni indipendenti di V in X, si dice che il fibrato V è **banale**. Si noti che, allora, la mappa

$$X \times \mathbb{K}^\ell \ni (x,\xi) \longmapsto \Big(x, \sum_{j=1}^{\ell} \xi_j \zeta_j(x)\Big) \in V$$

è un diffeomorfismo tale che per ogni $x \in X$

$$\mathbb{K}^\ell \ni \xi \longmapsto \sum_{j=1}^{\ell} \xi_j \zeta_j(x) \in V_x$$

è un isomorfismo lineare.

È necessario tenere presente che in generale un fibrato **non** è banale.

Un esempio può essere costruito nel modo seguente. Sia n pari, $X = \mathbb{R}^{n+1} \setminus \{0\}$ e in $X \times \mathbb{R}^{n+1}$ si consideri

$$V = \{(x, \zeta);\ x \in X,\ \zeta \in \mathbb{R}^{n+1},\ \langle x, \zeta \rangle = 0\}.$$

È facile verificare che, poiché $x \neq 0$, V è un fibrato di rango n. Tuttavia V **non** è banale, i.e. **non** esistono n sezioni indipendenti $\zeta_1, \ldots, \zeta_n$ di V su X. Se ciò fosse possibile, la mappa

$$\mathbb{S}^n \ni x \longmapsto v(x) := \frac{\zeta_1(x)}{\|\zeta_1(x)\|} \in \mathbb{S}^n$$

fornirebbe un campo v di vettori unitari tangenti a $\mathbb{S}^n$ in x, per ogni $x \in \mathbb{S}^n$, mai nullo! È noto che quando n è pari ciò è impossibile. Per una dimostrazione elementare (ma non banale!) di questo fatto, si veda John Milnor: *Analytic Proofs of the "Hairy Ball Theorem" and the Brouwer Fixed Point Theorem*, The American Mathematical Monthly Vol. 85, No. 7 (1978), pp. 521–524.

Il teorema seguente contiene alcuni fatti utili.

Teorema 3.3.5 *Si hanno le seguenti proprietà.*

(i) *Siano $V, W \subset X \times \mathbb{K}^n$ due fibrati di rango ℓ_1, ℓ_2 rispettivamente. Supposto che per ogni $x \in X$ si abbia*

$$V_x \cap W_x = \{0\},$$

l'insieme

$$V \oplus W := \{(x, \zeta);\ x \in X,\ \zeta = \zeta' + \zeta'',\ \zeta' \in V_x, \zeta'' \in W_x\} \subset X \times \mathbb{K}^n$$

è un fibrato di rango $\ell_1 + \ell_2$ (detto la **somma diretta** *di V e W).*

(ii) *Dato un fibrato $V \subset X \times \mathbb{K}^n$ di rango ℓ, esiste un fibrato $W \subset X \times \mathbb{K}^n$ di rango $n - \ell$ tale che*

$$V \oplus W = X \times \mathbb{K}^n.$$

(Si dirà allora che W è un **supplementare** *di V in $X \times \mathbb{K}^n$).*

Dimostrazione Proviamo (i). L'unica cosa da verificare è il punto (c) della Definizione 3.3.1. Dato $x_0 \in X$, sia $\Omega \subset X$ un intorno aperto di x_0 e per $j = 1, 2$ siano $M_j \in C^\infty(\Omega; \mathrm{M}(n, \ell_j; \mathbb{K}))$ matrici tali che

- $\operatorname{rg} M_j(x) = \ell_j$, $j = 1, 2$, $\forall x \in \Omega$;
- $V_x = \operatorname{Im} M_1(x)$, $W_x = \operatorname{Im} M_2(x)$, $\forall x \in \Omega$.

Consideriamo la matrice a blocchi

$$M(x) = [M_1(x)|M_2(x)] \in C^\infty(\Omega; \mathrm{M}(n, \ell_1 + \ell_2; \mathbb{K})).$$

Ovviamente $\operatorname{Im} M(x) \subset V_x \oplus W_x$, per ogni $x \in \Omega$. Ci basterà provare che $\operatorname{rg} M(x) = \ell_1 + \ell_2$ per tutti gli $x \in X$. Se per un qualche $x \in \Omega$ e per qualche $\zeta = \begin{bmatrix} \zeta' \\ \zeta'' \end{bmatrix} \in \mathbb{K}^{\ell_1+\ell_2}$ fosse

$$M_1(x)\zeta' + M_2(x)\zeta'' = 0,$$

ne seguirebbe

$$M_1(x)\zeta' = M_2(x)(-\zeta'') \in V_x \cap W_x = \{0\},$$

da cui $M_1(x)\zeta' = 0$ e $M_2(x)\zeta'' = 0$, e quindi $\zeta' = 0$ e $\zeta'' = 0$, cioè $\zeta = 0$.

Proviamo (ii). Il modo forse più semplice per costruire un supplementare di V è di considerare l'insieme

$$V^\perp := \{(x, \zeta);\ x \in X,\ \zeta \in V_x^\perp\} \subset X \times \mathbb{K}^n,$$

dove $V_x^\perp$ è l'ortogonale di V_x rispetto al prodotto interno canonico di $\mathbb{K}^n$. Ovviamente $\dim V_x^\perp = n - \ell$, per ogni $x \in X$. Come al solito, occorre provare la proprietà (c) della Definizione 3.3.1. Lo faremo nel caso non banale $1 \le \ell < n$. Dato x_0, sia Ω un intorno di x_0 e $L \in C^\infty(\Omega; \mathrm{M}(n, \ell; \mathbb{K}))$ tale che $\operatorname{rg} L(x) = \ell$ per tutti gli $x \in \Omega$, e $V_x = \operatorname{Im} L(x)$ per ogni $x \in \Omega$. Per fissare le idee sia $\mathbb{K} = \mathbb{C}$, e si consideri la matrice $L^* \in C^\infty(\Omega; \mathrm{M}(\ell, n; \mathbb{C}))$, $L^*(x) = L(x)^*$. Osserviamo che

$$\operatorname{Ker} L(x)^* \subset \big(\operatorname{Im} L(x)\big)^\perp.$$

Ricordando che $\operatorname{rg} L(x)^* = \operatorname{rg} L(x) = \ell$, per ogni $x \in \Omega$, se ne deduce che

$$\big(\operatorname{Im} L(x)\big)^\perp = \operatorname{Ker} L(x)^*.$$

Per l'Osservazione 3.3.3 ne segue dunque che ogni $x_0 \in X$ ha un intorno Ω tale che $V^\perp\big|_\Omega \subset \Omega \times \mathbb{K}^n$ è un fibrato di rango $n - \ell$, e quindi la tesi quando $\mathbb{K} = \mathbb{C}$.

Quando $\mathbb{K} = \mathbb{R}$ si considera ${}^tL(x)$ in luogo di $L(x)^*$. □

Osservazione 3.3.6 È il caso di osservare che il punto (i) del teorema precedente è un caso particolare di un fatto più generale. Precisamente, se $V, W \subset X \times \mathbb{K}^n$ sono due fibrati di rango ℓ_1, ℓ_2 rispettivamente, e se $\dim_{\mathbb{K}} V_x \cap W_x = \ell$ è **costante al variare di** $x \in X$, allora

$$V \cap W := \{(x, \zeta);\ x \in X,\ \zeta \in V_x \cap W_x\} \subset X \times \mathbb{K}^n$$

e

$$V + W := \{(x, \zeta);\ x \in X,\ \zeta \in V_x + W_x\} \subset X \times \mathbb{K}^n$$

sono dei fibrati di rango ℓ e $\ell_1 + \ell_2 - \ell$, rispettivamente. Lasciamo al lettore la prova di ciò. △

Vediamo ora come usare gli strumenti sopra introdotti per ridurre (localmente) una generica matrice $A \in C^\infty(X; \mathrm{M}(n; \mathbb{C}))$ alla forma "più semplice" possibile.

Fissiamo un punto $x_0 \in X$ e siano $\mu_1, \ldots, \mu_k \in \mathbb{C}$ gli autovalori **distinti** di $A(x_0)$, con molteplicità algebrica $m_1, \ldots, m_k$. Dato un circuito $\gamma \subset \mathbb{C}$ tale che $\{\mu_1, \ldots, \mu_k\} \subset U_+(\gamma)$, consideriamo per $j = 1, \ldots, k$ dei circuiti γ_j tali che, ponendo $c(U_+(\gamma_j)) := U_+(\gamma_j) \cup \gamma_j$ (la chiusura topologica di $U_+(\gamma_j)$),

$$\begin{cases} \mu_j \in U_+(\gamma_j) \subset c(U_+(\gamma_j)) \subset U_+(\gamma), & j = 1, \ldots, k \\ c(U_+(\gamma_j)) \cap c(U_+(\gamma_{j'})) = \emptyset, & \forall j \neq j'. \end{cases} \tag{3.17}$$

Per il Teorema di Cauchy

$$\frac{1}{2\pi i} \oint_\gamma (\lambda - A(x_0))^{-1} d\lambda = \sum_{j=1}^{k} \frac{1}{2\pi i} \oint_{\gamma_j} (\lambda - A(x_0))^{-1} d\lambda.$$

Ora, posto

$$\delta := \min_{\substack{\lambda \in \gamma_j \\ j=1,\ldots,k}} |p_{A(x_0)}(\lambda)|,$$

si ha $\delta > 0$ e dunque, per continuità, esiste un intorno $\Omega \subset X$ di x_0 tale che

$$\max_{\substack{\lambda \in \gamma_j \\ j=1,\ldots,k}} |p_{A(x)}(\lambda) - p_{A(x_0)}(\lambda)| < \delta.$$

Il Teorema di Rouché garantisce quindi che per ogni $x \in \Omega$ il polinomio $p_{A(x)}(z)$ ha esattamente m_j radici (contate con la loro molteplicità) in $U_+(\gamma_j)$, $j = 1, \ldots, k$.

Sappiamo allora che per $x \in \Omega$ si ha

$$I_n = \frac{1}{2\pi i} \oint_\gamma (\lambda - A(x))^{-1} d\lambda = \sum_{j=1}^{k} P_j(x),$$

dove

$$P_j(x) := \frac{1}{2\pi i}\oint_{\gamma_j}(\lambda - A(x))^{-1}d\lambda, \quad x \in \Omega. \tag{3.18}$$

Dal Lemma 3.1.2 si ha che $P_j(x)$ è, per ogni $x \in \Omega$, la matrice di proiezione di $\mathbb{C}^n$ su

$$\bigoplus_{\substack{p_{A(x)}(\lambda)=0 \\ \lambda \in U_+(\gamma_j)}} \operatorname{Ker}\big((\lambda I_n - A(x))^{m_a(\lambda)}\big), \tag{3.19}$$

e quindi rg $P_j(x) = m_j$, per ogni $x \in \Omega$. Dai Teoremi 3.3.2 e 3.3.5 si ha allora che Im $P_j \subset \Omega \times \mathbb{C}^n$ è un fibrato di rango m_j e che

$$\Omega \times \mathbb{C}^n = \bigoplus_{j=1}^{k} \operatorname{Im} P_j. \tag{3.20}$$

A questo punto sappiamo che c'è un intorno $\Omega' \subset \Omega$ di x_0 tale che per ogni j è possibile trovare m_j sezioni indipendenti $\zeta_{j1}, \dots, \zeta_{jm_j}$ di Im $P_j\big|_{\Omega'}$. Detta allora $T(x) \in \mathrm{GL}(n;\mathbb{C})$ la matrice che ha per colonne i vettori

$$\zeta_{11}(x), \dots, \zeta_{1m_1}(x), \dots, \zeta_{k1}(x), \dots, \zeta_{km_k}(x),$$

si avrà:

- $T \in C^\infty(\Omega'; \mathrm{GL}(n;\mathbb{C}))$;
- $T(x)^{-1}A(x)T(x) = \begin{bmatrix} \Lambda_1(x) & \dots & 0 \\ \vdots & \ddots & \vdots \\ 0 & \dots & \Lambda_k(x) \end{bmatrix}$,

  per certi blocchi $\Lambda_j \in C^\infty(\Omega'; \mathrm{M}(m_j;\mathbb{C}))$ tali che

$$p^{-1}_{\Lambda_j(x)}(0) = \{\lambda \in \mathbb{C};\ p_{A(x)}(\lambda) = 0,\ \lambda \in U_+(\gamma_j)\}, \quad j = 1, \dots, k,\ \forall x \in \Omega'. \tag{3.21}$$

Abbiamo quindi provato il seguente teorema di **separazione dello spettro**.

Teorema 3.3.7 *Data $A \in C^\infty(X; \mathrm{M}(n;\mathbb{C}))$, e fissato $x_0 \in X$, siano $\mu_1, \dots, \mu_k$ le radici* **distinte** *di $p_{A(x_0)}(z)$ con $m_a(\mu_j) = m_j$, $j = 1, \dots, k$. Esiste allora un intorno $\Omega \subset X$ di x_0 ed una matrice $T \in C^\infty(\Omega; \mathrm{GL}(n;\mathbb{C}))$ tale che*

$$T(x)^{-1}A(x)T(x) = \begin{bmatrix} \Lambda_1(x) & \dots & 0 \\ \vdots & \ddots & \vdots \\ 0 & \dots & \Lambda_k(x) \end{bmatrix},$$

con

- $\Lambda_j \in C^\infty(\Omega; \mathrm{M}(m_j; \mathbb{C}))$, $j = 1, \ldots, k$;
- $p_{\Lambda_j(x_0)}(z)$ *ha la sola radice* $z = \mu_j$ *con molteplicità* m_j, $j = 1, \ldots, k$;
- *per* $x \in \Omega$, $x \neq x_0$, *le radici di* $p_{\Lambda_j(x)}(z)$, *ciascuna contata con la propria molteplicità, sono in numero di* m_j *e sono* **distinte** *dalle radici di* $p_{\Lambda_{j'}(x)}(z)$ *per* $j \neq j'$.

Una domanda naturale è se un blocco $\Lambda_j(x)$ possa essere ulteriormente "semplificato".

Il caso più semplice si ha quando $m_j = 1$. In tal caso $\Lambda_j(x)$ si riduce ad una funzione in $C^\infty(\Omega; \mathbb{C})$ con $\Lambda_j(x_0) = \mu_j$.

Quando però $m_j > 1$, anche se $m_g(\mu_j) = m_j$, non è detto che il blocco $\Lambda_j(x)$ sia **diagonale** per ogni $x \in \Omega$, come mostrato dagli esempi dati all'inizio di questa sezione.

Un caso in cui tuttavia $\Lambda_j(x)$ è diagonale per ogni $x \in \Omega$, si ha qualora

$$p_{A(x)}(z) = \big(z - \lambda(x)\big)^{m_j} q(x; z), \quad x \in \Omega,$$

dove $\lambda \in C^\infty(\Omega; \mathbb{C})$ con $\lambda(x_0) = \mu_j$, $m_g(\lambda(x)) = m_j$ per ogni $x \in \Omega$, e $q(x; z)$ è un polinomio di grado $n - m_j$ in z a coefficienti $C^\infty(\Omega; \mathbb{C})$ tale che $q(x; \lambda(x)) \neq 0$ per tutti gli $x \in \Omega$.

A questo punto, in analogia con quanto visto nella Sezione 3.1 dove si è definita $F(A)$ per una data matrice costante $A \in \mathrm{M}(n; \mathbb{C})$ e per certe funzioni olomorfe F, vogliamo definire, per una data $A \in C^\infty(X; \mathrm{M}(n; \mathbb{C}))$ e per certe funzioni olomorfe F, $F(A) \in C^\infty(X; \mathrm{M}(n; \mathbb{C}))$. Per far questo, cominciamo col considerare l'insieme

$$S := \{z \in \mathbb{C};\ \exists x \in X,\ p_{A(x)}(z) = 0\} = \bigcup_{x \in X} p_{A(x)}^{-1}(0), \tag{3.22}$$

e sia $\Omega \subset \mathbb{C}$ un aperto tale che $S \subset \Omega$. Data $F \in \mathcal{O}(\Omega)$, per ogni $x \in X$ definiamo $F(A)(x) \in \mathrm{M}(n; \mathbb{C})$ nel modo seguente

$$F(A)(x) := \frac{1}{2\pi i} \oint_{\gamma_x} F(\lambda)(\lambda I_n - A(x))^{-1} d\lambda \tag{3.23}$$

dove $\gamma_x \subset \Omega$ è un circuito per cui

$$p_{A(x)}^{-1}(0) \subset U_+(\gamma_x).$$

Dal Lemma 3.1.4 segue che ad x **fissato** la definizione (3.23) è **indipendente** dalla scelta del circuito $\gamma_x \subset \Omega$ (ferma restando la condizione $p_{A(x)}^{-1}(0) \subset U_+(\gamma_x)$), sicché in realtà stiamo definendo $F(A)(x)$ come $F(A(x))$.

Resta da vedere che $F(A) \in C^\infty(X; \mathrm{M}(n; \mathbb{C}))$. Fissato $x_0 \in X$ e preso un circuito γ_{x_0} come sopra, dal Teorema di Rouché segue che esiste un intorno $U \subset X$ di x_0 tale che $p_{A(x)}^{-1}(0) \subset U_+(\gamma_{x_0})$ per ogni $x \in U$ (si veda la prova del Teorema 3.3.7).

Dunque si ha

$$F(A)(x) = \frac{1}{2\pi i} \oint_{\gamma_{x_0}} F(\lambda)(\lambda I_n - A(x))^{-1} d\lambda, \quad x \in U.$$

Poiché per ogni $\lambda \in \gamma_{x_0}$ la funzione $U \ni x \longmapsto (\lambda I_n - A(x))^{-1} \in \mathrm{M}(n; \mathbb{C})$ è di classe C^∞, derivando sotto il segno di integrale (si verifichi che ciò è lecito), e data l'arbitrarietà di x_0, si ottiene la tesi.

Il lettore è invitato a verificare che le proprietà (ii), (iii) e (v) del Teorema 3.1.5 si estendono in modo naturale al caso in cui la matrice A dipende in maniera C^∞ dal parametro $x \in X$.

In conclusione è conveniente notare che quanto visto al quarto e quinto punto dell'Osservazione 3.1.6 può essere esteso a matrici dipendenti da un parametro.

Capitolo 4
Esercizi

Esercizio 4.1 Costruire H del Teorema 2.5.10 di Lyapunov, nel caso in cui $A = \begin{bmatrix} \alpha & \beta \\ \gamma & \alpha \end{bmatrix}$, con $\alpha > 0$, $\beta, \gamma \in \mathbb{R}$ e $\beta\gamma < 0$.

Esercizio 4.2 Il lettore dimostri le proprietà seguenti.

- $\mathrm{O}(n; \mathbb{R})$ ha due componenti connesse.
- Date $A, B \in \mathrm{O}(n; \mathbb{R})$ con $\det A = 1$ e $\det B = -1$, si riconosca che non è possibile deformare con continuità A in B dentro $\mathrm{O}(n; \mathbb{R})$, ma che ciò è possibile dentro $\mathrm{U}(n; \mathbb{C})$.
  Si construisca in particolare la deformazione nel caso in cui

  $$A = \begin{bmatrix} \cos\theta & -\sin\theta \\ \sin\theta & \cos\theta \end{bmatrix}, \quad B = \begin{bmatrix} \cos\theta & \sin\theta \\ \sin\theta & -\cos\theta \end{bmatrix},$$

  dove $\theta \in [0, 2\pi)$, $\theta \neq \pi$.
- (Decomposizione polare). Data $A \in \mathrm{GL}(n; \mathbb{R})$ esistono **uniche** $P = {}^tP > 0$ e $Q \in \mathrm{O}(n; \mathbb{R})$ tali che $A = PQ$ (si proceda come nella prova del Teorema 2.5.7). Se ne deduca che $\mathrm{GL}(n; \mathbb{R})$ ha due componenti connesse.

Esercizio 4.3 Siano $A_1, A_2 \in \mathrm{M}(n; \mathbb{R})$ e sia $A = A_1 + iA_2 \in \mathrm{M}(n; \mathbb{C})$. Dimostrare che:

- $A = A^* \Longleftrightarrow A_1 = {}^tA_1$ e $A_2 = -{}^tA_2$;
- se $A = A^*$ allora: $A > 0 \Longleftrightarrow A_1 > 0$ e

  $$|\langle A_2 x, y\rangle| < \frac{1}{2}\big(\langle A_1 x, x\rangle + \langle A_1 y, y\rangle\big), \tag{4.1}$$

  per ogni $x, y \in \mathbb{R}^n$ non entrambi nulli;

C. Parenti, A. Parmeggiani, *Algebra lineare ed equazioni differenziali ordinarie*, UNITEXT 117, https://doi.org/10.1007/978-88-470-3993-3_4

- nell'ipotesi che $A = A^*$, osservato che (4.1) può essere riscritta come

$$|\langle A_1^{-1/2} A_2 A_1^{-1/2} u, v\rangle| < \frac{1}{2}(\|u\|^2 + \|v\|^2),$$

per ogni $u, v \in \mathbb{R}^n$ non entrambi nulli, e tenuto conto che la matrice reale $T := A_1^{-1/2} A_2 A_1^{-1/2}$ è pure antisimmetrica, dedurre che

$$A > 0 \iff \begin{cases} A_1 > 0 \text{ e} \\ p_T(\lambda) = 0 \Longrightarrow \lambda = \pm i\mu \text{ con } 0 \le \mu < 1. \end{cases}$$

Esercizio 4.4 Siano $V \subset X \times \mathbb{K}^p$ e $W \subset X \times \mathbb{K}^q$ fibrati di rango ℓ_1 e ℓ_2 rispettivamente. Una mappa $f: V \longrightarrow W$ si dice essere un **morfismo** di V in W se ha le proprietà seguenti:

(i) per ogni $x \in X$ e $\zeta \in V_x$

$$f(x, \zeta) = (x, f_x(\zeta)), \text{ dove } f_x: V_x \longrightarrow W_x \text{ è lineare;}$$

(ii) per ogni $x_0 \in X$ e per ogni intorno aperto $\Omega \subset X$ di x_0 sul quale ci sono ℓ_1 sezioni indipendenti $\zeta_1, \dots \zeta_{\ell_1}$ di V ed ℓ_2 sezioni indipendenti $\eta_1, \dots, \eta_{\ell_2}$ di W, posto

$$f_x(\zeta_j(x)) = \sum_{k=1}^{\ell_2} a_{kj}(x)\eta_k(x), \quad 1 \le j \le \ell_1,$$

la matrice $A(x) := [a_{kj}(x)]_{\substack{1 \le k \le \ell_2 \\ 1 \le j \le \ell_1}} \in C^\infty(\Omega; \mathrm{M}(\ell_2, \ell_1; \mathbb{K}))$.

Si dimostri che:

- la proprietà (ii) non dipende dalla scelta delle sezioni di V e W sopra Ω;
- se per ogni $x \in X$ la mappa f_x ha rango costante $\ell \le \min\{\ell_1, \ell_2\}$, allora

$$\operatorname{Im} f := \{(x, \eta) \in W;\ \eta \in \operatorname{Im} f_x\} \subset W \subset X \times \mathbb{K}^q$$

è un fibrato di rango ℓ e

$$\operatorname{Ker} f := \{(x, \xi) \in V;\ \xi \in \operatorname{Ker} f_x\} \subset V \subset X \times \mathbb{K}^p$$

è un fibrato di rango $\ell_1 - \ell$;
- se $\ell_1 = \ell_2$ e per ogni $x \in X$ la mappa $f_x: V_x \longrightarrow W_x$ è un isomorfismo, allora la mappa

$$W \ni (x, \eta) \longmapsto f^{-1}(x, \eta) := (x, f_x^{-1}(\eta)) \in V$$

è un morfismo di fibrati (detto **morfismo inverso** di f).

Esercizio 4.5 Siano date $A \in \mathrm{M}(n;\mathbb{C})$, $B \in \mathrm{M}(m;\mathbb{C})$, $C \in \mathrm{M}(n,m;\mathbb{C})$ e si consideri

$$\mathcal{A} = \left[\begin{array}{c|c} A & C \\ \hline 0 & B \end{array}\right],$$

pensata come mappa $\mathcal{A}\colon \mathbb{C}^{n+m} \longrightarrow \mathbb{C}^{n+m}$. Riconosciuto che $p_{\mathcal{A}}(z) = p_A(z)p_B(z)$, si studino gli autovettori di $\mathcal{A}$ in termini degli autovettori di A e B.

Esercizio 4.6 In $\mathrm{M}(n;\mathbb{C})$ $(n \geq 2)$ si definisca

$$\langle A, B\rangle := \mathrm{Tr}(B^* A).$$

Mostrare che questo è un prodotto hermitiano in $\mathrm{M}(n;\mathbb{C})$, e determinare una base ortonormale di $\mathrm{M}(n;\mathbb{C})$ rispetto a questo prodotto interno.

Esercizio 4.7 Fissato in $\mathrm{M}(n;\mathbb{C})$ il prodotto hermitiano precedente e data $A \in \mathrm{M}(n;\mathbb{C})$, si consideri la mappa

$$L_A\colon \mathrm{M}(n;\mathbb{C}) \longrightarrow \mathrm{M}(n;\mathbb{C}), \quad L_A X = [A, X] = AX - XA.$$

(i) Mostrare che $(L_A)^* = L_{A^*}$.
(ii) Supposto A diagonalizzabile, determinare $\mathrm{Spec}(L_A)$ e provare che L_A è diagonalizzabile.

Esercizio 4.8 Date $A, B \in \mathrm{M}(n;\mathbb{C})$ con

(i) $p_{-A}^{-1}(0) \cap p_B^{-1}(0) = \emptyset$,
(ii) $[A, B] = 0$,

dimostrare che $A + B$ è invertibile e che

$$(A + B)^{-1} = \frac{1}{2\pi i}\oint_{\gamma} (\lambda I_n + A)^{-1}(\lambda I_n - B)^{-1} d\lambda,$$

dove γ è un qualunque circuito in $\mathbb{C}$ tale che

- $p_B^{-1}(0) \subset U_+(\gamma)$,
- $(U_+(\gamma) \cup \gamma) \cap p_{-A}^{-1}(0) = \emptyset$.

Esercizio 4.9 Mostrare che ogni spazio vettoriale complesso V è isomorfo alla complessificazione ${}^{\mathbb{C}}W$ di un opportuno spazio vettoriale reale W.

Esercizio 4.10 Si consideri $W = \{(z, \bar{z}) \in \mathbb{C}^{2n};\ z \in \mathbb{C}^n\}$.

(i) Dimostrare che W è un sottospazio vettoriale reale di dimensione n e determinarne una base.

(ii) Dimostrare che W è **totalmente reale**, e cioè che

$$W \cap iW = \{0\}.$$

(iii) Determinare ${}^{\mathbb{C}}W$.

Esercizio 4.11 Si discuta la seguente generalizzazione dell'esercizio precedente. Data $A \in \mathrm{GL}(2n;\mathbb{C})$ si consideri $W_A = \{Ax;\ x \in \mathbb{R}^{2n}\} \subset \mathbb{C}^{2n}$. Si noti che il W dell'Esercizio 4.10 è W_A con $A = \begin{bmatrix} I_n & iI_n \\ I_n & -iI_n \end{bmatrix}$.

(i) Per quali A lo spazio W_A è totalmente reale?
(ii) Determinare ${}^{\mathbb{C}}W_A$.

Esercizio 4.12 Data $A \in \mathrm{M}(m,n;\mathbb{R})$ si consideri

$$V = \{x \in \mathbb{C}^n;\ Ax = 0\}.$$

Osservato che $V = \bar{V}$, si determini $\mathrm{Re}\, V$.

Esercizio 4.13 Sia V uno spazio vettoriale reale di dimensione pari. Una **struttura complessa** su V è una mappa lineare $J: V \longrightarrow V$ tale che $J^2 = -\mathrm{id}_V$. Si introduca in V la seguente operazione di prodotto per uno scalare complesso

$$(a+ib)v := av + bJv, \quad \forall v \in V,\ \forall a,b \in \mathbb{R},$$

e sia $\tilde{V}$ lo spazio vettoriale così ottenuto. Mostrare che $\tilde{V}$ è uno spazio vettoriale complesso con $\dim_{\mathbb{C}} \tilde{V} = \frac{1}{2}\dim_{\mathbb{R}} V$.

Esercizio 4.14 Mostrare che se lo spazio vettoriale V su $\mathbb{C}$ è pensato, per restrizione degli scalari, come uno spazio vettoriale V_R su $\mathbb{R}$, allora $V = \widetilde{V_R}$ (dove l'operazione $V \mapsto \tilde{V}$ è stata introdotta nell'esercizio precedente).

Esercizio 4.15 Sia $V \subset \mathrm{M}(n;\mathbb{R})$ una sottoalgebra di Lie (cioè un sottospazio vettoriale chiuso per il commutatore di matrici) tale che $X \in V \Rightarrow {}^tX \in V$. Sia $q: V \times V \longrightarrow \mathbb{R}$ la forma bilineare (cioè lineare separatamente in ciascun argomento) simmetrica (cioè invariante rispetto a $(X,Y) \longmapsto (Y,X)$) definita da $q(X,Y) = \mathrm{Tr}(XY)$.

(i) Mostrare che q è non degenere su V (cioè $q(X,Y) = 0,\ \forall Y \in V \Rightarrow X = 0$).
(ii) Studiare la segnatura dalla forma quadratica $X \mapsto q(X,X)$ associata a q nel caso $n = 2$ e $V = \mathrm{M}(2;\mathbb{R})$. (Suggerimento: si scriva q nella forma $q(X,Y) = \langle f(X), Y\rangle$, dove $\langle X,Y\rangle = \mathrm{Tr}({}^tYX)$ è un prodotto scalare su $\mathrm{M}(2;\mathbb{R})$ ed $f: \mathrm{M}(2;\mathbb{R}) \longrightarrow \mathrm{M}(2;\mathbb{R})$ è una trasformazione lineare).
(iii) Si definisca, per $X \in V$, $T_X: V \longrightarrow V$, $T_XY = [X,Y]$. Mostrare che T_X è antisimmetrica per q, cioè che

$$q(T_XY, Z) = -q(Y, T_XZ), \ \forall Y, Z \in V.$$

(iv) Nel caso $n = 2$ e $V = \mathrm{M}(2;\mathbb{R})$, siano rispettivamente $X_1 = \begin{bmatrix} \alpha & 0 \\ 0 & \beta \end{bmatrix}$ e $X_2 = \begin{bmatrix} 0 & \alpha \\ \beta & 0 \end{bmatrix}$, dove $\alpha, \beta \in \mathbb{R}$ e $\alpha\beta \neq 0$. Si determini la forma canonica di T_{X_j} per $j = 1, 2$.

Esercizio 4.16 Sia $V = \{iH;\ H \in \mathrm{M}(n;\mathbb{C}),\ H = H^*\}$.

(i) Mostrare che V è un sottospazio *totalmente reale* di $\mathrm{M}(n;\mathbb{C})$.
(ii) Mostrare che ${}^{\mathbb{C}}V = V + iV = \mathrm{M}(n;\mathbb{C})$.

Esercizio 4.17 Sia $\mathrm{M}_0(n;\mathbb{C}) = \{X \in \mathrm{M}(n;\mathbb{C});\ \mathrm{Tr}\, X = 0\}$. Mostrare che $\mathrm{M}(n;\mathbb{C})$ è isomorfo a $\mathbb{C} \times \mathrm{M}_0(n;\mathbb{C})$.

Esercizio 4.18 Sia $P_{k,n} = \{p \in \mathbb{C}[x_1, x_2, \ldots, x_n];\ \text{grado di } p \leq k\}$.

(i) Calcolare $\dim_{\mathbb{C}} P_{k,n}$.
(ii) Dati $p = \sum_{|\alpha|\leq k} p_\alpha x^\alpha$, $q = \sum_{|\alpha|\leq k} q_\alpha x^\alpha \in P_{k,n}$, si definisca

$$\langle p, q \rangle = \sum_{|\alpha|\leq k} p_\alpha \bar{q}_\alpha,$$

e si riconosca che questo è un prodotto hermitiano in $P_{k,n}$.
(iii) Si prenda $n = 1$ e si consideri

$$L = x^2 \frac{d^2}{dx^2} + ax\frac{d}{dx} + b, \quad a, b \in \mathbb{C}.$$

- Determinare per quali a, b la mappa $L\colon P_{k,1} \longrightarrow P_{k,1}$ è autoaggiunta rispetto al precedente prodotto hermitiano.
- Determinare per quali $a, b \in \mathbb{C}$ la mappa $L\colon P_{k,1} \longrightarrow P_{k,1}$ è autoaggiunta positiva, e determinare in tal caso $L^{1/2}$.

Esercizio 4.19 (Trasformata di Cayley) Si consideri $f\colon \mathbb{R} \longrightarrow \mathrm{U}(1;\mathbb{C}) \simeq \mathbb{S}^1$, $f(a) = \dfrac{a-i}{a+i}$, e si provi che f è un omeomorfismo di $\mathbb{R}$ su $\mathrm{U}(1;\mathbb{C}) \setminus \{1\}$.

Generalizzazione Per ogni n si ponga

$$\mathrm{S}(n;\mathbb{C}) = \{A \in \mathrm{M}(n;\mathbb{C});\ A = A^*\},$$

e si definisca

$$f\colon \mathrm{S}(n;\mathbb{C}) \longrightarrow \mathrm{M}(n;\mathbb{C}), \quad f(A) = U_A := (A - iI_n)(A + iI_n)^{-1}.$$

U_A si chiama la **trasformata di Cayley** di A. Osservato che f è continua (per la topologia indotta), si provi che:

- $U_A \in \mathrm{U}(n;\mathbb{C})$ (verificare che $U_A U_A^* = U_A^* U_A = I_n$);
- $1 \neq p_{U_A}^{-1}(0)$ (posto $y = (A + iI_n)x$, si osservi che $y - U_A y = 2ix$, $y + U_A y = 2Ax$);
- $A = i(I_n + U_A)(I_n - U_A)^{-1}$ e quindi che $f\colon \mathrm{S}(n;\mathbb{C}) \longrightarrow \mathrm{U}(n;\mathbb{C})$ è iniettiva;
- $f\big(\mathrm{S}(n;\mathbb{C})\big) = \{U \in \mathrm{U}(n;\mathbb{C});\ 1 \notin p_U^{-1}(0)\}$ e quindi che f è un omeomorfismo di $\mathrm{S}(n;\mathbb{C})$ sulla sua immagine.

Parte II
Equazioni Differenziali

Capitolo 5
Equazioni differenziali ordinarie

5.1 Preliminari

L'oggetto di questo capitolo è lo studio delle soluzioni di un sistema differenziale del primo ordine del tipo

$$\frac{dx}{dt} =: \dot{x} = f(t,x), \tag{5.1}$$

dove supporremo **sempre** che f sia una mappa

$$f\colon I \times \Omega \ni (t,x) \longmapsto f(t,x) = \begin{bmatrix} f_1(t,x) \\ \vdots \\ f_n(t,x) \end{bmatrix} \in \mathbb{R}^n, \tag{5.2}$$

con I intervallo aperto di $\mathbb{R}$ e Ω aperto di $\mathbb{R}^n$, soddisfacente d'ora innanzi almeno le seguenti condizioni di regolarità:

- **continuità**: $f \in C^0(I \times \Omega; \mathbb{R}^n)$;
- **locale lipschitzianità** (in $\boldsymbol{x}$): per ogni $(\bar{t}, \bar{x}) \in I \times \Omega$ esistono una **scatola**

  $$B_{h,r}(\bar{t},\bar{x}) := \{(t,x);\ |t-\bar{t}| \leq h,\ \|x-\bar{x}\| \leq r\}$$

  contenuta in $I \times \Omega$ $(h, r > 0)$ ed una costante $L > 0$ tali che

  $$\|f(t,x') - f(t,x'')\| \leq L\|x' - x''\|, \quad \forall (t,x'),(t,x'') \in B_{h,r}(\bar{t},\bar{x}). \tag{5.3}$$

Osservazione 5.1.1 Quando $\partial f_j / \partial x_k$ esistono ed appartengono a $C^0(I \times \Omega; \mathbb{R})$, per ogni $j,k = 1,\ldots,n$, la locale lipschitzianità è garantita (su ogni scatola contenuta in $I \times \Omega$) come conseguenza del teorema del valor medio. △

C. Parenti, A. Parmeggiani, *Algebra lineare ed equazioni differenziali ordinarie*, UNITEXT 117, https://doi.org/10.1007/978-88-470-3993-3_5

A seconda della struttura di f, il sistema (5.1) viene variamente classificato:

- Il sistema (5.1) si dice **autonomo** quando $f : \mathbb{R} \times \Omega \longrightarrow \mathbb{R}^n$ è **indipendente** da t, sicché (5.1) si riscrive come

$$\dot{x} = f(x).$$

- Il sistema (5.1) si dice **lineare** quando f è della forma

$$f(t, x) = A(t)x + b(t), \tag{5.4}$$

dove $A \in C^0(I; \mathrm{M}(n; \mathbb{R}))$ e $b \in C^0(I; \mathbb{R}^n)$. In questo caso $\Omega = \mathbb{R}^n$ e la locale lipschitzianità è ovviamente soddisfatta. Più precisamente, per ogni intervallo $[\bar{t} - h, \bar{t} + h] \subset I$ $(h > 0)$ si ha

$$\|f(t, x') - f(t, x'')\| \leq L\|x' - x''\|, \quad \forall t \in [\bar{t} - h, \bar{t} + h], \ \forall x', x'' \in \mathbb{R}^n,$$

con $L = \max_{|t-\bar{t}| \leq h} \|A(t)\|$. Il sistema lineare (5.4) si dice **omogeneo** quando $b(t) = 0$ per ogni $t \in I$.

Definiamo ora cosa si intende per soluzione del sistema (5.1).

Definizione 5.1.2 *Chiameremo* **soluzione** *del sistema (5.1) ogni funzione*

$$J \ni t \longmapsto \phi(t) = \begin{bmatrix} \phi_1(t) \\ \vdots \\ \phi_n(t) \end{bmatrix} \in \mathbb{R}^n$$

tale che

(i) $J \subset I$ è un intervallo non banale (cioè non ridotto ad un punto);
(ii) ϕ è derivabile per ogni $t \in J$;
(iii) $\phi(t) \in \Omega$ per ogni $t \in J$ e

$$\frac{d\phi}{dt}(t) =: \dot{\phi}(t) = \begin{bmatrix} \dot{\phi}_1(t) \\ \vdots \\ \dot{\phi}_n(t) \end{bmatrix} = f(t, \phi(t)), \quad \forall t \in J.$$

Inoltre, se $\phi: J_1 \longrightarrow \mathbb{R}^n$, $\psi: J_2 \longrightarrow \mathbb{R}^n$ sono soluzioni di (5.1), diremo che ψ è un **prolungamento** *di ϕ (risp. ϕ è una* **restrizione** *di ψ) se*

(iv) $J_1 \subsetneq J_2$;
(v) $\psi(t) = \phi(t)$, per tutti i $t \in J_1$. △

Ricordiamo il seguente risultato fondamentale.

Teorema 5.1.3 (Esistenza ed unicità locale) *Dato il sistema (5.1) e fissati:*

(i) $(t_0, x_0) \in I \times \Omega$;

(ii) *una scatola* $B := B_{h,r}(t_0, x_0) \subset I \times \Omega$ *tale che*

- $Mh \leq r$, *dove* $M := \max_{(t,x)\in B} \|f(t,x)\|$,
- $\|f(t,x') - f(t,x'')\| \leq L\|x' - x''\|$, *per ogni* $(t,x'), (t,x'') \in B$, *e* $Lh < 1$,

esiste un'unica soluzione $\phi: [t_0 - h, t_0 + h] \longrightarrow \mathbb{R}^n$ *di (5.1) tale che*

$$\phi(t_0) = x_0, \quad \|\phi(t) - x_0\| \leq r, \quad \forall t \in [t_0 - h, t_0 + h]. \tag{5.5}$$

Per completezza ne ricordiamo una prova.

Dimostrazione Osserviamo che se $\phi: [t_0 - h, t_0 + h] \longrightarrow \mathbb{R}^n$ è soluzione di (5.1), verificante $\phi(t_0) = x_0$, allora ϕ soddisfa anche l'equazione integrale seguente

$$\phi(t) = x_0 + \int_{t_0}^{t} f(s, \phi(s))ds, \quad |t - t_0| \leq h. \tag{5.6}$$

Viceversa, se $\phi \in C^0([t_0 - h, t_0 + h]; \Omega)$ è soluzione di (5.6), allora $\phi(t_0) = x_0$ e ϕ risolve il sistema (5.1). Basterà dunque dimostrare che nelle ipotesi del teorema esiste un'unica $\phi \in C^0([t_0 - h, t_0 + h]; \mathbb{R}^n)$ soluzione di (5.6) tale che $\|\phi(t) - x_0\| \leq r$ per ogni $t \in [t_0 - h, t_0 + h]$. A tal fine consideriamo lo spazio X costituito da tutte le funzioni $\psi \subset C^0([t_0 - h, t_0 + h]; \mathbb{R}^n)$ tali che $\psi(t_0) = x_0$ e $\|\psi(t) - x_0\| \leq r$ per ogni $t \in [t_0 - h, t_0 + h]$. Su X consideriamo la metrica

$$d(\alpha, \beta) := \max_{|t-t_0|\leq h} \|\alpha(t) - \beta(t)\|, \quad \alpha, \beta \in X. \tag{5.7}$$

È ben noto che (X, d) risulta essere uno spazio metrico completo. Per ogni $\psi \in X$ definiamo

$$(T\psi)(t) := x_0 + \int_{t_0}^{t} f(s, \psi(s))ds, \quad |t - t_0| \leq h. \tag{5.8}$$

Verifichiamo che T ha le seguenti proprietà:

(a) $T: X \longrightarrow X$;

(b) $d(T\alpha, T\beta) \leq Lh\, d(\alpha, \beta), \quad \forall \alpha, \beta \in X$.

Ovviamente per ogni $\psi \in X$ si ha che $(T\psi)(t_0) = x_0$ e che $T\psi \in C^0([t_0 - h, t_0 + h]; \mathbb{R}^n)$. D'altra parte

$$\|(T\psi)(t) - x_0\| = \|\int_{t_0}^{t} f(s, \psi(s))ds\| \leq h \max_{|s-t_0|\leq h} \|f(s, \psi(s))\| \leq hM \leq r$$

per ipotesi. Ciò prova (a).

Ora, se $\alpha, \beta \in X$, si ha

$$(T\alpha)(t) - (T\beta)(t) = \int_{t_0}^{t} \Big(f(s, \alpha(s)) - f(s, \beta(s)) \Big) ds,$$

e quindi

$$d(T\alpha, T\beta) = \max_{|t-t_0| \leq h} \|(T\alpha)(t) - (T\beta)(t)\| \leq h \max_{|s-t_0| \leq h} \|f(s, \alpha(s)) - f(s, \beta(s))\| \leq$$
$$\leq hL \max_{|s-t_0| \leq h} \|\alpha(s) - \beta(s)\| = Lh\, d(\alpha, \beta).$$

Ciò prova (b).

Poiché per ipotesi $Lh < 1$, si ha che $T\colon X \longrightarrow X$ è una contrazione. Dal ben noto teorema del punto fisso segue allora che esiste un'unica $\phi \in X$ tale che $T\phi = \phi$, cioè un'unica ϕ che risolve (5.6). □

Osservazione 5.1.4 È opportuno osservare che, una volta che si è fissata una scatola $B_{h,r}(t_0, x_0) \subset I \times \Omega$ sulla quale vale (5.3), a patto di diminuire h si può sempre supporre che $Mh \leq r$ e $Lh < 1$. △

Il lemma seguente gioca un ruolo fondamentale.

Lemma 5.1.5 *Siano $\phi\colon I_1 \longrightarrow \mathbb{R}^n$, $\psi\colon I_2 \longrightarrow \mathbb{R}^n$ due soluzioni di (5.1). Supposto che*

(i) $I_1 \cap I_2 \neq \emptyset$;
(ii) esiste $t_0 \in I_1 \cap I_2$ tale che $\phi(t_0) = \psi(t_0)$,

si ha

(a) $\phi(t) = \psi(t)$, $\forall t \in I_1 \cap I_2$,
(b) posto

$$\theta(t) := \begin{cases} \phi(t), & t \in I_1, \\ \psi(t), & t \in I_2, \end{cases}$$

allora $\theta\colon I_1 \cup I_2 \longrightarrow \mathbb{R}^n$ è soluzione di (5.1).

Dunque, quando $I_1 \subsetneq I_1 \cup I_2$ e $I_2 \subsetneq I_1 \cup I_2$, θ è un prolungamento sia di ϕ che di ψ.

Dimostrazione Il punto (b) è una conseguenza banale di (a). Proviamo dunque (a). La tesi è ovvia quando $I_1 \cap I_2 = \{t_0\}$. Supporremo dunque che $I_1 \cap I_2$ **non** sia banale. Posto allora

$$E := \{t \in I_1 \cap I_2;\ \phi(t) = \psi(t)\} \subset I_1 \cap I_2,$$

poiché $E \neq \emptyset$ ($t_0 \in E$), basterà dimostrare che E è (relativamente) chiuso e aperto in $I_1 \cap I_2$ per concludere che $E = I_1 \cap I_2$, il che proverà (a). Che E sia chiuso è banale. Proviamo che E è aperto. Sia $\bar{t} \in E$ e si ponga $\bar{x} := \phi(\bar{t}) = \psi(\bar{t}) \in \Omega$. Usando il Teorema 5.1.3 sappiamo che esistono $h, r > 0$ ed un'unica $\gamma\colon [\bar{t} - h, \bar{t} + h] \longrightarrow \mathbb{R}^n$ con $\gamma(\bar{t}) = \bar{x}$ e $\|\gamma(t) - \bar{x}\| \leq r$ per ogni $t \in [\bar{t} - h, \bar{t} + h]$, soluzione di (5.1). Ma allora, per la continuità di ϕ e ψ, esiste $0 < h' \leq h$ tale che per $t \in I_1 \cap [\bar{t} - h', \bar{t} + h']$ si ha $\|\phi(t) - \bar{x}\| \leq r$, e per $t \in I_2 \cap [\bar{t} - h', \bar{t} + h']$ si ha $\|\psi(t) - \bar{x}\| \leq r$. Dunque dall'unicità di γ segue che

$$\phi(t) = \gamma(t) = \psi(t), \quad \forall t \in (\bar{t} - h', \bar{t} + h') \cap I_1 \cap I_2,$$

il che prova che E è aperto. □

Definizione 5.1.6 *Diremo che una soluzione $\phi\colon J \longrightarrow \mathbb{R}^n$ di (5.1) è* **massimale** *(o anche che è una* **curva integrale** *di (5.1)) se ϕ non ammette prolungamento alcuno.* △

Il teorema seguente contiene alcune importanti proprietà delle soluzioni massimali.

Teorema 5.1.7 *Sia dato il sistema (5.1) con $f\colon I \times \Omega \longrightarrow \mathbb{R}^n$. Allora:*

(i) *se $\phi\colon J \longrightarrow \mathbb{R}^n$ è una soluzione massimale di (5.1), $J \subset I$ è un intervallo* **aperto***;*

(ii) *per ogni $(t_0, x_0) \in I \times \Omega$ esiste un'unica soluzione massimale $\phi\colon J \longrightarrow \mathbb{R}^n$ di (5.1) tale che $\phi(t_0) = x_0$; tale ϕ si dirà anche* **la curva integrale** *di (5.1)* **passante per** (t_0, x_0) *e anche* **la** *soluzione del* **problema di Cauchy**

$$\begin{cases} \dot{x} = f(t, x), \\ x(t_0) = x_0; \end{cases}$$

(iii) *se $\phi\colon J \longrightarrow \mathbb{R}^n$ è una soluzione massimale di (5.1) e $\tau_+ := \sup J < \sup I$, risp. $\tau_- := \inf J > \inf I$, allora per ogni compatto $K \subset \Omega$ esiste $\varepsilon > 0$ tale che*

$$\phi(t) \notin K, \quad \forall t \in (\tau_+ - \varepsilon, \tau_+),$$

risp.

$$\phi(t) \notin K, \quad \forall t \in (\tau_-, \tau_- + \varepsilon).$$

Dimostrazione Cominciamo col provare (i). Basta mostrare che ogni soluzione $\psi\colon I_1 \longrightarrow \mathbb{R}^n$ di (5.1) tale che I_1 è chiuso a destra, risp. a sinistra, ammette un prolungamento. Se, ad esempio, I_1 è chiuso a destra, con $\max I_1 = t_1$, usando il Teorema 5.1.3 sappiamo che c'è una soluzione $\theta\colon [t_1 - h, t_1 + h] \longrightarrow \mathbb{R}^n$ di

(5.1), $h > 0$, con $\theta(t_1) = \psi(t_1)$. Dal Lemma 5.1.5 si ha allora che ψ ammette un prolungamento.

Proviamo ora (ii). Consideriamo l'insieme $\mathcal{F}$ di tutte le soluzioni $\psi \colon J_\psi \longrightarrow \mathbb{R}^n$ di (5.1) soddisfacenti $\psi(t_0) = x_0$. Il Teorema 5.1.3 garantisce che $\mathcal{F} \neq \emptyset$. Poniamo dunque

$$J := \bigcup_{\psi \in \mathcal{F}} J_\psi .$$

Allora J è un intervallo ($t_0 \in J_\psi$ per ogni $\psi \in \mathcal{F}$) e se definiamo

$$\phi \colon J \longrightarrow \mathbb{R}^n, \quad \phi(t) = \psi(t) \text{ se } t \in J_\psi,$$

il Lemma 5.1.5 garantisce che la definizione è ben posta, che ϕ è una soluzione di (5.1) soddisfacente $\phi(t_0) = x_0$, e che essa è massimale.

Proviamo infine (iii), nel caso in cui $\tau_+ = \sup J < \sup I$ (l'altro caso è lasciato per esercizio). Ragioniamo per assurdo, supponendo che esista un compatto $K \subset \Omega$ tale che per ogni $\varepsilon > 0$ esiste $t_\varepsilon \in (\tau_+ - \varepsilon, \tau_+)$ con $\phi(t_\varepsilon) \in K$. Preso $\varepsilon = 1/k$, $k \in \mathbb{N}$, sia allora $t_k \in (\tau_+ - 1/k, \tau_+)$ una successione tale che $\phi(t_k) \in K$, per ogni $k \in \mathbb{N}$. Passando eventualmente ad una sottosuccessione di $\phi(t_k)$, possiamo supporre che $\phi(t_k) \to \bar{x} \in K$ per $k \to +\infty$. Fissiamo ora una scatola $B_{h,r}(\tau_+, \bar{x}) \subset I \times \Omega$ sulla quale siano soddisfatte le condizioni (i), (ii) del Teorema 5.1.3. Fissiamo k tale che

$$0 < \tau_+ - t_k \leq \frac{h}{2}, \quad \|\phi(t_k) - \bar{x}\| \leq \frac{r}{2}.$$

Allora la scatola $B_{h/2,r/2}(t_k, \phi(t_k)) \subset B_{h,r}(\tau_+, \bar{x})$ e quindi per il Teorema 5.1.3 esiste un'unica $\psi \colon [t_k - h/2, t_k + h/2] \longrightarrow \mathbb{R}^n$ tale che $\psi(t_k) = \phi(t_k)$ e $\|\psi(t) - \phi(t_k)\| \leq r/2$ per ogni $t \in [t_k - h/2, t_k + h/2]$. Dal Lemma 5.1.5 segue che $\phi(t) = \psi(t)$ per ogni t con $t_k \leq t < \tau_+$. Poiché $t_k + h/2 \geq \tau_+$, si ha che ψ è un prolungamento di $\phi\big|_{[t_k,\tau_+)}$, e dunque ϕ ammette un prolungamento, contro l'ipotesi.

□

Osservazione 5.1.8 In riferimento al punto (iii) del teorema precedente è opportuno osservare che può accadere che una soluzione massimale ϕ del sistema (5.1) sia definita su un intervallo $(\tau_-, \tau_+) \subsetneq I$. Questo fenomeno è chiamato **blow-up** (o **scoppiamento**) della soluzione. In particolare, se $f \colon I \times \mathbb{R}^n \longrightarrow \mathbb{R}^n$ (i.e. $\Omega = \mathbb{R}^n$), dire che $\tau_+ < \sup I$ (risp. $\tau_- > \inf I$) equivale a dire che (il lettore lo verifichi)

$$\|\phi(t)\| \to +\infty \quad \text{per} \quad t \nearrow \tau_+ \quad (\text{risp. per } t \searrow \tau_-).$$

Un esempio particolarmente semplice di presenza di blow-up si ha per la seguente equazione

$$\dot{x} = x^2 \qquad (x \in \mathbb{R}). \tag{5.9}$$

Fissati $t_0, x_0 \in \mathbb{R}$, la soluzione massimale ϕ di (5.9) tale che $\phi(t_0) = x_0$ è

$$\phi(t) = \begin{cases} 0, \quad \text{se } x_0 = 0, \text{ per ogni } t \in \mathbb{R}, \\ \dfrac{x_0}{1 - x_0(t - t_0)}, \quad \text{se } x_0 > 0, \text{ per ogni } t \in \Big(-\infty, t_0 + \dfrac{1}{x_0}\Big), \\ \dfrac{x_0}{1 - x_0(t - t_0)}, \quad \text{se } x_0 < 0, \text{ per ogni } t \in \Big(t_0 + \dfrac{1}{x_0}, +\infty\Big). \end{cases} \tag{5.10}$$

La verifica di (5.10) è ovvia, tenuto conto che se $x_0 \neq 0$ allora $\phi(t)$ non è mai nulla e

$$\int_{t_0}^{t} \frac{\dot{\phi}(s)}{\phi(s)^2} ds = t - t_0. \qquad \triangle$$

Il risultato seguente dà una condizione sufficiente che garantisce l'assenza di blow-up.

Teorema 5.1.9 *Supponiamo che in (5.1) si abbia $f: I \times \mathbb{R}^n \longrightarrow \mathbb{R}^n$ (i.e. $\Omega = \mathbb{R}^n$). Se per ogni intervallo chiuso e limitato $I' \subset I$ esistono $M_1, M_2 > 0$ tali che*

$$\|f(t, x)\| \leq M_1 + M_2\|x\|, \quad \forall t \in I', \ \forall x \in \mathbb{R}^n, \tag{5.11}$$

allora ogni soluzione massimale di (5.1) è definita su **tutto** *I.*

Nella prova useremo il seguente lemma fondamentale.

Lemma 5.1.10 (di Gronwall) *Sia $\psi \in C^1(J; \mathbb{C}^n)$, dove $J \subset \mathbb{R}$ è un intervallo. Se per qualche $\alpha \geq 0$, $\beta > 0$ si ha*

$$\|\dot{\psi}(t)\| \leq \alpha + \beta\|\psi(t)\|, \quad \forall t \in J, \tag{5.12}$$

allora

$$\|\psi(t)\| \leq \Big(\frac{\alpha}{\beta} + \|\psi(t_0)\|\Big)e^{\beta|t - t_0|}, \quad \forall t, t_0 \in J. \tag{5.13}$$

Dimostrazione (del lemma) Scritta $\psi(t) = \psi_1(t) + i\psi_2(t)$ con $\psi_j \in C^1(J; \mathbb{R}^n)$, $j = 1, 2$, e definita $\tilde{\psi}: J \longrightarrow \mathbb{R}^{2n}$, $\tilde{\psi}(t) = \begin{bmatrix} \psi_1(t) \\ \psi_2(t) \end{bmatrix}$, la (5.12) e la (5.13) per ψ sono equivalenti alle (5.12) e (5.13) per $\tilde{\psi}$, con le stesse costanti. Sarà dunque sufficiente provare il lemma nell'ipotesi $\psi \in C^1(J; \mathbb{R}^n)$.

Fissato $\gamma > 0$, consideriamo la funzione

$$J \ni t \longmapsto \theta(t) := \sqrt{\gamma + \|\psi(t)\|^2}.$$

Si ha che

$$\dot{\theta}(t) = \frac{\langle \psi(t), \dot{\psi}(t) \rangle}{\theta(t)},$$

e quindi, per la (5.12), si ha

$$|\dot{\theta}(t)| \le \frac{\alpha\|\psi(t)\| + \beta\|\psi(t)\|^2}{\theta(t)} = \beta\left(\frac{\frac{\alpha}{\beta}\|\psi(t)\|}{\theta(t)} + \frac{\|\psi(t)\|^2}{\theta(t)}\right) \le \beta\Big(\frac{\alpha}{\beta} + \theta(t)\Big).$$

Allora

$$\frac{|\dot{\theta}(t)|}{\dfrac{\alpha}{\beta} + \theta(t)} \le \beta,$$

sicché

$$-\beta \le \frac{d}{dt}\ln\Big(\frac{\alpha}{\beta} + \theta(t)\Big) \le \beta, \quad \forall t \in J.$$

Integrando,

$$-\beta|t - t_0| \le \int_{t_0}^{t}\left(\frac{d}{ds}\ln\Big(\frac{\alpha}{\beta} + \theta(s)\Big)\right)ds \le \beta|t - t_0|, \quad \forall t, t_0 \in J.$$

Dunque

$$\theta(t) \le \frac{\alpha}{\beta} + \theta(t) \le \Big(\frac{\alpha}{\beta} + \theta(t_0)\Big)e^{\beta|t-t_0|}, \quad \forall t, t_0 \in J.$$

Poiché tale disuguaglianza è vera per ogni $\gamma > 0$, passando al limite per $\gamma \to 0+$ si ha la (5.13). □

Dimostrazione (del teorema) Ragioniamo per assurdo, supponendo che il sistema (5.1) abbia una soluzione massimale $\phi\colon J \longrightarrow \mathbb{R}^n$ dove, per fissare le idee, si abbia $\tau_+ = \sup J < \sup I$. Preso allora un qualunque $t' \in J$ con $t' < \tau_+$, dalla (5.11) segue che, per certi $M_1, M_2 > 0$,

$$\|\dot{\phi}(t)\| \le M_1 + M_2\|\phi(t)\|, \quad \forall t \in [t', \tau_+),$$

e quindi dal Lemma di Gronwall si ha

$$\|\phi(t)\| \le \Big(\frac{M_1}{M_2} + \|\phi(t')\|\Big)e^{M_2(t-t')}, \quad \forall t \in [t', \tau_+),$$

sicché

$$\sup_{t\in[t',\tau_+)} \|\phi(t)\| < +\infty,$$

che contraddice l'Osservazione 5.1.8, in quanto si deve invece avere $\|\phi(t)\| \to +\infty$ per $t \nearrow \tau_+$. □

È il caso di osservare che la condizione di crescita (5.11) è certamente soddisfatta nel caso dei sistemi lineari (5.4).

Esempio 5.1.11 (Equazioni a variabili separabili) Consideriamo l'equazione

$$\dot{x}(t) = a(t)g(x),$$

con $a \in C^0(I;\mathbb{R})$, $g \in C^1(J;\mathbb{R})$, I e J intervalli aperti di $\mathbb{R}$. Supponiamo che *gli eventuali zeri di g siano isolati*. Dato $(t_0, x_0) \in I \times J$, vogliamo trovare la soluzione ϕ del problema di Cauchy

$$\begin{cases} \dot{\phi}(t) = a(t)g(\phi(t)) \\ \phi(t_0) = x_0. \end{cases} \tag{5.14}$$

Se $g(x_0) = 0$ allora $\phi(t) = x_0$ per ogni $t \in I$.

Più interessante è il caso $g(x_0) \neq 0$. Sia $J' \subset J$ il più grande intervallo aperto contenente x_0 su cui $g \neq 0$, e sia $F \in C^2(J';\mathbb{R})$ tale che $F'(x) = 1/g(x), x \in J'$. Poiché F è monotona, $F(J') = (\alpha, \beta)$, per certi α, β con $-\infty \leq \alpha < \beta \leq +\infty$, e $F\colon J' \longrightarrow (\alpha, \beta)$ è invertibile. Sia $(\tau_-, \tau_+) \subset I$ l'intervallo di esistenza della soluzione ϕ di (5.14). Poiché si ha

$$\frac{\dot{\phi}(t)}{g(\phi(t))} = a(t), \quad \forall t \in (\tau_-, \tau_+),$$

se ne deduce

$$F(\phi(t)) = F(x_0) + \int_{t_0}^{t} a(s)ds,$$

e quindi

$$\phi(t) = F^{-1}\Big(F(x_0) + \int_{t_0}^{t} a(s)ds\Big),$$

e dunque $(\tau_-, \tau_+) \subset I$ è il più grande intervallo aperto contenente t_0 per cui

$$F(x_0) + \int_{t_0}^{t} a(s)ds \in (\alpha, \beta), \quad \forall t \in (\tau_-, \tau_+).$$

In particolare, se $a(t) \equiv 1$, allora

$$(\tau_-, \tau_+) = (\alpha - F(x_0) + t_0, \beta - F(x_0) + t_0),$$

e dunque avremo blow-up se e solo se uno almeno tra α e β è in $\mathbb{R}$. △

Esempio 5.1.12 (Sistemi gradiente e sistemi hamiltoniani) Sia data $F: \Omega \subset \mathbb{R}^n \longrightarrow \mathbb{R}$ di classe C^2. Poniamo $f(t,x) := \nabla F(x)$, $t \in \mathbb{R}$, $x \in \Omega$. Il sistema autonomo (5.1) corrispondente, che scriveremo semplicemente

$$\dot{x} = \nabla F(x),$$

è detto **sistema gradiente**. Se $\phi: J \longrightarrow \mathbb{R}^n$ è la curva integrale del sistema tale che $\phi(t_0) = x_0$ ($t_0 \in J$, $x_0 \in \Omega$), si ha

$$\frac{d}{dt} F(\phi(t)) = \langle \nabla F(\phi(t)), \dot{\phi}(t) \rangle = \|\nabla F(\phi(t))\|^2 \geq 0, \quad \forall t \in J.$$

Dunque $J \ni t \longmapsto F(\phi(t)) \in \mathbb{R}$ è debolmente crescente. Se poi $\nabla F(x_0) \neq 0$, allora

$$\begin{cases} F(\phi(t)) > F(x_0), \ \forall t \in J, \ t > t_0, \\ F(\phi(t)) < F(x_0), \ \forall t \in J, \ t < t_0. \end{cases}$$

Quindi se, ad esempio, $\nabla F(x) \neq 0$ per ogni $x \in \Omega$, ne segue che $t \longmapsto F(\phi(t))$ è strettamente crescente, qualunque sia la curva integrale $t \longmapsto \phi(t)$ considerata. Una conseguenza è che ogni curva integrale è **trasversa** ad ogni superficie di livello di F che incontra: detta $S_t \subset \Omega$ l'ipersuperficie definita da $S_t = \{x \in \Omega;\ F(x) = F(\phi(t))\}$, allora $\dot{\phi}(t) \notin T_{\phi(t)} S_t$, per ogni $t \in J$.

Consideriamo ora il caso "hamiltoniano". Supponiamo data una funzione $F: \Omega \subset \mathbb{R}^n_y \times \mathbb{R}^n_\eta \longrightarrow \mathbb{R}$ di classe C^2. Poniamo

$$f(t, x = (y, \eta)) := \begin{bmatrix} \nabla_\eta F(y,\eta) \\ -\nabla_y F(y,\eta) \end{bmatrix}, \quad t \in \mathbb{R}, \ (y,\eta) \in \Omega.$$

Il sistema autonomo (5.1) corrispondente, che scriveremo semplicemente

$$\dot{x} = H_F(x),$$

dove $x = \begin{bmatrix} y \\ \eta \end{bmatrix}$, $\dot{x} = \begin{bmatrix} \dot{y} \\ \dot{\eta} \end{bmatrix}$ e $H_F = \begin{bmatrix} \nabla_\eta F \\ -\nabla_y F \end{bmatrix}$, è detto **sistema hamiltoniano**. Il campo H_F è detto il **campo hamiltoniano di** F. Contrariamente al caso dei sistemi gradiente, per i sistemi hamiltoniani si ha che se $J \ni t \longmapsto \phi(t) = \begin{bmatrix} y(t) \\ \eta(t) \end{bmatrix}$ è una curva integrale di (5.1), allora

$$\frac{d}{dt}F(\phi(t)) = \frac{d}{dt}F(y(t),\eta(t)) = \langle \nabla_y F(\phi(t)), \dot{y}(t)\rangle + \langle \nabla_\eta F(\phi(t)), \dot{\eta}(t)\rangle = 0,$$

per ogni $t \in J$.

Dunque ogni curva integrale del sistema è contenuta in un insieme di livello di F. Una conseguenza importante è che se per qualche $c \in \mathbb{R}$ l'insieme di livello $\emptyset \neq F^{-1}(c) \subset \Omega$ è un compatto di Ω, allora se una curva integrale è contenuta in $F^{-1}(c)$, essa è definita per **tutti** i $t \in \mathbb{R}$, come conseguenza del Teorema 5.1.7. Notiamo che se F è **propria**, poiché allora tutti gli insiemi di livello di F sono compatti, ogni curva integrale è definita per tutti i tempi. △

Osservazione 5.1.13 Finora abbiamo trattato il caso di un sistema differenziale del primo ordine (5.1). È ben noto che equazioni (o sistemi) differenziali d'ordine superiore possono essere "ricondotti" a sistemi del prim'ordine. Si consideri ad esempio l'equazione differenziale d'ordine m ($m \geq 2$)

$$y^{(m)} = F(t, y, y^{(1)}, \dots, y^{(m-1)}), \tag{5.15}$$

dove $F \in C^0(I \times \Omega; \mathbb{R})$, con $I \subset \mathbb{R}$ intervallo aperto e $\Omega \subset \mathbb{R}^m$ aperto. Per soluzione di (5.15) s'intende una funzione $\phi \colon J \longrightarrow \mathbb{R}$, $J \subset I$ intervallo non banale, derivabile m volte su J tale che $(\phi(t), \phi^{(1)}(t), \dots, \phi^{(m-1)}(t)) \in \Omega$ per ogni $t \in J$ e

$$\phi^{(m)}(t) = F(t, \phi(t), \phi^{(1)}(t), \dots, \phi^{(m-1)}(t)), \quad \forall t \in J. \tag{5.16}$$

Se poniamo

$$\begin{cases} x_1 = y \\ x_2 = y^{(1)} \\ \vdots \\ x_m = y^{(m-1)} \end{cases} \quad \text{e} \quad f(t, x_1, \dots, x_m) = \begin{bmatrix} x_2 \\ x_3 \\ \vdots \\ x_m \\ F(t, x_1, \dots, x_m) \end{bmatrix}, \tag{5.17}$$

è immediato riconoscere che se $\phi \colon J \longrightarrow \mathbb{R}$ è soluzione di (5.15) allora $\psi \colon J \longrightarrow \mathbb{R}^m$, definita da

$$\psi(t) = \begin{bmatrix} \phi(t) \\ \phi^{(1)}(t) \\ \vdots \\ \phi^{(m-1)}(t) \end{bmatrix}, \quad t \in J, \tag{5.18}$$

è soluzione di $\dot{x} = f(t, x)$, con f definita in (5.17). E viceversa se $\psi \colon J \longrightarrow \mathbb{R}^m$ è soluzione di $\dot{x} = f(t, x)$, allora $\phi = \psi_1$ è soluzione di (5.15). Si noti che se

$F \in C^0(I \times \Omega; \mathbb{R})$, allora $f \in C^0(I \times \Omega; \mathbb{R}^m)$ e che la locale lipschitzianità (5.3) di f è garantita se si suppone (come faremo sempre d'ora innanzi) che per ogni $(\bar{t}, \bar{x}) \in I \times \Omega$ esistono $h, r, L > 0$ tali che la scatola $B_{h,r}(\bar{t}, \bar{x}) \subset I \times \Omega$ e

$$|F(t, x') - F(t, x'')| \leq L\|x' - x''\|, \quad \forall (t, x'), (t, x'') \in B_{h,r}(\bar{t}, \bar{x}). \tag{5.19}$$

Lasciamo al lettore dimostrare come, più in generale, un sistema di ordine m dato da k equazioni ($k \geq 2$) di tipo (5.15) possa essere ricondotto ad un sistema del prim'ordine di mk equazioni. Lasciamo infine al lettore la cura di formulare gli analoghi dei Teoremi 5.1.7 e 5.1.9 nel caso di equazioni (o sistemi) di ordine m. △

5.2 Dipendenza dai dati iniziali e sue conseguenze

C'è ora una questione importante da studiare: la dipendenza da t e da x_0 della soluzione del problema di Cauchy $\dot{x} = f(t, x)$, $x(t_0) = x_0$.

Cominciamo con lo studiare il caso **autonomo** $\dot{x} = f(x)$, con $f: \Omega \subset \mathbb{R}^n \longrightarrow \mathbb{R}^n$. D'ora innanzi la soluzione del problema di Cauchy $\dot{x} = f(x)$, $x(0) = y \in \Omega$ verrà indicata con $\phi(t; y)$, dove $t \in I(y) = (\tau_-(y), \tau_+(y))$, l'intervallo **massimale** di esistenza della soluzione, con $-\infty \leq \tau_-(y) < 0 < \tau_+(y) \leq +\infty$. Poniamo

$$\mathcal{U} := \{(t, y) \in \mathbb{R} \times \Omega;\ t \in I(y)\}, \tag{5.20}$$

e definiamo la mappa $\Phi: \mathcal{U} \longrightarrow \Omega$, detta la **mappa di flusso**,

$$\Phi^t(y) := \Phi(t, y) := \phi(t; y). \tag{5.21}$$

Ovviamente si ha che $\{0\} \times \Omega \subset \mathcal{U}$.

Il problema che si vuole studiare è dunque quello della regolarità di Φ in dipendenza dalla regolarità di f.

Diremo che per $k = 0, 1, 2, \ldots$, la mappa $f \in C^{k,1}(\Omega; \mathbb{R}^n)$ se $f \in C^k(\Omega; \mathbb{R}^n)$ e per ogni $\alpha \in \mathbb{Z}^n_+$ con $|\alpha| = k$ e per ogni disco chiuso $\overline{D_r}$ di raggio r contenuto in Ω, esiste una costante $C > 0$ tale che

$$\|(\partial^\alpha_x f)(x') - (\partial^\alpha_x f)(x'')\| \leq C\,\|x' - x''\|, \quad \forall x', x'' \in \overline{D_r}.$$

Qui $\partial^\alpha_x f = \begin{bmatrix} \partial^\alpha_x f_1 \\ \vdots \\ \partial^\alpha_x f_n \end{bmatrix}$. Si osservi che se $f \in C^{k+1}(\Omega; \mathbb{R}^n)$ allora è anche $f \in C^{k,1}(\Omega; \mathbb{R}^n)$, e quindi che $f \in C^\infty(\Omega; \mathbb{R}^n)$ se e solo se $f \in C^{k,1}(\Omega; \mathbb{R}^n)$ per ogni $k \geq 0$.

Vale il teorema seguente.

Teorema 5.2.1 *Se $f \in C^{k,1}(\Omega;\mathbb{R}^n)$ allora*

(i) $\mathcal{U}$ *è un aperto di* $\mathbb{R} \times \Omega$*;*
(ii) $\Phi \in C^k(\mathcal{U};\mathbb{R}^n)$*;*
(iii) $\partial\Phi/\partial t \in C^k(\mathcal{U};\mathbb{R}^n)$.

Sfortunatamente la prova di questo teorema è tutt'altro che banale, e sarà ottenuta come conseguenza di una serie di lemmi.

Osserviamo però che (iii) è una conseguenza immediata di (i) e (ii) in quanto $\partial\Phi/\partial t(t,x) = f(\Phi(t,x))$ per ogni $(t,x) \in \mathcal{U}$. Basterà dunque provare (i) e (ii).

Il primo passo, fondamentale, consiste nel provare che se Φ è C^k in un intorno di $\{0\} \times \Omega$, allora $\mathcal{U}$ è aperto e Φ è C^k su $\mathcal{U}$ (in altre parole, dalla regolarità locale di Φ per t vicino a 0 si ottiene la regolarità globale di Φ).

Lemma 5.2.2 *Supponiamo che per ogni $y \in \Omega$ esistano $h, r > 0$ tali che $(-h,h)\times D_r(y) \subset \mathcal{U}$ e $\Phi \in C^k((-h,h)\times D_r(y);\mathbb{R}^n)$. Allora $\mathcal{U}$ è aperto e $\Phi \in C^k(\mathcal{U};\mathbb{R}^n)$.*

Dimostrazione Cominciamo col provare che la mappa di flusso ha la seguente proprietà di "gruppo". Precisamente, per ogni $y \in \Omega$ e per ogni $s \in I(y)$

(a) $I(\Phi^s(y)) = I(y) - s = (\tau_-(y) - s, \tau_+(y) - s)$;
(b) per ogni $t \in I(\Phi^s(y))$

$$\Phi^t(\Phi^s(y)) = \Phi^{t+s}(y).$$

Definiamo $\theta(t) := \Phi^{t+s}(y) = \phi(t+s;y)$, $t \in I(y) - s$. Si ha $\frac{d}{dt}\theta(t) = \dot\phi(t+s;y) = f(\phi(t+s;y)) = f(\theta(t))$ e $\theta(0) = \Phi^s(y) = \phi(s;y)$. Dunque, per unicità, $I(y) - s \subset I(\Phi^s(y))$. Se fosse $\tau_+(y) - s < \tau_+(\Phi^s(y))$ (che è possibile solo se $\tau_+(y) < +\infty$), poiché $\phi(t+s;y) = \phi(t;\Phi^s(y))$ per $0 < t < \tau_+(y) - s$, e poiché $\phi(t;\Phi^s(y))$ è allora sicuramente definita per $t = \tau_+(y) - s$, ne verrebbe che $\phi(t+s;y)$ ha un limite finito per $t + s \nearrow \tau_+(y)$, il che è impossibile per il Teorema 5.1.7. Dunque $\tau_+(\Phi^s(y)) = \tau_+(y) - s$. In modo analogo si vede che $\tau_-(\Phi^s(y)) = \tau_-(y) - s$, il che conclude la prova di (a) e (b).

Il punto successivo da provare è il seguente. Fissato ad arbitrio $y_0 \in \Omega$ si consideri l'insieme E dei numeri $b \in (0, \tau_+(y))$ tali che per ogni $\bar t \in [0,b)$ ci sono un intervallo aperto J contenente $\bar t$ e un intorno aperto $U \subset \Omega$ di y_0 tali che $J \times U \subset \mathcal{U}$ e $\Phi \in C^k(J \times U;\mathbb{R}^n)$. Si noti che per ipotesi $E \neq \emptyset$. Proveremo che $\sup E = \tau_+(y_0)$. In modo analogo si considera l'insieme E' dei numeri $b \in (\tau_-(y), 0)$ tali che per ogni $\bar t \in (b,0]$ ci sono un intervallo aperto J contenente $\bar t$ e un intorno aperto $U \subset \Omega$ di y_0 tali che $J \times U \subset \mathcal{U}$ e $\Phi \in C^k(J \times U;\mathbb{R}^n)$. Si noti ancora che $E' \neq \emptyset$. Come nel caso di E si vede che $\inf E' = \tau_-(y_0)$. Provato questo, per l'arbitrarietà di y_0 ne verrà che $\mathcal{U}$ è aperto e $\Phi \in C^k(\mathcal{U};\mathbb{R}^n)$.

Proviamo allora che $\sup E = \tau_+(y_0)$, lasciando al lettore la prova che $\inf E' = \tau_-(y_0)$. Ragioniamo per assurdo, supponendo che sia $\sup E =: T < \tau_+(y_0)$. Sia

$y_1 = \Phi^T(y_0) \in \Omega$. Per ipotesi esiste $a > 0$ tale che $(-a, a) \times D_a(y_1) \subset \mathcal{U}$ e $\Phi \in C^k((-a, a) \times D_a(y_1); \mathbb{R}^n)$. Si fissi ora $0 < \delta < \min\{a, T\}$, in modo tale che per $t \in (T - \delta, T)$ si abbia $\Phi^t(y_0) \in D_{a/4}(y_1)$. Preso ora $t_1 \in (T - \delta, T)$, per definizione di E esistono un intervallo aperto J_1 contenente t_1 e un intorno aperto $U_1 \subset \Omega$ di y_0 tali che $J_1 \times U_1 \subset \mathcal{U}$, $\Phi \in C^k(J_1 \times U_1; \mathbb{R}^n)$ e $\Phi(J_1 \times U_1) \subset D_{a/2}(y_1)$. In particolare ne segue che la mappa $U_1 \ni y \longmapsto \Phi^{t_1}(y) \in D_{a/2}(y_1)$ è di classe C^k. D'altra parte, per ipotesi, la mappa $(-a, a) \times D_a(y_1) \ni (s, z) \longmapsto \Phi^s(z)$ è pure di classe C^k. Dunque per composizione la mappa $(-a, a) \times U_1 \ni (s, y) \longmapsto \Phi^s(\Phi^{t_1}(y))$ è di classe C^k. Ma allora anche la mappa $(t_1 - a, t_1 + a) \times U_1 \ni (t, y) \longmapsto \Phi^{t-t_1}(\Phi^{t_1}(y)) = \Phi^t(y)$ è di classe C^k. Poiché, per la scelta di δ, è $t_1 + a > T$, si ha dunque che non può essere $\sup E < \tau_+(y_0)$. Ciò conclude la prova del lemma. □

Si tratta ora di provare la regolarità locale di Φ a partire dalla regolarità di f. Cominciamo col provare la continuità.

Lemma 5.2.3 *Se $f \in C^{0,1}(\Omega; \mathbb{R}^n)$ allora $\mathcal{U}$ è aperto e $\Phi \in C^0(\mathcal{U}; \mathbb{R}^n)$ (e quindi anche $\partial\Phi/\partial t \in C^0(\mathcal{U}; \mathbb{R}^n)$).*

Dimostrazione Si fissi un arbitrario $y_0 \in \Omega$, e sia $r > 0$ tale che $\overline{D_{3r}(y_0)} \subset \Omega$. Poniamo

$$M := \max_{x \in \overline{D_{3r}(y_0)}} \|f(x)\|, \quad L := \sup_{\substack{x' \neq x'' \\ x', x'' \in \overline{D_{3r}(y_0)}}} \frac{\|f(x') - f(x'')\|}{\|x' - x''\|}.$$

Fissiamo poi $h > 0$ tale che $Mh \leq r$ e $Lh < 1$, e consideriamo

$$E := \{\psi : [-h, h] \times \overline{D_r(y_0)} \longrightarrow \overline{D_{2r}(y_0)};\ \psi \text{ continua}\},$$

munito della distanza

$$d(\alpha, \beta) := \max_{\substack{|t| \leq h \\ y \in \overline{D_r(y_0)}}} \|\alpha(t, y) - \beta(t, y)\|, \quad \alpha, \beta \in E.$$

È immediato riconoscere che (E, d) è uno spazio metrico completo. Si consideri l'operatore

$$(T\psi)(t, y) := y + \int_0^t f(\psi(s, y))ds, \quad \psi \in E \ (\text{dunque } |t| \leq h \text{ e } y \in \overline{D_r(y_0)}).$$

Le proprietà seguenti sono di verifica immediata:

- $T : E \longrightarrow E$;
- $d(T\alpha, T\beta) \leq Lh\, d(\alpha, \beta)$, $\forall \alpha, \beta \in E$.

Dal teorema del punto fisso segue che esiste un'unica $\psi \in E$ tale che

$$\psi(t, y) = y + \int_0^t f(\psi(s, y))ds. \tag{5.22}$$

Poiché $\frac{\partial \psi}{\partial t}(t, y) = f(\psi(t, y))$ e $\psi(0, y) = y$, ne segue che $[-h, h] \times \overline{D_r(y_0)} \subset \mathcal{U}$ e $\Phi^t(y) = \psi(t, y)$ per $|t| \leq h$ e $y \in \overline{D_r(y_0)}$. Sicché $\Phi \in C^0([-h, h] \times \overline{D_r(y_0)}; \mathbb{R}^n)$, e quindi dal Lemma 5.2.2, $\mathcal{U}$ è aperto e $\Phi \in C^0(\mathcal{U}; \mathbb{R}^n)$. Ciò prova il lemma. □

È importante notare che

$$\begin{aligned}\|\psi(t, y') - \psi(t, y'')\| &\leq \|y' - y''\| + \left\| \int_0^t \Big(f(\psi(s, y')) - f(\psi(s, y'')) \Big) ds \right\| \leq \\ &\leq \|y' - y''\| + Lh \max_{|s| \leq h} \|\psi(s, y') - \psi(s, y'')\|,\end{aligned}$$

e quindi

$$\max_{|t| \leq h} \|\psi(t, y') - \psi(t, y'')\| \leq \frac{1}{1 - Lh} \|y' - y''\|, \quad \forall y', y'' \in \overline{D_r(y_0)}. \tag{5.23}$$

Incrementiamo ora la regolarità.

Lemma 5.2.4 *Se $f \in C^{1,1}(\Omega; \mathbb{R}^n)$ allora $\Phi \in C^1(\mathcal{U}; \mathbb{R}^n)$ (e quindi anche $\partial \Phi / \partial t \in C^1(\mathcal{U}; \mathbb{R}^n)$).*

Dimostrazione Dal lemma precedente sappiamo già che per $|t| \leq h$ e $y \in \overline{D_r(y_0)}$ si ha $\Phi^t(y) \in \overline{D_{2r}(y_0)}$, e

$$\Phi^t(y) = y + \int_0^t f(\Phi^s(y))ds. \tag{5.24}$$

Derivando **formalmente** la (5.24) rispetto ad y_j, $1 \leq j \leq n$, si ottiene l'equazione

$$\frac{\partial}{\partial y_j} \Phi^t(y) = e_j + \int_0^t f'(\Phi^s(y)) \frac{\partial}{\partial y_j} \Phi^s(y) ds,$$

dove $f'(x)$ è la matrice jacobiana di f in x. L'identità precedente suggerisce di considerare lo spazio vettoriale

$$V_h := \{\theta : [-h, h] \times \overline{D_r(y_0)} \longrightarrow \mathbb{R}^n; \quad \theta \text{ continua}\}$$

con la norma $\|\theta\| := \max\limits_{\substack{|t|\leq h \\ y\in\overline{D_r(y_0)}}} \|\theta(t,y)\|$, e di definire su V_h l'operatore lineare

$$(S\theta)(t,y) := \int_0^t f'(\Phi^s(y))\theta(s,y)ds, \quad |t|\leq h, \ y\in\overline{D_r(y_0)}. \tag{5.25}$$

Posto $M_1 := \max\limits_{x\in\overline{D_{3r}(y_0)}} \|f'(x)\|$, si ha immediatamente che

$$\|S\theta\| \leq M_1 h\|\theta\|, \quad \forall\theta\in V_h.$$

Scelto allora $h_1\in(0,h]$, con $M_1h_1<1$, ne segue che l'operatore lineare $S\colon V_{h_1}\longrightarrow V_{h_1}$ ha norma $\leq M_1h_1<1$, e quindi per ogni j fissato, $1\leq j\leq n$, esiste ed è unica $\theta_j\in V_{h_1}$ tale che $\theta_j - S\theta_j = e_j$, i.e.

$$\theta_j(t,y) = e_j + \int_0^t f'(\Phi^s(y))\theta_j(s,y)ds, \ |t|\leq h_1, \ y\in\overline{D_r(y_0)}. \tag{5.26}$$

Poiché $\|\theta_j\|\leq 1 + M_1h_1\|\theta_j\|$, ne segue

$$\|\theta_j\|\leq\frac{1}{1-M_1h_1}.$$

Di più, posto

$$L_1 = \sup_{\substack{x'\neq x'' \\ x',x''\in\overline{D_{3r}(y_0)}}} \frac{\|f'(x')-f'(x'')\|}{\|x'-x''\|},$$

poiché per $|t|\leq h_1$ e $y', y''\in\overline{D_r(y_0)}$

$$\begin{aligned}\theta_j(t,y')-\theta_j(t,y'') &= \int_0^t \Big(f'(\Phi^s(y'))\theta_j(s,y') - f'(\Phi^s(y''))\theta_j(s,y'')\Big)ds = \\ &= \int_0^t \Big(f'(\Phi^s(y')) - f'(\Phi^s(y''))\Big)\theta_j(s,y')ds + \\ &\quad + \int_0^t f'(\Phi^s(y''))\Big(\theta_j(s,y')-\theta_j(s,y'')\Big)ds,\end{aligned}$$

si ha

$$\begin{aligned}&\|\theta_j(t,y')-\theta_j(t,y'')\|\leq \\ &\leq L_1h_1\max_{|s|\leq h_1}\|\Phi^s(y')-\Phi^s(y'')\|\,\|\theta_j\| + M_1h_1\max_{|s|\leq h_1}\|\theta_j(s,y')-\theta_j(s,y'')\|.\end{aligned}$$

Utilizzando la (5.23) e tenendo conto del fatto che $\|\theta_j\| \le 1/(1-M_1 h_1)$, si conclude che

$$\max_{|t|\le h_1} \|\theta_j(t,y') - \theta_j(t,y'')\| \le C\,\|y'-y''\|, \tag{5.27}$$

dove

$$C = \frac{1}{(1-M_1h_1)^2}\,\frac{L_1 h_1}{1-Lh} > 0.$$

Occorre ora provare che $\Phi^t(y)$ ammette derivata parziale rispetto ad y_j, e che $\partial\Phi^t(y)/\partial y_j = \theta_j(t,y)$. A tal fine fissiamo $r_1 \in (0,r)$ e, per $y \in \overline{D_{r_1}(y_0)}$ e $\lambda \in \mathbb{R}$ con $0 < |\lambda| \le r - r_1$ e $|t| \le h_1$, consideriamo i rapporti incrementali

$$g_\lambda(t,y) := \frac{\Phi^t(y+\lambda e_j) - \Phi^t(y)}{\lambda}.$$

Da (5.23) si ha

$$\|g_\lambda(t,y)\| \le \frac{1}{1-Lh}. \tag{5.28}$$

Dalla (5.24) si ha

$$\begin{aligned} g_\lambda(t,y) &= e_j + \int_0^t \frac{f(\Phi^s(y+\lambda e_j)) - f(\Phi^s(y))}{\lambda}ds = \\ &= e_j + \int_0^t \frac{f(\Phi^s(y) + \lambda g_\lambda(s,y)) - f(\Phi^s(y))}{\lambda}ds. \end{aligned}$$

Ora, $\Phi^s(y) \in \overline{D_{2r}(y_0)}$ e da (5.28), se $0 < |\lambda| \le r(1-Lh)$, si ha anche che vale $\|\lambda g_\lambda(s,y)\| \le r$. D'altra parte se $\|z - y_0\| \le 2r$ e $\|v\| \le r$, allora, per il teorema del valor medio,

$$f(z+v) - f(z) = \Big(\int_0^1 f'(z+\tau v)d\tau\Big)v. \tag{5.29}$$

Dunque, con la scelta di λ sopra indicata, ed usando la (5.29), si ha

$$g_\lambda(t,y) = e_j + \int_0^t H(s,y;\lambda)g_\lambda(s,y)ds, \tag{5.30}$$

dove

$$H(s,y;\lambda) := \int_0^1 f'(\Phi^s(y) + \tau\lambda g_\lambda(s,y))d\tau. \tag{5.31}$$

Da (5.26) e (5.31) segue che per $|t| \le h_1$ e $y \in \overline{D_{r_1}(y_0)}$

$$\begin{aligned} g_\lambda(t,y) - \theta_j(t,y) &= \int_0^t H(s,y;\lambda) g_\lambda(s,y)ds - \int_0^t f'(\Phi^s(y))\theta_j(s,y)ds = \\ &= \int_0^t H(s,y;\lambda)\Big(g_\lambda(s,y) - \theta_j(s,y)\Big)ds + \\ &+ \int_0^t \Big(H(s,y;\lambda) - f'(\Phi^s(y))\Big)\theta_j(s,y)ds. \end{aligned}$$

Ora

$$\begin{aligned} &\|g_\lambda(t,y) - \theta_j(t,y)\| \le \\ &\le M_1 h_1 \max_{|s|\le h_1} \|g_\lambda(s,y) - \theta_j(s,y)\| + h_1\|\theta_j\| \sup_{|s|\le h_1} \|H(s,y;\lambda) - f'(\Phi^s(y))\|. \end{aligned}$$

Dalla (5.28) e (5.31), per la lipschitzianità di f', si ha

$$\sup_{|s|\le h_1} \|H(s,y;\lambda) - f'(\Phi^s(y))\| \le \frac{L_1}{1-Lh}|\lambda|.$$

Dunque

$$\max_{\substack{|t|\le h_1 \\ y\in\overline{D_{r_1}(y_0)}}} \|g_\lambda(t,y) - \theta_j(t,y)\| \le C'|\lambda|,$$

con

$$C' = \frac{1}{(1-M_1h_1)^2}\frac{L_1h_1}{1-Lh} > 0.$$

In conclusione $g_\lambda \to \theta_j$ per $\lambda \to 0$ **uniformemente** su $[-h_1, h_1] \times \overline{D_{r_1}(y_0)}$. Possiamo dunque concludere che $\frac{\partial}{\partial y_j}\Phi^t(y)$ esiste ed è continua per $|t| \le h_1$ e $y \in \overline{D_{r_1}(y_0)}$, con

$$\frac{\partial}{\partial y_j}\Phi^t(y) = e_j + \int_0^t f'(\Phi^s(y))\frac{\partial}{\partial y_j}\Phi^s(y)ds, \quad 1 \le j \le n.$$

Poiché da (5.24) si ha

$$\frac{\partial}{\partial t}\Phi^t(y) = f(\Phi^t(y)),$$

ne segue dunque che $\Phi \in C^1([-h_1, h_1] \times \overline{D_{r_1}(y_0)}; \mathbb{R}^n)$. Di nuovo, per il Lemma 5.2.2, si ha allora che $\Phi \in C^1(\mathcal{U}; \mathbb{R}^n)$. □

Procedendo, ci si aspetta dunque di provare che da $f \in C^{2,1}(\Omega; \mathbb{R}^n)$ segua $\Phi \in C^2(\mathcal{U}; \mathbb{R}^n)$. Osserviamo che per il **solo** fatto che $f \in C^{1,1}(\Omega; \mathbb{R}^n)$ si ha che $\partial\Phi/\partial t \in C^1(\mathcal{U}; \mathbb{R}^n)$. Abbiamo quindi, intanto, le relazioni

$$\frac{\partial^2\Phi}{\partial t^2} = f'(\Phi(t, y))\frac{\partial\Phi}{\partial t}, \quad \frac{\partial^2\Phi}{\partial y_j \partial t} = f'(\Phi(t, y))\frac{\partial\Phi}{\partial y_j}, \quad (t, y) \in \mathcal{U}, \ 1 \le j \le n.$$

D'altra parte, sempre nella sola ipotesi che $f \in C^{1,1}(\Omega; \mathbb{R}^n)$, si è provato nel lemma precedente che

$$\frac{\partial\Phi}{\partial y_j}(t, y) = e_j + \int_0^t f'(\Phi(s, y))\frac{\partial\Phi}{\partial y_j}(s, y)ds, \quad 1 \le j \le n, \tag{5.32}$$

almeno per $|t| \le h_1$, $y \in \overline{D_{r_1}(y_0)}$. Dunque si ha anche

$$\frac{\partial^2\Phi}{\partial t \partial y_j}(t, y) = f'(\Phi(t, y))\frac{\partial\Phi}{\partial y_j}(t, y), \quad |t| \le h_1, y \in \overline{D_{r_1}(y_0)}.$$

A questo punto, se l'ipotesi $f \in C^{2,1}(\Omega; \mathbb{R}^n)$ ci consente di provare che le derivate parziali seconde $\partial^2\Phi/\partial y_\ell \partial y_j$ esistono e sono continue almeno per $|t| \le h_2$ e $y \in \overline{D_{r_2}(y_0)}$, per certi $h_2 \in (0, h_1]$, $r_2 \in (0, r_1]$, ne seguirà allora che $\Phi \in C^2([-h_2, h_2] \times \overline{D_{r_2}(y_0)}; \mathbb{R}^n)$, sicché, ancora per il Lemma 5.2.2, potremo concludere che $\Phi \in C^2(\mathcal{U}; \mathbb{R}^n)$ (e quindi anche che $\partial\Phi/\partial t \in C^2(\mathcal{U}; \mathbb{R}^n)$). Dunque il punto fondamentale consiste nel provare l'esistenza e continuità delle $\partial^2\Phi/\partial y_\ell \partial y_j$. Ora, derivando formalmente la (5.32) si ha

$$\frac{\partial^2\Phi}{\partial y_\ell \partial y_j}(t, y) = \int_0^t f'(\Phi(s, y))\frac{\partial^2\Phi}{\partial y_\ell \partial y_j}(s, y)ds + \\ + \int_0^t f''\Big(\Phi(s, y); \frac{\partial\Phi}{\partial y_j}(s, y), \frac{\partial\Phi}{\partial y_\ell}(s, y)\Big)ds, \tag{5.33}$$

dove, per $x \in \Omega$, $v, w \in \mathbb{R}^n$, abbiamo usato la notazione

$$f''(x; v, w) := \begin{bmatrix} \langle \text{Hess } f_1(x)v, w\rangle \\ \vdots \\ \langle \text{Hess } f_n(x)v, w\rangle \end{bmatrix}.$$

A questo punto, invece di procedere come nel lemma precedente mostrando che i rapporti incrementali di $\partial\Phi/\partial y_j$ nella direzione e_ℓ convergono uniformemente alla soluzione dell'equazione integrale (5.33), è conveniente stabilire un lemma generale che consenta di effettuare il passo induttivo.

Lemma 5.2.5 *Per $a > 0$ e per un disco chiuso $\overline{D_\rho} \subset \mathbb{R}^n$ di raggio $\rho > 0$, siano date*

$$H \in C^0([-a,a] \times \overline{D_\rho}; \mathrm{M}(n;\mathbb{R})), \quad K \in C^0([-a,a] \times \overline{D_\rho}; \mathbb{R}^n),$$

tali che per un certo $C > 0$ si abbia

$$\max_{|t|\le a} \|H(t,y') - H(t,y'')\| + \max_{|t|\le a} \|K(t,y') - K(t,y'')\| \le C\|y' - y''\|,$$
$$\forall y', y'' \in \overline{D_\rho}.$$

Supponiamo inoltre che per $j = 1,\dots,n$, si abbia

$$\frac{\partial H}{\partial y_j} \in C^0([-a,a] \times D_\rho; \mathrm{M}(n;\mathbb{R})), \quad \frac{\partial K}{\partial y_j} \in C^0([-a,a] \times D_\rho; \mathbb{R}^n),$$

e che per ogni $\rho' \in (0,\rho)$ esista $C' > 0$ per cui si abbia

$$\max_{|t|\le a} \left\| \frac{\partial H}{\partial y_j}(t,y') - \frac{\partial H}{\partial y_j}(t,y'') \right\| + \max_{|t|\le a} \left\| \frac{\partial K}{\partial y_j}(t,y') - \frac{\partial K}{\partial y_j}(t,y'') \right\| \le C'\|y' - y''\|,$$

per ogni $y', y'' \in \overline{D_{\rho'}}$, $1 \le j \le n$. Supponiamo poi data $\theta \in C^0([-a,a] \times \overline{D_\rho}; \mathbb{R}^n)$ tale che

(i) esiste $C'' > 0$ per cui

$$\max_{|t|\le a} \|\theta(t,y') - \theta(t,y'')\| \le C''\|y' - y''\|, \ \forall y', y'' \in \overline{D_\rho};$$

(ii) per $|t| \le a$ e $y \in \overline{D_\rho}$ e per un fissato $v \in \mathbb{R}^n$

$$\theta(t,y) = v + \int_0^t H(s,y)\theta(s,y)ds + \int_0^t K(s,y)ds.$$

Allora esiste $a' \in (0,a]$ per cui le derivate parziali $\partial\theta/\partial y_j \in C^0([-a',a'] \times D_\rho; \mathbb{R}^n)$, $1 \le j \le n$, soddisfano l'equazione integrale

$$\frac{\partial \theta}{\partial y_j}(t,y) = \int_0^t H(s,y)\frac{\partial \theta}{\partial y_j}(s,y)ds + \int_0^t \Big(\frac{\partial K}{\partial y_j}(s,y) + \frac{\partial H}{\partial y_j}(s,y)\theta(s,y)\Big)ds,$$

per $|t| \le a'$, $y \in D_\rho$, e per ogni $\rho' \in (0,\rho)$ si ha che per $C''' > 0$ vale

$$\max_{|t|\le a'} \left\| \frac{\partial \theta}{\partial y_j}(t,y') - \frac{\partial \theta}{\partial y_j}(t,y'') \right\| \le C'''\|y' - y''\|, \quad \forall y', y'' \in \overline{D_{\rho'}}, \ 1 \le j \le n.$$

Dimostrazione Si fissi $a' \in (0, a]$ in modo tale che

$$a' \max_{\substack{|t| \le a \\ y \in \overline{D_\rho}}} \|H(t, y)\| < 1.$$

Per ogni $\rho' \in (0, \rho)$ fissato si consideri lo spazio vettoriale

$$X := C^0([-a', a'] \times \overline{D_{\rho'}}; \mathbb{R}^n)$$

munito della norma uniforme. L'operatore lineare

$$L: X \longrightarrow X, \qquad (L\psi)(t, y) := \int_0^t H(s, y)\psi(s, y)ds,$$

ha, per costruzione, norma < 1 e quindi $\mathrm{id}_X - L$ è **invertibile**. Poiché

$$(t, y) \longmapsto \int_0^t \Big(\frac{\partial K}{\partial y_j}(s, y) + \frac{\partial H}{\partial y_j}(s, y)\theta(s, y)\Big)ds \in X,$$

esiste quindi un'unica $\psi_j \in X$ tale che

$$\psi_j(t, y) = \int_0^t H(s, y)\psi_j(s, y)ds + \int_0^t \Big(\frac{\partial K}{\partial y_j}(s, y) + \frac{\partial H}{\partial y_j}(s, y)\theta(s, y)\Big)ds.$$

Lasciamo al lettore verificare che esiste $C''' > 0$ per cui

$$\max_{|t| \le a'} \|\psi_j(t, y') - \psi_j(t, y'')\| \le C'''\|y' - y''\|, \quad \forall y', y'' \in \overline{D_{\rho'}}.$$

Consideriamo i rapporti incrementali

$$g_\lambda(t, y) := \frac{\theta(t, y + \lambda e_j) - \theta(t, y)}{\lambda}, \ |t| \le a', \ y \in \overline{D_{\rho'}}, \ 0 < |\lambda| \le (\rho - \rho')/2.$$

Osserviamo subito che

$$\sup_{\substack{|t| \le a' \\ y \in \overline{D_{\rho'}} \\ 0 < |\lambda| \le (\rho - \rho')/2}} \|g_\lambda(t, y)\| =: m < +\infty,$$

e che g_λ verifica l'equazione

$$g_\lambda(t,y) = \int_0^t \frac{H(s,y+\lambda e_j)\theta(s,y+\lambda e_j) - H(s,y)\theta(s,y)}{\lambda} ds + \\ + \int_0^t \frac{K(s,y+\lambda e_j) - K(s,y)}{\lambda} ds = \\ = \int_0^t H(s,y+\lambda e_j) g_\lambda(s,y) ds + \\ + \int_0^t \Big(\frac{K(s,y+\lambda e_j) - K(s,y)}{\lambda} + \frac{H(s,y+\lambda e_j) - H(s,y)}{\lambda} \theta(s,y) \Big) ds.$$

Dunque si ha

$$g_\lambda(t,y) - \psi_j(t,y) = \underbrace{\int_0^t \Big(H(s,y+\lambda e_j) g_\lambda(s,y) - H(s,y)\psi_j(s,y) \Big) ds}_{=J} + \\ + \int_0^t \Big[\Big(\frac{K(s,y+\lambda e_j) - K(s,y)}{\lambda} - \frac{\partial K}{\partial y_j}(s,y) \Big) + \\ + \Big(\frac{K(s,y+\lambda e_j) - K(s,y)}{\lambda} - \frac{\partial K}{\partial y_j}(s,y) \Big) \theta(s,y) \Big] ds.$$

D'altra parte

$$J = \int_0^t H(s,y+\lambda e_j) \big(g_\lambda(s,y) - \psi_j(s,y) \big) ds + \\ + \int_0^t \big(H(s,y+\lambda e_j) - H(s,y) \big) \psi_j(s,y) ds.$$

Per il teorema del valor medio esiste $C_0 > 0$ per cui

$$\Big(1 - a' \max_{\substack{|t| \le a \\ y \in \overline{D_\rho}}} \|H(t,y)\| \Big) \max_{\substack{|t| \le a' \\ y \in \overline{D_{\rho'}}}} \|g_\lambda(t,y) - \psi_j(t,y)\| \le a' C_0 |\lambda|.$$

Il limite per $\lambda \to 0$ conclude la prova del lemma. □

Facciamo ora vedere come, usando il Lemma 5.2.5, si possa provare che se $f \in C^{2,1}(\Omega;\mathbb{R}^n)$ allora il flusso $\Phi \in C^2(\mathcal{U};\mathbb{R}^n)$. Dal Lemma 5.2.4 sappiamo che $\partial\Phi/\partial y_\ell$, $\ell = 1,\dots,n$, esistono, sono continue, soddisfano l'equazione integrale

$$\frac{\partial\Phi}{\partial y_\ell}(t,y) = e_\ell + \int_0^t f'(\Phi(s,y))\frac{\partial\Phi}{\partial y_\ell}(s,y)ds, \quad |t| \le h_1, \ y \in \overline{D_{r_1}(y_0)},$$

e vale (5.27), cioè

$$\max_{|t|\le h_1}\left\|\frac{\partial\Phi}{\partial y_\ell}(t,y') - \frac{\partial\Phi}{\partial y_\ell}(t,y'')\right\| \le C\,\|y'-y''\|, \quad \forall y',y'' \in \overline{D_{r_1}(y_0)}.$$

L'idea è ora di applicare il Lemma 5.2.5 con le identificazioni $a = h_1$, $D_\rho = D_{r_1}(y_0)$, $H(t,y) = f'(\Phi(t,y))$ e $K = 0$, $v = e_\ell$ e $\theta(t,y) = \partial\Phi/\partial y_\ell(t,y)$. Tutte le ipotesi sono soddisfatte una volta che si sia provato che $\partial H/\partial y_j \subset C^0([-h_1,h_1] \times D_{r_1}(y_0);\mathrm{M}(n;\mathbb{R}))$ e sono lipschitziane in y, uniformemente in $|t| \le h_1$, su ogni $\overline{D_{r_1'}(y_0)} \subset D_{r_1}(y_0)$. Poiché f è di classe C^2 e, come già sappiamo, $\Phi \in C^1(\mathcal{U};\mathbb{R}^n)$, se ne deduce che

$$\frac{\partial H}{\partial y_j}(t,y) = f''\Big(\Phi(t,y);\frac{\partial\Phi}{\partial y_j}(t,y),\cdot\Big) \in \mathrm{M}(n;\mathbb{R}),$$

e quindi la continuità. Quanto alla lipschitzianità, ciò è conseguenza della lipschitzianità di f'' (si ricordi che $f \in C^{2,1}(\Omega;\mathbb{R}^n)$) e della lipschitzianità delle $\partial\Phi/\partial y_j$. Il lemma garantisce quindi che esistono le $\partial^2\Phi/\partial y_\ell\partial y_j$, che sono continue, che soddisfano l'equazione integrale

$$\begin{aligned}\frac{\partial^2\Phi}{\partial y_\ell\partial y_j}(t,y) = &\int_0^t f'(\Phi(s,y))\frac{\partial^2\Phi}{\partial y_\ell\partial y_j}(s,y)ds + \\ &+\int_0^t f''(\Phi(s,y);\frac{\partial\Phi}{\partial y_j}(s,y),\frac{\partial\Phi}{\partial y_\ell}(s,y))ds, \\ &|t| \le h_2, \ y \in \overline{D_{r_2}(y_0)},\end{aligned} \tag{5.34}$$

con $h_2 \in (0,h_1]$, $r_2 \in (0,r_1)$ e, di più, che sono anche lipschitziane in y uniformemente in t.

La discussione precedente garantisce dunque che $\Phi \in C^2(\mathcal{U};\mathbb{R}^n)$.

Ora, per provare che da $f \in C^{3,1}(\Omega;\mathbb{R}^n)$ segue $\Phi \in C^3(\mathcal{U};\mathbb{R}^n)$, basta mostrare l'esistenza e continuità delle derivate parziali terze di Φ rispetto ad y. A tal fine, l'idea è di riutilizzare il Lemma 5.2.5 a partire dalla (5.34), dove, questa volta, $H(t,y) = f'(\Phi(t,y))$ e $K(t,y) = f''(\Phi(s,y);\dfrac{\partial\Phi}{\partial y_j}(s,y),\dfrac{\partial\Phi}{\partial y_\ell}(s,y))$, e $\theta(t,y) = \partial^2\Phi/\partial y_\ell\partial y_j(t,y)$.

Lasciamo al lettore la verifica delle ipotesi del lemma, e quindi concludere che esistono $\partial^3 \Phi / \partial y_h \partial y_\ell \partial y_j$, che sono continue, che soddisfano l'equazione integrale

$$\frac{\partial^3 \Phi}{\partial y_h \partial y_\ell \partial y_j}(t, y) = \int_0^t f'(\Phi(s, y)) \frac{\partial^2 \Phi}{\partial y_h \partial y_\ell \partial y_j}(s, y) ds + \\ + \int_0^t \left(\frac{\partial}{\partial y_h} \Big(f'(\Phi(s, y)) \Big) \frac{\partial^2 \Phi}{\partial y_\ell \partial y_j}(s, y) + \right. \\ \left. + \frac{\partial}{\partial y_h} \Big(f'' \Big(\Phi(s, y); \frac{\partial \Phi}{\partial y_j}(s, y), \frac{\partial \Phi}{\partial y_\ell}(s, y) \Big) \Big) \right) ds,$$

per $|t| \le h_3$, $y \in \overline{D_{r_3}(y_0)}$, con $h_3 \in (0, h_2]$, $r_3 \in (0, r_2)$, e che, di più, sono lipschitziane in y uniformemente in t.

È chiaro ora come procedere per induzione e concludere così la prova del Teorema 5.2.1. □

Rimarchiamo il fatto che allora, come conseguenza del Teorema 5.2.1, *se* $f \in C^\infty(\Omega; \mathbb{R}^n)$ *allora* $\Phi \in C^\infty(\mathcal{U}; \mathbb{R}^n)$.

Vediamo ora una serie di conseguenze importanti del teorema precedente, supponendo che $f \in C^{k,1}(\Omega; \mathbb{R}^n)$, $k \ge 0$.

Il fatto che $\mathcal{U} = \{(t, y);\ y \in \Omega,\ \tau_-(y) < t < \tau_+(y)\}$ sia aperto ha due conseguenze immediate importanti.

Per cominciare osserviamo che $\Omega \ni y \longmapsto \tau_+(y)$ è **semicontinua inferiormente** e $\Omega \ni y \longmapsto \tau_-(y)$ è **semicontinua superiormente**. Proviamo ad esempio la semicontinuità inferiore di τ_+ in un punto $y \in \Omega$. Se $\tau_+(y) < +\infty$, dato $\varepsilon > 0$ arbitrario, prendiamo $t \in \mathbb{R}$, $\tau_-(y) < t < \tau_+(y)$, tale che $t > \tau_+(y) - \varepsilon/2$. Poiché $(t, y) \in \mathcal{U}$ e $\mathcal{U}$ è aperto, esiste $0 < \delta \le \varepsilon/2$ per cui ogni $(t', y') \in \mathcal{U}$ se $t - \delta < t' < t + \delta$ e $\|y - y'\| < \delta$. Allora

$$\tau_+(y') > t' > t - \delta > \tau_+(y) - \varepsilon/2 - \delta \ge \tau_+(y) - \varepsilon,$$

sicché

$$\|y - y'\| < \delta \Longrightarrow \tau_+(y') > \tau_+(y) - \varepsilon,$$

il che prova la semicontinuità inferiore in y. Se invece $\tau_+(y) = +\infty$, ci basterà provare che $\tau_+(y') = +\infty$ per y' vicino ad y. Per ipotesi, $(n, y) \in \mathcal{U}$ quale che sia $n \in \mathbb{N}$. Di nuovo, dato $\varepsilon > 0$ arbitrario, sia $\delta > 0$ tale che $(t', y') \in \mathcal{U}$ se $n - \delta < t' < n + \delta$ e $\|y' - y\| < \delta$. Dunque $n - \delta < \tau_+(y')$, il che prova l'asserto per l'arbitrarietà di n.

Un'altra osservazione è che per ogni $t \in \mathbb{R}$ l'insieme

$$\mathcal{U}_t := \{y \in \Omega;\ (t, y) \in \mathcal{U}\} = \{y \in \Omega;\ \tau_-(y) < t < \tau_+(y)\}$$

è pure aperto. Tale insieme ovviamente è **non vuoto** se e solo se

$$-\infty \le \inf_{y\in\Omega} \tau_-(y) < t < \sup_{y\in\Omega} \tau_+(y) \le +\infty. \tag{5.35}$$

Se $\mathcal{U}_t \neq \emptyset$ e $y \in \mathcal{U}_t$ allora $\Phi^t(y) \in \mathcal{U}_s$, per ogni s con $\tau_-(y)-t < s < \tau_+(y)-t$ e $\Phi^s\big(\Phi^t(y)\big) = \Phi^{s+t}(y)$ (si vedano (a) e (b) nella prova del Lemma 5.2.2). In particolare $\Phi^t(y) \in \mathcal{U}_{-t}$ (giacché $\tau_-(y) < 0 < \tau_+(y)$), e quindi anche $\mathcal{U}_{-t} \neq \emptyset$. Dunque $\Phi^t\colon \mathcal{U}_t \longrightarrow \mathcal{U}_{-t}$ in modo iniettivo (per l'unicità). Allo stesso modo si prova che $\Phi^{-t}\colon \mathcal{U}_{-t} \longrightarrow \mathcal{U}_t$ in modo iniettivo. Poiché $\Phi^t \circ \Phi^{-t} = \mathrm{id}_{\mathcal{U}_{-t}}$ e $\Phi^{-t} \circ \Phi^t = \mathrm{id}_{\mathcal{U}_t}$, si ha che $\Phi^t\colon \mathcal{U}_t \longrightarrow \mathcal{U}_{-t}$ è un **diffeomorfismo** di classe C^k (omeomorfismo se $k = 0$).

Si osservi che, come conseguenza di (5.35), l'insieme dei $t \in \mathbb{R}$ per cui $\mathcal{U}_t \neq \emptyset$ è l'intervallo

$$\big(\inf_{y\in\Omega} \tau_-(y), \sup_{y\in\Omega} \tau_+(y)\big).$$

Poiché si è visto che $\mathcal{U}_t \neq \emptyset$ se e solo se $\mathcal{U}_{-t} \neq \emptyset$, ne consegue che l'intervallo è simmetrico rispetto all'origine, e quindi

$$\inf_{y\in\Omega} \tau_-(y) = -\sup_{y\in\Omega} \tau_+(y) \tag{5.36}$$

(con l'ovvia convenzione che $-\infty = -(+\infty)$).

È bene notare che può accadere che $\sup_{y\in\Omega} \tau_+(y) < +\infty$. Ad esempio sia $\Omega = (1, +\infty)$ e $f(x) = x^2$, $x \in \Omega$. In tal caso $\Phi^t(y) = \dfrac{y}{1-ty}$ con $\tau_+(y) = \dfrac{1}{y}$ e $\tau_-(y) = -1 + \dfrac{1}{y}$, da cui $\sup_{y\in\Omega} \tau_+(y) = 1$.

Una seconda conseguenza è legata all'**invarianza** del flusso per diffeomorfismi.

Precisamente, sia $f \in C^{k,1}(\Omega; \mathbb{R}^n)$ e sia $\chi\colon \Omega \longrightarrow \tilde{\Omega}$ un diffeomorfismo di classe C^{k+2} (tale ipotesi è in effetti un po' sovrabbondante, ma rende le cose un po' più semplici) di Ω su un aperto $\tilde{\Omega} \subset \mathbb{R}^n$.

Definiamo il **push-forward** del campo f tramite χ come

$$\tilde{f}\colon \tilde{\Omega} \longrightarrow \mathbb{R}^n, \quad \tilde{f}(z) := \chi'\big(\chi^{-1}(z)\big)\, f\big(\chi^{-1}(z)\big), \tag{5.37}$$

dove $\chi'(y)$ è la matrice jacobiana di χ in $y \in \Omega$.

Cominciamo con l'osservare che $\tilde{f} \in C^{k,1}(\tilde{\Omega}; \mathbb{R}^n)$. Ciò è una conseguenza immediata del lemma seguente.

Lemma 5.2.6 *Sia $U \subset \mathbb{R}^n$ aperto e sia $F\colon U \longrightarrow \mathbb{R}^n$. Allora $F \in C^{0,1}(U; \mathbb{R}^n)$ se e solo se F è continua e per ogni compatto $K \subset U$ esiste $C_K > 0$ tale che*

$$\|F(x') - F(x'')\| \le C_K \|x' - x''\|, \quad \forall x', x'' \in K.$$

Dimostrazione Se F è lipschitziana su ogni compatto, allora lo è su ogni disco chiuso di U. Dunque basta provare il viceversa. Dato il compatto K, sia $\delta > 0$ tale che

$$K \subset \bigcup_{j=1}^{N} \overline{D_\delta(x_j)} \subset \bigcup_{j=1}^{N} \overline{D_{2\delta}(x_j)} \subset U,$$

per certi $x_j \in U$, e per un certo $N \in \mathbb{N}$. Ora se $x', x'' \in K$ e $\|x' - x''\| \geq \delta$, allora

$$\|F(x') - F(x'')\| \leq 2\frac{\max_{x\in K} \|F(x)\|}{\delta} \|x' - x''\|.$$

D'altra parte, se $x', x'' \in K$ e $\|x' - x''\| \leq \delta$ allora $x', x'' \in \overline{D_{2\delta}(x_j)}$ per almeno un x_j. Per ipotesi, per $j = 1, \dots, N$, esiste $C_j > 0$ per cui $\|F(x') - F(x'')\| \leq C_j \|x' - x''\|$, per ogni $x', x'' \in \overline{D_{2\delta}(x_j)}$, e quindi

$$\|F(x') - F(x'')\| \leq \Big(\max_{1\leq j\leq N} C_j\Big) \|x' - x''\|,$$

per ogni $x', x'' \in K$ con $\|x' - x''\| \leq \delta$. □

Siano ora $\Phi\colon \mathcal{U} \subset \mathbb{R} \times \Omega \longrightarrow \Omega$ la mappa flusso associata ad f e $\tilde{\Phi}\colon \tilde{\mathcal{U}} \subset \mathbb{R} \times \tilde{\Omega} \longrightarrow \tilde{\Omega}$ quella associata ad $\tilde{f}$. Verifichiamo che si ha

$$\chi\big(\Phi^t(y)\big) = \tilde{\Phi}^t\big(\chi(y)\big), \quad \forall (t, y) \in \mathcal{U}. \tag{5.38}$$

Infatti

$$\begin{aligned}\frac{d}{dt}\chi\big(\Phi^t(y)\big) &= \chi'\big(\Phi^t(y)\big) f\big(\Phi^t(y)\big) = \\ &= \chi'\big(\chi^{-1}\big(\chi(\Phi^t(y))\big)\big) f\big(\chi^{-1}\big(\chi(\Phi^t(y))\big)\big) = \tilde{f}\big(\chi(\Phi^t(y))\big).\end{aligned}$$

Poiché $\chi\big(\Phi^t(y)\big)\big|_{t=0} = \chi(y)$, per unicità si ha la (5.38).

L'invarianza del flusso permette di provare i fatti seguenti. Per semplicità supponiamo $f \in C^\infty(\Omega; \mathbb{R}^n)$.

- Sia $S \subset \Omega$ una sottovarietà (C^∞) di codimensione $1 \leq d < n$, e si supponga che $f(y) \in T_y S$, per ogni $y \in S$. Allora $\Phi^t(y) \in S$ per ogni $y \in S$ e $t \in I(y) = (\tau_-(y), \tau_+(y))$.

Ciò si può provare nel modo seguente. Fissato un qualunque $y_0 \in S$, esistono un intorno aperto $U \subset \Omega$ di y_0 ed un diffeomorfismo di classe C^∞, $\chi\colon U \longrightarrow \tilde{U}$, con $\tilde{U}$ intorno aperto dell'origine in $\mathbb{R}^n$, tali che

(i) $\chi(y_0) = 0$;
(ii) $\chi(U \cap S) = \{z \in \tilde{U};\ z_1 = z_2 = \ldots = z_d = 0\}$.

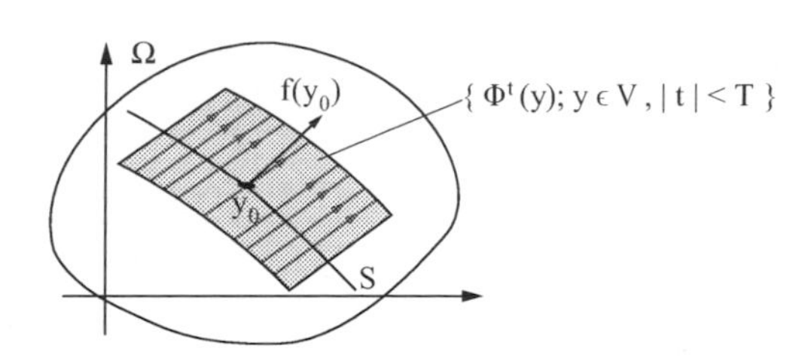

Figura 5.1 Il campo trasverso ad S

Sia $\tilde{f}$ il push-forward di $f\big|_U$ tramite χ. Poiché f è tangente ad S, ne segue che, scrivendo $z = (z', z'') \in \mathbb{R}^d \times \mathbb{R}^{n-d}$,

$$\tilde{f}_1(0, z'') = \tilde{f}_2(0, z'') = \ldots = \tilde{f}_d(0, z'') = 0, \quad \forall (0, z'') \in \tilde{U}.$$

Dato $(0, z'') \in \tilde{U}$, la soluzione del problema di Cauchy $\dot{z} = \tilde{f}(z)$, $z(0) = (0, z'')$ è, per l'unicità, $z(t) = (0, z''(t))$, con $\dot{z}''(t) = \begin{bmatrix} \tilde{f}_{d+1}(0, z''(t)) \\ \vdots \\ \tilde{f}_n(0, z''(t)) \end{bmatrix}$, $z''(0) = z''$.

Dunque $\tilde{\Phi}^t(0, z'') \in \chi(U \cap S)$ per ogni t del relativo intervallo massimale di esistenza, e quindi per la (5.38), $\Phi^t(y) \in S$ per $y \in S$ e $|t|$ abbastanza piccolo. Ma allora per la proprietà gruppale del flusso si ha la tesi. □

- Sia $S \subset \Omega$ una sottovarietà (C^∞) di codimensione $1 \le d < n$, e si supponga $f(y_0) \notin T_{y_0}S$, per un certo $y_0 \in S$. Allora esistono un intorno (relativamente) aperto $V \subset S$ di y_0 ed un $T > 0$ tali che l'insieme

$$\{\Phi^t(y); \ y \in V, \ |t| < T\}$$

è una sottovarietà (C^∞) di Ω di codimensione $d - 1$ (immagine diffeomorfa tramite Φ di $(-T, T) \times V$; si veda la Figura 5.1).

Ciò si può provare nel modo seguente. Con le notazione del punto precedente, si considera $\tilde{f}(z)$. Per ipotesi $\sum_{j=1}^d \tilde{f}_j(0, 0)^2 > 0$, e quindi su un intorno $\tilde{V}$ dell'origine contenuto in $\mathbb{R}^{n-d}$ si avrà $\sum_{j=1}^d \tilde{f}_j(0, z'')^2 > 0$, $z'' \in \tilde{V}$. Consideriamo la mappa

$$\mathbb{R} \times \tilde{V} \ni (t, z'') \longmapsto \tilde{\Phi}^t(0, z'') \in \mathbb{R}^n,$$

che è certamente ben definita, e di classe C^∞ (a patto eventualmente di restringere $\tilde{V}$) su $(-a, a) \times \tilde{V}$, per un certo $a > 0$. La mappa è iniettiva e, d'altra parte, la sua matrice jacobiana, che è $n \times (n - d + 1)$, ha rango massimo $n - d + 1$ quando $t = 0$. Poiché il rango non può decrescere se ne deduce, a patto eventualmente di ridurre a e restringere $\tilde{V}$, che $(-a, a) \times \tilde{V} \ni (t, z'') \longmapsto \tilde{\Phi}^t(0, z'') \in \mathbb{R}^n$ è una parametrizzazione di una sottovarietà di codimensione $d - 1$. Usando la (5.38) si ha la tesi. □

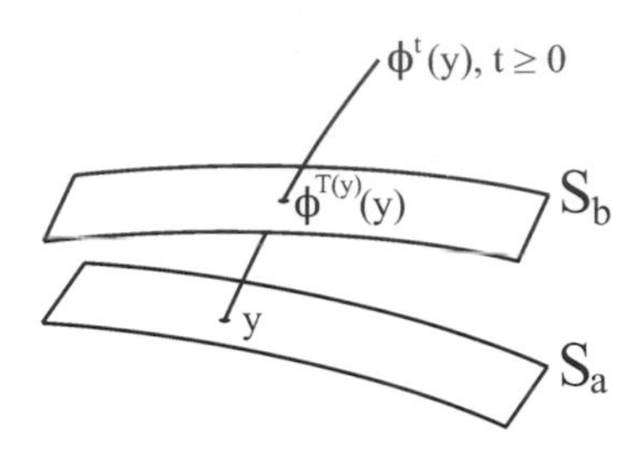

Figura 5.2 Le superfici di livello S_a ed S_b sono diffeomorfe

Un'ultima conseguenza che vogliamo mettere in evidenza è legata al problema seguente.

Data $F \in C^\infty(\Omega;\mathbb{R})$, $\Omega \subset \mathbb{R}^n$ aperto connesso ($n \geq 2$), e dati $a, b \in F(\Omega)$, $a < b$, supponiamo che $\nabla F(x) \neq 0$ per ogni $x \in F^{-1}(a) =: S_a$ e $\nabla F(x) \neq 0$ per ogni $x \in F^{-1}(b) =: S_b$. Dunque S_a e S_b sono sottovarietà $(n-1)$-dimensionali di Ω. La domanda è: *S_a ed S_b sono diffeomorfe?*

È ben noto che la risposta in generale è negativa. Ad esempio, se $F(x) = x_1^2 + x_2^2 - x_3^2$, $x = (x_1, x_2, x_3) \in \mathbb{R}^3$, $F(\mathbb{R}^3) = \mathbb{R}$ e $\nabla F(x) = 0$ se e solo se $x = 0$. Ora, se $c > 0$ si ha che $F^{-1}(c)$ è l'iperboloide ad una falda di equazione $x_1^2+x_2^2-x_3^2 = c$, mentre se $c < 0$ si ha che $F^{-1}(c)$ è l'iperboloide a due falde di equazione $x_1^2 + x_2^2 - x_3^2 = c$, dove le due falde sono date dalle equazioni $x_3 = \pm\sqrt{x_1^2 + x_2^2 + |c|}$. Quindi se $a < 0 < b$, allora S_a ed S_b **non** sono diffeomorfe, mentre è chiaro che lo sono se $0 < a < b$ oppure $a < b < 0$.

Una spiegazione di questo fenomeno risiede nel fatto che 0 è un *valore critico* di F (cioè, immagine di un punto in cui il gradiente di F è nullo).

Abbiamo il seguente risultato generale.

Lemma 5.2.7 *Sia $F \in C^\infty(\mathbb{R}^n;\mathbb{R})$ e si supponga che*

$$\|\nabla F(x)\| \leq C_1\|x\| + C_2, \quad \forall x \in \mathbb{R}^n.$$

Siano $a, b \in F(\mathbb{R}^n)$, $a < b$, e si supponga che per una certa $c > 0$

$$\|\nabla F(x)\| \geq c, \quad \forall x \in F^{-1}([a,b]).$$

Allora $S_a = F^{-1}(a)$ è diffeomorfa a $S_b = F^{-1}(b)$. (Si veda la Figura 5.2).

Dimostrazione Consideriamo il sistema autonomo gradiente $\dot{x} = \nabla F(x)$. Per il Teorema 5.1.9 e per l'ipotesi di crescita di ∇F, sappiamo che la mappa flusso è definita (e C^∞) su $\mathcal{U} = \mathbb{R} \times \mathbb{R}^n$. Dato $y \in S_a$, consideriamo la curva integrale $0 \leq t \longmapsto \Phi^t(y)$.

Si ha che

$$\frac{d}{dt}F(\Phi^t(y)) = \|\nabla F(\Phi^t(y))\|^2 \geq 0,$$

e quindi $0 \leq t \longmapsto F(\Phi^t(y))$ è debolmente crescente, e dunque $F(\Phi^t(y)) \geq a$, per ogni $t \geq 0$. Osserviamo che **non** può aversi $F(\Phi^t(y)) < b$, per ogni $t \geq 0$. Infatti, se così fosse, avremmo

$$b > F(\Phi^t(y)) = a + \int_0^t \frac{d}{ds}F(\Phi^s(y))ds \geq a + \int_0^t c\,ds = a + tc, \quad \forall t \geq 0,$$

che è impossibile. Dunque esiste un ben determinato $T(y) > 0$ tale che $\Phi^{T(y)}(y) \in S_b$.

Proviamo che $T(y)$ è C^∞ in $y \in S_a$. L'equazione $F(\Phi^t(y)) = b$ ha soluzione $t = T(y)$ e

$$\frac{\partial}{\partial t}\Big(F(\Phi^t(y))\Big)\Big|_{t=T(y)} = \|\nabla F(\Phi^{T(y)}(y))\|^2 > 0.$$

Dunque per il Teorema di Dini la funzione $S_a \ni y \longmapsto T(y)$ è C^∞. In conclusione la mappa

$$S_a \ni y \longmapsto \Phi^{T(y)}(y) \in S_b$$

è C^∞ ed iniettiva.

Quanto alla suriettività, essa si prova ragionando come sopra, considerando per ogni $z \in S_b$ la curva integrale $0 \geq t \longmapsto \Phi^t(z)$. □

Il lettore è invitato a calcolare esplicitamente $T(y)$ quando $F(x) = x_1^2 + x_2^2 - x_3^2$.

Riprendiamo ora la discussione generale. Finora abbiamo considerato la regolarità della mappa flusso per sistemi autonomi. Cosa si può dire per un sistema **non autonomo**, cioè quando $f: I \times \Omega \longrightarrow \mathbb{R}^n$ **non** è costante in t?

A tal fine ricorreremo alla cosiddetta **sospensione** del sistema, considerando un sistema **autonomo** nella t e nelle x, vale a dire il sistema

$$\begin{cases} \dot{t} = 1 \\ \dot{x} = f(t, x). \end{cases} \tag{5.39}$$

La mappa da considerare ora è

$$F: I \times \Omega \longrightarrow \mathbb{R}^{1+n}, \quad F(t, x) = \begin{bmatrix} 1 \\ f(t, x) \end{bmatrix}.$$

Per ogni $(s, y) \in I \times \Omega$ indichiamo con $\psi(\sigma; (s, y))$ la soluzione del problema di Cauchy

$$\begin{cases} \dot{\psi}(\sigma; (s, y)) = \dfrac{d\psi}{d\sigma}(\sigma; (s, y)) = F(\psi(\sigma; (s, y))) \\ \psi(0; (s, y)) = (s, y). \end{cases}$$

Scritta $\psi(\sigma; (s, y)) = \begin{bmatrix} T(\sigma; (s, y)) \\ X(\sigma; (s, y)) \end{bmatrix} \in \mathbb{R} \times \mathbb{R}^n$, si avrà dunque

$$\begin{cases} \dot{T}(\sigma; (s, y)) = 1 \\ \dot{X}(\sigma; (s, y)) = f\big(T(\sigma; (s, y)), X(\sigma; (s, y))\big), \end{cases} \qquad \begin{cases} T(0, (s, y)) = s \\ X(0, (s, y)) = y. \end{cases}$$

Allora $T(\sigma; (s, y)) = s + \sigma$, e quindi necessariamente $\sigma \in I - s$. D'altra parte se indichiamo con $x(t; (s, y))$ la soluzione del problema di Cauchy

$$\frac{dx}{dt}(t; (s, y)) = f(t, x(t; (s, y))), \quad x(t; (s, y))\big|_{t=s} = y,$$

è immediato riconoscere che

$$x(s + \sigma; (s, y)) = X(\sigma; (s, y)).$$

Dal Teorema 5.2.1, se $F \in C^{k,1}(I \times \Omega; \mathbb{R}^{1+n})$, il che equivale a dire che $f \in C^{k,1}(I \times \Omega; \mathbb{R}^n)$, allora la mappa di flusso $\Phi_F^\sigma(s, y) = (s + \sigma, X(\sigma; (s, y)))$ è C^k in (σ, s, y) su

$$\mathcal{U}_F := \{(\sigma, (s, y));\ (s, y) \in I \times \Omega,\ \sigma \in I(s, y)\},$$

dove $I(s, y)$ è l'intervallo massimale di esistenza. In particolare abbiamo che $X \in C^k(\mathcal{U}_F; \mathbb{R}^n)$ e quindi $x(t; (s, y))$ è $C^k(\mathcal{V}; \mathbb{R}^n)$ dove

$$\mathcal{V} = \{(t, (s, y));\ (s, y) \in I \times \Omega,\ t \in I(s, y) + s\}.$$

Si noti che l'ipotesi $f \in C^{k,1}(I \times \Omega; \mathbb{R}^n)$ significa che f è C^k in (t, x) e che le derivate parziali in t e x di ordine k sono lipschitziane in (t, x), e non solamente in x! L'ipotesi è certamente sovrabbondante, tuttavia consente di dire che se $f \in C^\infty(I \times \Omega; \mathbb{R}^n)$ allora le soluzioni $x(t; (s, y))$ sono C^∞ nei parametri.

Da ultimo, ricordando l'Osservazione 5.1.13, è utile notare che per equazioni o sistemi di ordine $m \geq 2$ (si veda (5.15)) si può definire la mappa di flusso e quindi concludere la regolarità delle soluzioni in dipendenza dai dati iniziali. (Lasciamo i dettagli al lettore).

5.3 Sistemi lineari

Il primo argomento che vogliamo ora trattare è lo studio delle soluzioni di un sistema lineare del tipo

$$\dot{x} = Ax + b(t), \quad A \in \mathrm{M}(n;\mathbb{R}), \quad b \in C^0(I;\mathbb{R}^n), \tag{5.40}$$

I intervallo aperto di $\mathbb{R}$.

Il seguente risultato contiene le informazioni salienti sulle proprietà del sistema (5.40).

Teorema 5.3.1 *Si ha:*

(i) *Per ogni* $(t_0, x_0) \in \mathbb{R} \times \mathbb{R}^n$ **la** *soluzione del problema di Cauchy*

$$\begin{cases} \dot{x} = Ax \\ x(t_0) = x_0 \end{cases} \tag{5.41}$$

è

$$x(t) = e^{(t-t_0)A}x_0, \quad t \in \mathbb{R}. \tag{5.42}$$

(ii) *Per ogni* $(t_0, x_0) \in I \times \mathbb{R}^n$, **la** *soluzione del problema di Cauchy*

$$\begin{cases} \dot{x} = Ax + b(t) \\ x(t_0) = x_0 \end{cases}$$

è

$$x(t) = e^{(t-t_0)A}x_0 + \int_{t_0}^{t} e^{(t-s)A}b(s)ds, \quad t \in I. \tag{5.43}$$

(iii) *Dette* $\mu_1, \ldots, \mu_k \in \mathbb{C}$ *le radici* **distinte** *di* $p_A(z)$, *con molteplicità algebrica* $m_1, \ldots, m_k$, *la soluzione del problema di Cauchy*

$$\begin{cases} \dot{x} = Ax \\ x(0) = x_0 \end{cases}$$

è

$$x(t) = \sum_{j=1}^{k} e^{\mu_j t} \sum_{\ell=0}^{m_j-1} \frac{t^\ell}{\ell!}(A - \mu_j I_n)^\ell \zeta_j, \tag{5.44}$$

dove

$$x_0 = \sum_{j=1}^{k} \zeta_j, \quad \zeta_j \in \mathrm{Ker}\Big((A - \mu_j I_n)^{m_j}\Big), \quad 1 \le j \le k.$$

Dimostrazione Proviamo (i). Osserviamo che

$$\mathbb{R} \ni t \longmapsto e^{(t-t_0)A} \in C^\infty(\mathbb{R}; \mathrm{M}(n; \mathbb{R})),$$

e che

$$e^{(t-t_0)A} = I_n + \frac{(t-t_0)}{1!}A + \frac{(t-t_0)^2}{2!}A^2 + \dots,$$

con convergenza uniforme della serie e delle sue derivate sui compatti in t. Poiché

$$e^{(t-t_0)A}\big|_{t=t_0} = I_n, \quad \text{e} \quad \frac{d}{dt}\big(e^{(t-t_0)A}\big) = Ae^{(t-t_0)A} = e^{(t-t_0)A}A,$$

la (5.42) è quindi ovvia. Si noti che

$$e^{(t-t_0)A} = e^{tA}e^{-t_0A} = e^{-t_0A}e^{tA},$$

perché tA commuta con t_0A. Ne segue che per ogni $x_0 \in \mathbb{R}^n$

$$e^{(t-t_0)A}x_0 = e^{tA}\big(e^{-t_0A}x_0\big).$$

Poiché la matrice e^{-t_0A} è **invertibile** con inversa e^{t_0A}, ne segue che per le soluzioni ϕ, ψ dei problemi di Cauchy

$$\begin{cases} \dot{\phi} = A\phi, \\ \phi(t_0) = x_0, \end{cases} \qquad \begin{cases} \dot{\psi} = A\psi, \\ \psi(0) = x_0' = e^{-t_0A}x_0, \end{cases}$$

vale

$$\phi(t) = \psi(t), \quad \forall t \in \mathbb{R}.$$

Dunque senza minore generalità ci si può limitare a considerare il problema di Cauchy (5.41) per $t_0 = 0$.

Proviamo ora (ii). Intanto

$$I \ni s \longmapsto e^{-sA}b(s) \in C^0(I; \mathbb{R}^n),$$

per cui

$$I \ni t \longmapsto \int_{t_0}^{t} e^{-sA}b(s)ds \in C^1(I; \mathbb{R}^n),$$

con derivata prima $e^{-tA}b(t)$, $t \in I$. D'altra parte, poiché e^{tA} e e^{sA} commutano, si ha che

$$\int_{t_0}^{t} e^{(t-s)A}b(s)ds = e^{tA}\int_{t_0}^{t} e^{-sA}b(s)ds, \quad t \in I,$$

con derivata prima

$$A\int_{t_0}^{t} e^{(t-s)A}b(s)ds + b(t), \quad t \in I.$$

Tenuto conto di (i), la (5.43) è ora immediata.

Proviamo infine (iii). Poniamo

$$\phi(t) := \sum_{j=1}^{k} e^{\mu_j t}\sum_{\ell=0}^{m_j-1}\frac{t^\ell}{\ell!}(A-\mu_j I_n)^\ell \zeta_j, \quad t \in \mathbb{R},$$

e cominciamo col provare che $\dot\phi(t) = A\phi(t)$, per ogni $t \in \mathbb{R}$. Si ha (con $\sum_0^{-1} = 0$ per definizione)

$$\begin{aligned}\dot\phi(t) &= \sum_{j=1}^{k}\mu_j e^{\mu_j t}\sum_{\ell=0}^{m_j-1}\frac{t^\ell}{\ell!}(A-\mu_j I_n)^\ell\zeta_j + \sum_{j=1}^{k}e^{\mu_j t}\sum_{\ell=0}^{m_j-2}\frac{t^\ell}{\ell!}(A-\mu_j I_n)^{\ell+1}\zeta_j = \\ &= \sum_{j=1}^{k}e^{\mu_j t}\sum_{\ell=0}^{m_j-2}\frac{t^\ell}{\ell!}\big(\mu_j(A-\mu_j I_n)^\ell + (A-\mu_j I_n)^{\ell+1}\big)\zeta_j + \\ &\quad + \sum_{j=1}^{k}\mu_j e^{\mu_j t}\frac{t^{m_j-1}}{(m_j-1)!}(A-\mu_j I_n)^{m_j-1}\zeta_j =: (a) + (b).\end{aligned}$$

Poiché

$$\begin{aligned}\mu_j(A-\mu_j I_n)^{m_j-1}\zeta_j &= (\mu_j I_n - A + A)(A-\mu_j I_n)^{m_j-1}\zeta_j = \\ &= -(A-\mu_j I_n)^{m_j}\zeta_j + A(A-\mu_j I_n)^{m_j-1}\zeta_j = \\ &= A(A-\mu_j I_n)^{m_j-1}\zeta_j,\end{aligned}$$

si ha

$$(b) = A\sum_{j=1}^{k}e^{\mu_j t}\frac{t^{m_j-1}}{(m_j-1)!}(A-\mu_j I_n)^{m_j-1}\zeta_j.$$

D'altra parte, poiché

$$
\begin{aligned}
&\big(\mu_j(A-\mu_j I_n)^\ell + (A-\mu_j I_n)^{\ell+1}\big)\zeta_j = \\
&= (\mu_j I_n + A - \mu_j I_n)(A-\mu_j I_n)^\ell \zeta_j = A(A-\mu_j I_n)^\ell \zeta_j,
\end{aligned}
$$

si ha

$$
(a) = A\sum_{j=1}^{k} e^{\mu_j t}\sum_{\ell=0}^{m_j-2}\frac{t^\ell}{\ell!}(A-\mu_j I_n)^\ell \zeta_j,
$$

e quindi la tesi.

A priori ϕ è a valori in $\mathbb{C}^n$. Mostriamo che, essendo $x_0 \in \mathbb{R}^n$, in realtà ϕ è a valori in $\mathbb{R}^n$. Siccome $\phi(0) = \sum_{j=1}^k \zeta_j = x_0$, ciò concluderà la prova di (iii). Consideriamo

$$
\overline{\phi(t)} = \sum_{j=1}^{k} e^{\bar{\mu}_j t}\sum_{\ell=0}^{m_j-1}\frac{t^\ell}{\ell!}\overline{(A-\mu_j I_n)\zeta_j}.
$$

Poiché A è reale, da una parte si ha che $\overline{(A-\mu_j I_n)\zeta_j} = (A-\bar{\mu}_j I_n)\bar{\zeta}_j$, e dall'altra che $\{\mu_1,\dots,\mu_k\} = \{\bar{\mu}_1,\dots,\bar{\mu}_k\}$ con $m_a(\mu_j) = m_a(\bar{\mu}_j)$, per ogni j. Allora, come prima, si ha che $\dot{\overline{\phi(t)}} = A\overline{\phi(t)}$ per ogni $t \in \mathbb{R}$. D'altronde $\overline{\phi(0)} = \sum_{j=1}^k \bar{\zeta}_j = \bar{x}_0 = x_0$, poiché $x_0 \in \mathbb{R}^n$. Dunque la funzione $\phi(t) - \overline{\phi(t)}$ verifica

$$
\begin{cases}
\dfrac{d}{dt}(\phi(t) - \overline{\phi(t)}) = A(\phi(t) - \overline{\phi(t)}), & \forall t \in \mathbb{R},\\
(\phi(t) - \overline{\phi(t)})\big|_{t=0} = 0.
\end{cases}
$$

Poiché

$$
\left\|\frac{d}{dt}(\phi(t) - \overline{\phi(t)})\right\| \le \|A\|\, \|\phi(t) - \overline{\phi(t)}\|, \quad \forall t \in \mathbb{R},
$$

dal Lemma di Gronwall si conclude che $\phi(t) = \overline{\phi(t)}$, per ogni $t \in \mathbb{R}$, che è quanto si voleva dimostrare. □

Diamo ora alcuni esempi di applicazione della formula (5.44), invitando il lettore a supplire tutti i dettagli.

Sia $A = \begin{bmatrix} \mu & 0 & 0 \\ 0 & \alpha & -\beta \\ 0 & \beta & \alpha \end{bmatrix}$, $\mu, \alpha, \beta \in \mathbb{R}$ con $\beta > 0$. Gli autovalori di A sono μ, $\alpha + i\beta, \alpha - i\beta$ e sono semplici, con corrispondenti autovettori $\begin{bmatrix} 1 \\ 0 \\ 0 \end{bmatrix}, \begin{bmatrix} 0 \\ 1 \\ -i \end{bmatrix}, \begin{bmatrix} 0 \\ 1 \\ i \end{bmatrix}$.

Si vuole risolvere il problema di Cauchy $\dot{x} = Ax$, $x(0) = \begin{bmatrix} a \\ b \\ c \end{bmatrix} \in \mathbb{R}^3$. Si ha

$$\begin{bmatrix} a \\ b \\ c \end{bmatrix} = \underbrace{a \begin{bmatrix} 1 \\ 0 \\ 0 \end{bmatrix}}_{\zeta_1} + \underbrace{\frac{b+ic}{2} \begin{bmatrix} 0 \\ 1 \\ i \end{bmatrix}}_{\zeta_2} + \underbrace{\frac{b-ic}{2} \begin{bmatrix} 0 \\ 1 \\ i \end{bmatrix}}_{\zeta_3=\bar{\zeta}_2}.$$

La soluzione è allora

$$x(t) = e^{\mu t}\zeta_1 + 2e^{\alpha t}\,\mathrm{Re}\Big(e^{i\beta t}\zeta_2\Big) = \begin{bmatrix} a e^{\mu t} \\ e^{\alpha t}\big(b\cos(\beta t) - c\sin(\beta t)\big) \\ e^{\alpha t}\big(c\cos(\beta t) + b\sin(\beta t)\big) \end{bmatrix}, \quad t \in \mathbb{R}.$$

Sia ora $A = \begin{bmatrix} \alpha & \beta & 0 \\ 0 & \alpha & \beta \\ 0 & 0 & \alpha \end{bmatrix}$, $\alpha, \beta \in \mathbb{R}$, $\beta \neq 0$. Poiché $A = \alpha I_3 + \beta J_3$ e I_3 commuta con J_3, si ha $e^{tA} = e^{\alpha t} e^{\beta t J_3}$. D'altra parte

$$e^{\beta t J_3} = I_3 + \frac{t\beta}{1!} J_3 + \frac{t^2\beta^2}{2!} J_3^2,$$

e quindi

$$e^{tA} = e^{\alpha t} \begin{bmatrix} 1 & t\beta & t^2\beta^2/2 \\ 0 & 1 & t\beta \\ 0 & 0 & 1 \end{bmatrix}.$$

La soluzione del problema di Cauchy $\dot{x} = Ax$, $x(0) = \begin{bmatrix} a \\ b \\ c \end{bmatrix} \in \mathbb{R}^3$ è quindi

$$x(t) = e^{\alpha t} \begin{bmatrix} a + t\beta b + t^2\beta^2 c/2 \\ b + t\beta c \\ c \end{bmatrix}, \quad t \in \mathbb{R}.$$

Sia infine $A = \begin{bmatrix} \alpha & -\beta & 1 & 0 \\ \beta & \alpha & 0 & 1 \\ 0 & 0 & \alpha & -\beta \\ 0 & 0 & \beta & \alpha \end{bmatrix}$, $\alpha, \beta \in \mathbb{R}$, $\beta > 0$. In tal caso gli autovalori sono $\alpha + i\beta, \alpha - i\beta$ con molteplicità algebrica 2 e molteplicità geometrica 1. Poiché

$$\big(A - (\alpha + i\beta)I_4\big)^2 = 2\beta \begin{bmatrix} -\beta & i\beta & -i & -1 \\ -i\beta & -\beta & 1 & -i \\ 0 & 0 & -\beta & i\beta \\ 0 & 0 & -i\beta & -\beta \end{bmatrix},$$

una base di $\mathrm{Ker}\Big(\big(A-(\alpha+i\beta)I_4\big)^2\Big)$ è data dai vettori $\begin{bmatrix} i \\ 1 \\ 0 \\ 0 \end{bmatrix}, \begin{bmatrix} 0 \\ 0 \\ i \\ 1 \end{bmatrix}$. Si vuole risolvere il problema di Cauchy $\dot{x} = Ax$, $x(0) = \begin{bmatrix} a \\ b \\ c \\ d \end{bmatrix} \in \mathbb{R}^4$. Si ha allora

$$\begin{bmatrix} a \\ b \\ c \\ d \end{bmatrix} = \underbrace{\frac{b-ia}{2}\begin{bmatrix} i \\ 1 \\ 0 \\ 0 \end{bmatrix} + \frac{d-ic}{2}\begin{bmatrix} 0 \\ 0 \\ i \\ 1 \end{bmatrix}}_{\zeta_1} + \underbrace{\zeta_2}_{=\bar{\zeta}_1}.$$

Dunque

$$x(t) = 2\,\mathrm{Re}\left\{ e^{(\alpha+i\beta)t}\left(\zeta_1 + t\begin{bmatrix} -i\beta & -\beta & 1 & 0 \\ \beta & -i\beta & 0 & 1 \\ 0 & 0 & -i\beta & -\beta \\ 0 & 0 & \beta & -i\beta \end{bmatrix}\zeta_1\right)\right\} =$$

$$= e^{\alpha t}\,\mathrm{Re}\left\{(\cos(\beta t) + i\sin(\beta t))\begin{bmatrix} a+ib \\ b-ia \\ c+id \\ d-ic \end{bmatrix} + \right.$$

$$\left. + t(\cos(\beta t) + i\sin(\beta t))\begin{bmatrix} c+id \\ d-ic \\ 0 \\ 0 \end{bmatrix}\right\} =$$

$$= e^{\alpha t}\begin{bmatrix} (a+tc)\cos(\beta t) - (b+td)\sin(\beta t) \\ (b+td)\cos(\beta t) + (a+tc)\sin(\beta t) \\ c\cos(\beta t) - d\sin(\beta t) \\ d\cos(\beta t) + c\sin(\beta t) \end{bmatrix}, \quad \forall t \in \mathbb{R}.$$

Una questione importante è l'analisi del comportamento delle soluzioni di $\dot{x} = Ax$ per t grande, per esempio nel limite $t \to +\infty$. L'osservazione degli esempi precedenti mostra che se si vuole che **ogni** soluzione $x(t)$ sia limitata (in norma) per $t \to +\infty$, è sufficiente che la parte reale degli autovalori di A sia < 0, e in tal caso $\|x(t)\| \to 0$ per $t \to +\infty$. Il risultato seguente fornisce un'informazione precisa di natura generale.

Teorema 5.3.2 *Dato il sistema* $\dot{x} = Ax$, $A \in \mathbf{M}(n;\mathbb{R})$, *se per ogni soluzione* $\mathbb{R} \ni t \longmapsto x(t) \in \mathbb{R}^n$ *esiste* $C > 0$ *tale che* $\|x(t)\| \leq C\|x(0)\|$ *per ogni* $t \geq 0$, *allora*

(i) *per ogni* $\mu \in \mathbb{C}$ *radice di* $p_A(z)$ *deve essere* $\operatorname{Re}\mu \leq 0$, *e per quei* μ *per i quali* $\operatorname{Re}\mu = 0$ *deve aversi* $m_a(\mu) = m_g(\mu)$.

Viceversa, se vale (i) allora esiste una costante $C = C(A) > 0$ *tale che* **per ogni** *soluzione del sistema si ha*

$$\|x(t)\| \leq C\,\|x(0)\|, \quad \forall t \geq 0. \tag{5.45}$$

In particolare, qualora tutte le radici di $p_A(z)$ *abbiano parte reale* < 0, $\|x(t)\| \to 0$ *per* $t \to +\infty$, *quale che sia la soluzione* $x(t)$. *Più precisamente, posto* $-\gamma = \max\limits_{p_A(\mu)=0} \operatorname{Re}\mu$ $(\gamma > 0)$, *se per le radici* μ *di* $p_A(z)$ *con* $\operatorname{Re}\mu = -\gamma$ *si ha* $m_a(\mu) = m_g(\mu)$, *allora esiste* $C = C(A) > 0$ *tale che per ogni soluzione* $x(t)$ *vale*

$$\|x(t)\| \leq Ce^{-\gamma t}\,\|x(0)\|, \quad \forall t \geq 0. \tag{5.46}$$

Se invece per qualche radice μ *di* $p_A(z)$ *con* $\operatorname{Re}\mu = -\gamma$ *si ha* $m_a(\mu) > m_g(\mu)$, *allora per ogni* $0 < \varepsilon < \gamma$ *esiste* $C_\varepsilon = C_\varepsilon(A) > 0$ *tale che per ogni soluzione* $x(t)$ *vale*

$$\|x(t)\| \leq C_\varepsilon e^{-(\gamma-\varepsilon)t}\,\|x(0)\|, \quad \forall t \geq 0. \tag{5.47}$$

Dimostrazione Che la condizione (i) sia necessaria affinché ogni soluzione del sistema sia limitata per $t \geq 0$ si può vedere ragionando per assurdo. Si supponga quindi che esista una radice μ di $p_A(z)$ con $\operatorname{Re}\mu > 0$ Per fissare le idee sia $\mu = \alpha + i\beta$ $(\alpha, \beta > 0)$. Scelto un autovettore $\zeta = \xi + i\eta \in \mathbb{C}^n$ $(\xi, \eta \in \mathbb{R}^n, \xi \neq 0)$ relativo a μ, si consideri la soluzione

$$\begin{aligned} x(t) &= \frac{1}{2}\big(e^{\mu t}\zeta + e^{\bar{\mu}t}\bar{\zeta}\big) = e^{\alpha t}\operatorname{Re}\big(e^{i\beta t}(\xi + i\eta)\big) = \\ &= e^{\alpha t}\big(\cos(\beta t)\xi - \sin(\beta t)\eta\big), \quad t \in \mathbb{R}. \end{aligned}$$

Poiché

$$\|x(t)\|^2 = e^{2\alpha t}\big(\cos(\beta t)^2\|\xi\|^2 + \sin(\beta t)^2\|\eta\|^2 - \sin(2\beta t)\langle \xi, \eta\rangle\big), \quad t \in \mathbb{R},$$

si ha che

$$\left\|x\left(\frac{2k\pi}{\beta}\right)\right\|^2 = e^{2\alpha\frac{2k\pi}{\beta}}\|\xi\|^2 \longrightarrow +\infty, \text{ per } k \to +\infty,$$

il che mostra che questa soluzione **non** è limitata per $t \geq 0$.

Resta ancora da provare che se $p_A(\mu) = 0$ e $\operatorname{Re}\mu = 0$ la limitatezza implica $m_a(\mu) = m_g(\mu)$. Sia allora $\mu = i\beta$, $\beta > 0$ tale che $p_A(\mu) = 0$ e supponiamo si abbia $\operatorname{Ker}(A - i\beta) \subsetneq \operatorname{Ker}[(A - i\beta)^2]$. Sia allora $\xi + i\eta$ tale che $(A - i\beta)^2(\xi + i\eta) = 0$

e $(A - i\beta)(\xi + i\eta) =: \zeta + i\sigma \neq 0$. La soluzione del sistema è in questo caso data da

$$\begin{aligned} x(t) &= \mathrm{Re}\big(e^{i\beta t}\big[(\xi + i\eta) + t(A - i\beta)(\xi + i\eta)\big]\big) = \\ &= \cos(\beta t)\xi - \sin(\beta t)\eta + t\cos(\beta t)\zeta - t\sin(\beta t)\sigma, \quad t \in \mathbb{R}. \end{aligned}$$

Si ha dunque

$$\|x(t)\|^2 = t^2\big(\cos(\beta t)^2\|\zeta\|^2 + \sin(\beta t)^2\|\sigma\|^2 - \sin(2\beta t)\langle\zeta,\sigma\rangle + o(1)\big), \quad t \to +\infty.$$

Se $\zeta \neq 0$ allora

$$\Big\|x\Big(\frac{2k\pi}{\beta}\Big)\Big\|^2 = \Big(\frac{2k\pi}{\beta}\Big)^2 (\|\zeta\|^2 + o(1)) \longrightarrow +\infty, \quad \text{per } k \to +\infty,$$

e se $\sigma \neq 0$ allora

$$\Big\|x\Big(\frac{2k\pi + \pi/2}{\beta}\Big)\Big\|^2 = \Big(\frac{2k\pi + \pi/2}{\beta}\Big)^2 (\|\sigma\|^2 + o(1)) \longrightarrow +\infty, \quad \text{per } k \to +\infty,$$

che, di nuovo, mostra che questa soluzione **non** è limitata per $t \geq 0$.

Supponiamo ora che la condizione (i) sia soddisfatta. Usando la (5.44) scriviamo

$$x(t) = \phi_-(t) + \phi_0(t),$$

dove

$$\begin{aligned} \phi_-(t) &= \sum_{\substack{j=1 \\ \mathrm{Re}\,\mu_j < 0}}^{k} e^{\mu_j t} \sum_{\ell=0}^{m_j-1} \frac{t^\ell}{\ell!}(A - \mu_j I_n)^\ell \zeta_j, \\ \phi_0(t) &= \sum_{\substack{j=1 \\ \mathrm{Re}\,\mu_j = 0}}^{k} e^{\mu_j t}\zeta_j, \end{aligned}$$

e $x_0 = x(0) = \sum_{j=1}^{k} \zeta_j$. Banalmente si ha che

$$\|\phi_0(t)\| \leq \sum_{\substack{j=1 \\ \mathrm{Re}\,\mu_j = 0}}^{k} \|\zeta_j\|, \quad \forall t \in \mathbb{R}.$$

D'altra parte, per $t \geq 0$

$$\|\phi_-(t)\| \leq \sum_{\substack{j=1 \\ \mathrm{Re}\,\mu_j < 0}}^{k} e^{\mathrm{Re}\,\mu_j t}\Big(\sum_{\ell=0}^{m_j-1} \frac{t^\ell}{\ell!}\|A - \mu_j I_n\|^\ell\Big)\|\zeta_j\|,$$

e dunque è ovvio che esiste una costante $C_1 = C_1(A) > 0$ per cui

$$\|x(t)\| \leq C_1 \sum_{j=1}^{k} \|\zeta_j\|, \quad \forall t \geq 0. \tag{5.48}$$

Osserviamo ora che per ogni $\zeta \in \mathbb{C}^n$, scritto $\zeta = \sum_{j=1}^{k} \zeta_j$ con $\zeta_j \in \mathrm{Ker}\big((A - \mu_j I_n)^{m_j}\big)$, $1 \leq j \leq k$, la quantità $\sum_{j=1}^{k} \|\zeta_j\|$ è essa stessa una norma in $\mathbb{C}^n$, e dunque esiste $C_2 = C_2(n) > 0$ tale che

$$\sum_{j=1}^{k} \|\zeta_j\| \leq C_2 \| \sum_{j=1}^{k} \zeta_j \|. \tag{5.49}$$

Allora da (5.48) si ha

$$\|x(t)\| \leq C_1 C_2 \|x(0)\|, \quad \forall t \geq 0.$$

Per provare la (5.46) e la (5.47) scriviamo, usando ancora la (5.44),

$$x(t) = \phi(t) + \psi(t),$$

dove

$$\phi(t) = \sum_{\substack{j=1 \\ \mathrm{Re}\,\mu_j = -\gamma}}^{k} e^{\mu_j t} \sum_{\ell=0}^{m_j - 1} \frac{t^\ell}{\ell!} (A - \mu_j I_n)^\ell \zeta_j,$$

$$\psi(t) = \sum_{\substack{j=1 \\ \mathrm{Re}\,\mu_j < -\gamma}}^{k} e^{\mu_j t} \sum_{\ell=0}^{m_j - 1} \frac{t^\ell}{\ell!} (A - \mu_j I_n)^\ell \zeta_j.$$

Si ha subito che per $t \geq 0$

$$\|\psi(t)\| \leq e^{-\gamma t} \sum_{\substack{j=1 \\ \mathrm{Re}\,\mu_j < -\gamma}}^{k} e^{(\mathrm{Re}\,\mu_j + \gamma)t} \Big(\sum_{\ell=0}^{m_j - 1} \frac{t^\ell}{\ell!} \|A - \mu_j I_n\|^\ell \Big) \|\zeta_j\| \leq$$

$$\leq e^{-\gamma t} C_1 \sum_{\substack{j=1 \\ \mathrm{Re}\,\mu_j < -\gamma}}^{k} \|\zeta_j\|,$$

per una certa costante $C_1 = C_1(A) > 0$. Quanto a $\phi(t)$, se $\mathrm{Re}\,\mu_j = -\gamma \Longrightarrow m_j = m_g(\mu_j)$ allora

$$\phi(t) = \sum_{\substack{j=1 \\ \mathrm{Re}\,\mu_j = -\gamma}}^{k} e^{\mu_j t} \zeta_j,$$

e quindi per $t \geq 0$

$$\|\phi(t)\| \leq e^{-\gamma t} \sum_{\substack{j=1 \\ \operatorname{Re}\mu_j=-\gamma}}^{k} \|\zeta_j\|.$$

Se invece per qualche μ_j con $\operatorname{Re}\mu_j = -\gamma$ si ha $m_j > m_g(\mu_j)$, allora per ogni $0 < \varepsilon < \gamma$

$$\begin{aligned}\|\phi(t)\| &\leq e^{-(\gamma-\varepsilon)t} \sum_{\substack{j=1 \\ \operatorname{Re}\mu_j=-\gamma}}^{k} e^{-\varepsilon t}\Big(\sum_{\ell=0}^{m_j-1} \frac{t^\ell}{\ell!}\|A-\mu_j I_n\|^\ell\Big)\|\zeta_j\| \leq \\ &\leq C_{2,\varepsilon} e^{-(\gamma-\varepsilon)t} \sum_{\substack{j=1 \\ \operatorname{Re}\mu_j=-\gamma}}^{k} \|\zeta_j\|, \quad \forall t \geq 0,\end{aligned}$$

per una certa costante $C_{2,\varepsilon} = C_{2,\varepsilon}(A) > 0$. La (5.46) e la (5.47) sono ora una conseguenza immediata di queste stime, tenuto conto della (5.49). □

Alla luce del Teorema 5.3.2 è interessante osservare il fatto seguente. Data $A \in \mathrm{M}(n;\mathbb{R})$ si ponga

$$E_\pm := \operatorname{Re}\Bigg(\bigoplus_{\substack{p_A(\lambda)=0 \\ \pm\operatorname{Re}\lambda>0}} \operatorname{Ker}\Big[(A-\lambda I_n)^{m_a(\lambda)}\Big]\Bigg) \subset \mathbb{R}^n,$$

$$E_0 := \operatorname{Re}\Bigg(\bigoplus_{\substack{p_A(\lambda)=0 \\ \operatorname{Re}\lambda=0}} \operatorname{Ker}\Big[(A-\lambda I_n)^{m_a(\lambda)}\Big]\Bigg) \subset \mathbb{R}^n.$$

Si ha

$$\mathbb{R}^n = E_- \oplus E_0 \oplus E_+.$$

Se $0 \neq x_0 \in E_-$, risp. E_+, la soluzione $x(t) = e^{tA}x_0$ diverge esponenzialmente in norma per $t \to -\infty$, risp. $t \to +\infty$, e tende a 0 in norma esponenzialmente per $t \to +\infty$, risp. $t \to -\infty$. Lasciamo al lettore la prova di tali affermazioni. I sottospazi E_- ed E_+ sono detti rispettivamente la **varietà stabile** e la **varietà instabile** del sistema $\dot{x} = Ax$. Si noti che se $0 \neq x_0 \in E_0$, la soluzione $x(t) = e^{tA}x_0$ può ancora divergere in norma sia per $t \to +\infty$ che per $t \to -\infty$, ma in modo al più **polinomiale**. Se poi per ogni $\lambda \in \mathbb{C}$ per cui $p_A(\lambda) = 0$ e $\operatorname{Re}\lambda = 0$ si ha $m_a(\lambda) = m_g(\lambda)$, allora $\sup_{t\in\mathbb{R}} \|x(t)\| < +\infty$ se $x(0) \in E_0$ (il lettore lo verifichi; si veda la Figura 5.3).

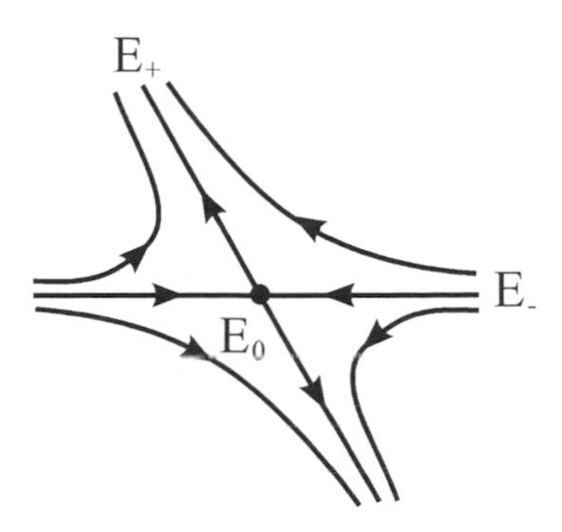

Figura 5.3 La varietà stabile E_-, la varietà instabile E_+ e la varietà neutra E_0

5.4 Soluzioni periodiche di sistemi lineari. Teorema di Floquet

Un'altra questione importante consiste nello stabilire sotto quali condizioni un sistema $\dot{x} = f(x)$ con $f: \Omega \subset \mathbb{R}^n \longrightarrow \mathbb{R}^n$ ammetta soluzioni periodiche. Qui e nel seguito per **funzione periodica** intendiamo quanto segue. Diciamo che una funzione **continua** e **non costante** $\phi: \mathbb{R} \longrightarrow \mathbb{R}^n$ è **periodica** se per qualche $\tau \in \mathbb{R} \setminus \{0\}$ si ha $\phi(t + \tau) = \phi(t)$, per ogni $t \in \mathbb{R}$. Ogni siffatto τ si dirà (**un**) **periodo** di ϕ. È immediato riconoscere che se ϕ è periodica, l'insieme

$$P_\phi := \{\tau \in \mathbb{R} \setminus \{0\};\ \ \tau \text{ è un periodo di } \phi\} \cup \{0\}$$

è un sottogruppo chiuso e proprio (poiché ϕ non è costante) di $(\mathbb{R}, +)$. Ne segue che esiste un unico $T > 0$ tale che $P_\phi = \{kT;\ k \in \mathbb{Z}\}$. Tale T si dice **il periodo minimo** di ϕ.

Un'osservazione preliminare è che il problema di sapere se un sistema autonomo $\dot{x} = f(x)$ abbia soluzioni periodiche ha senso soltanto quando $n \geq 2$. Ciò è una conseguenza dell'Esempio 5.1.11. Infatti data $f \in C^1(\Omega; \mathbb{R})$, $\Omega \subset \mathbb{R}$ aperto, mostriamo che **non** può esistere una soluzione periodica dell'equazione differenziale $\dot{x} = f(x)$. Per assurdo sia $\phi \in C^1(\mathbb{R}; \Omega)$ periodica di periodo minimo $T > 0$ verificante $\dot{\phi}(t) = f(\phi(t))$, per ogni $t \in \mathbb{R}$. Posto $\phi(0) = x_0 \in \Omega$, necessariamente deve essere $f(x_0) \neq 0$. Detto allora $J \subset \Omega$ il più grande intervallo aperto contenente x_0 su cui $f(x) \neq 0$, sia $G: J \longrightarrow \mathbb{R}$ la primitiva di $1/f$ per la quale $G(x_0) = x_0$. Poiché $\phi(\mathbb{R}) \subset J$ e poiché

$$\frac{d}{dt}\big(G(\phi(t))\big) = \frac{\dot{\phi}(t)}{f(\phi(t))} = 1, \quad \forall t \in \mathbb{R},$$

ne segue che

$$G(\phi(t)) = t + x_0, \quad \forall t \in \mathbb{R}.$$

Dunque $G(J) = \mathbb{R}$ e $\phi(t) = G^{-1}(t + x_0)$, per ogni $t \in \mathbb{R}$. D'altra parte G^{-1} è strettamente monotona, il che conduce ad un assurdo.

In generale la ricerca di soluzioni periodiche per un sistema autonomo n-dimensionale $\dot{x} = f(x)$, $n \geq 2$, è un problema molto difficile. Il risultato che segue dà una risposta esauriente a questo problema nel caso particolare di un sistema lineare $\dot{x} = Ax$ con $A \in \mathrm{M}(n; \mathbb{R})$, $n \geq 2$.

Teorema 5.4.1 *Il sistema $\dot{x} = Ax$, $A \in \mathrm{M}(n; \mathbb{R})$, ha soluzioni periodiche se e solo se*

$$p_A^{-1}(0) \cap (i\mathbb{R} \setminus \{0\}) \neq \emptyset. \tag{5.50}$$

Dimostrazione Se vale la (5.50), preso $\mu = i\beta$, $\beta > 0$ con $p_A(\mu) = 0$, e fissato $0 \neq \zeta \in \mathrm{Ker}(A - \mu I_n)$, $\zeta = \xi + i\eta$ ($\xi, \eta \in \mathbb{R}^n$, $\xi \neq 0$), la soluzione

$$x(t) = \frac{1}{2}\left(e^{i\beta t}\zeta + e^{-i\beta t}\bar{\zeta}\right) = \cos(\beta t)\xi - \sin(\beta t)\eta, \quad t \in \mathbb{R},$$

è periodica di periodo minimo $2\pi/\beta$.

Resta da provare che se $p_A^{-1}(0) \cap (i\mathbb{R} \setminus \{0\}) = \emptyset$ non esistono soluzioni periodiche del sistema.

Se $p_A(0) \neq 0$, la (5.44) dice che ogni soluzione non banale del sistema è combinazione lineare di funzioni del tipo

$$e^{\alpha t}\cos(\beta t)q_1(t), \quad e^{\alpha t}\sin(\beta t)q_2(t),$$

dove $\alpha \neq 0$, e dove q_1, q_2 sono funzioni a valori in $\mathbb{R}^n$ con componenti polinomiali in t. È ben noto che funzioni di questo tipo **non** sono periodiche.

Se $p_A(0) = 0$, le possibili soluzioni non banali del sistema sono combinazioni lineari di funzioni del tipo precedente e di funzioni $q_3(t)$, dove q_3 è una funzione a valori in $\mathbb{R}^n$ con componenti polinomiali in t. Anche in questo caso si conclude che **non** ci sono soluzioni periodiche. □

Osservazione 5.4.2 La dimostrazione precedente ci dice che qualora valga (5.50), preso $i\beta$, $\beta > 0$ con $p_A(i\beta) = 0$, il sistema $\dot{x} = Ax$ ammette tante soluzioni periodiche **indipendenti**, di periodo minimo $2\pi/\beta$, quant'è la dimensione di $\mathrm{Ker}(A - i\beta I_n)$. △

Consideriamo ora il problema seguente. Data $b \in C^0(\mathbb{R}; \mathbb{R}^n)$ periodica con periodo $T > 0$, e data $A \in \mathrm{M}(n; \mathbb{R})$, ci si domanda se il problema di Cauchy

$$\begin{cases} \dot{x} = Ax + b(t), \\ x(0) = y \in \mathbb{R}^n, \end{cases} \tag{5.51}$$

ammetta, per un'opportuna scelta di y, una soluzione periodica con periodo T. La soluzione di (5.51) è data (si veda (5.43)) da

$$x(t) = e^{tA}\left(y + \int_0^t e^{-sA}b(s)ds\right). \tag{5.52}$$

Si consideri ora la funzione $t \longmapsto x(t+T)$. Si ha

$$\frac{d}{dt}\Big(x(t+T)\Big) = \dot{x}(t+T) = Ax(t+T) + b(t+T) = Ax(t+T) + b(t),$$

sicché $x(t+T) = x(t)$, per ogni $t \in \mathbb{R}$, se e solo se $x(T) = y$, i.e.

$$(I_n - e^{TA})y = e^{TA} \int_0^T e^{-sA} b(s)ds =: e^{TA}\eta. \tag{5.53}$$

Poiché e^{TA} è invertibile, l'equazione (5.53) è **univocamente** risolubile, quale che sia η, se e solo se 1 **non** è autovalore di e^{TA}. Siccome le radici di $p_{e^{TA}}(z)$ sono i numeri complessi $e^{T\lambda}$ con $p_A(\lambda) = 0$, ne consegue che $I_n - e^{TA}$ è invertibile se e solo se

$$p_A^{-1}(0) \cap \left\{ i\frac{2k\pi}{T};\ k \in \mathbb{Z} \right\} = \emptyset. \tag{5.54}$$

In particolare A è **invertibile** ed il sistema $\dot{x} = Ax$ **non** ha soluzioni periodiche di periodi T/k, $k = 1, 2, \ldots$ (e quindi anche di periodi qT, $q \in \mathbb{Q}$, $q > 0$). In tale situazione l'unica scelta possibile per y è

$$y = (I_n - e^{TA})^{-1} e^{TA}\eta = (I_n - e^{TA})^{-1}\eta - \eta. \tag{5.55}$$

Notiamo che, essendo b non costante per ipotesi, anche la soluzione $x(t)$ **non** è costante. Se lo fosse dovremmo avere $\dot{x}(t) = 0$ per ogni $t \in \mathbb{R}$, e quindi $Ax(t) + b(t) = 0$ per ogni t, i.e. $x(t) = -A^{-1}b(t)$, che è impossibile.

Può però accadere che la (5.53) sia risolubile anche quando $I_n - e^{TA}$ **non** è invertibile. In tal caso la condizione necessaria e sufficiente per la risolubilità di (5.53) è che sia

$$e^{TA}\eta \in \big(\mathrm{Ker}(I_n - e^{TA^*})\big)^{\perp} \quad \text{(poiché } A \text{ è reale si ha che } A^* = {}^tA\text{)},$$

cioè che sia

$$\langle e^{TA}\eta, w\rangle = 0, \quad \forall w \in \mathbb{C}^n \quad \text{con} \quad e^{TA^*}w = w.$$

In conclusione, (5.53) è risolubile se e solo se

$$\langle \eta, w\rangle = 0, \quad \forall w \in \mathbb{C}^n \quad \text{con} \quad w = e^{TA^*}w,$$

da cui, ricordando il significato di η,

$$\int_0^T \langle b(s), e^{-sA^*}w\rangle ds = 0, \quad \forall w \in \mathbb{C}^n \quad \text{con} \quad e^{TA^*}w = w. \tag{5.56}$$

Notiamo che $0 \neq w \in \mathrm{Ker}(I_n - e^{TA^*})$, e dunque $s \longmapsto e^{-sA^*} w$ è soluzione periodica del sistema $\dot{z} = -A^* z$, con periodo T. Si noti che se vale (5.56), l'equazione (5.53) ha ora **infinite** soluzioni, ottenute sommando ad una soluzione particolare ogni soluzione dell'equazione omogenea $(I_n - e^{TA})y = 0$. In tal caso si hanno tante soluzioni **indipendenti** di (5.53) quant'è la dimensione di $\mathrm{Ker}(I_n - e^{TA^*})$.

Del fenomeno ora osservato si può dare l'interpretazione "fisica" seguente. Se il sistema omogeneo $\dot{x} = Ax$ **non** ha soluzioni periodiche di periodo qT, $q \in \mathbb{Q}$, $q > 0$, allora l'introduzione di un **termine forzante** $b(t)$, periodico con periodo T, obbliga il sistema $\dot{x} = Ax + b(t)$ ad avere esattamente una soluzione periodica con periodo T. Qualora invece il sistema omogeneo ammetta soluzioni di periodo qT, l'introduzione di un termine forzante può impedire che il sistema non omogeneo abbia soluzioni periodiche con periodo T, a meno che il termine forzante non verifichi un numero finito di condizioni di compatibilità (espresse dalla (5.56)), ed in tal caso il sistema ammette allora infinite soluzioni periodiche di periodo T.

Consideriamo ora il caso di sistemi lineari dipendenti dal tempo. Precisamente, data $t \longmapsto A(t) \in C^0(I; \mathrm{M}(n; \mathbb{R}))$, dove $I \subset \mathbb{R}$ è un intervallo aperto, si consideri il sistema

$$\dot{x} = A(t)x. \tag{5.57}$$

Ricordiamo che le curve integrali di (5.57) sono definite per ogni $t \in I$ (assenza di blow-up). Posto ora

$$E := \{\phi \in C^1(I; \mathbb{R}^n);\ \dot{\phi}(t) = A(t)\phi(t),\ \forall t \in I\}, \tag{5.58}$$

è chiaro che E è un sottospazio vettoriale di $C^1(I; \mathbb{R}^n)$. Vogliamo determinarne la struttura vettoriale.

Lemma 5.4.3 *Fissati ad arbitrio $t_0 \in I$ ed una base $\zeta_1, \ldots, \zeta_n$ di $\mathbb{R}^n$, per $j = 1, 2, \ldots, n$ sia $\phi_j \in E$ tale che $\phi_j(t_0) = \zeta_j$. Allora $\phi_1, \ldots, \phi_n$ è una* **base** *di E (sicché* dim $E = n$*).*

Dimostrazione Proviamo intanto che $\phi_1, \ldots, \phi_n$ sono indipendenti in E. Se vale $\sum_{j=1}^n \alpha_j \phi_j = 0$, cioè $\sum_{j=1}^n \alpha_j \phi_j(t) = 0$ per ogni $t \in I$, allora in particolare vale $\sum_{j=1}^n \alpha_j \phi_j(t_0) = \sum_{j=1}^n \alpha_j \zeta_j = 0$, da cui $\alpha_1 = \ldots = \alpha_n = 0$.

Sia poi $\phi \in E$. Poiché $\phi(t_0) = \sum_{j=1}^n \alpha_j \zeta_j$ per ben determinati $\alpha_1, \ldots, \alpha_n$, allora

$$\phi - \sum_{j=1}^n \alpha_j \phi_j \in E \quad \text{e} \quad \Big(\phi - \sum_{j=1}^n \alpha_j \phi_j\Big)(t_0) = 0,$$

da cui, per unicità, $\phi(t) = \sum_{j=1}^n \alpha_j \phi_j(t)$, per ogni $t \in I$. □

Una conseguenza immediata, ma importante, della prova precedente è che dati n elementi $\psi_1, \ldots, \psi_n \in E$, la dimensione del sottospazio di E generato da

$\psi_1, \ldots, \psi_n$ è **uguale** alla dimensione del sottospazio di $\mathbb{R}^n$ generato dai vettori $\psi_1(t_0), \ldots, \psi_n(t_0)$, dove t_0 è un arbitrario punto di I.

Date quindi n curve integrali $\phi_1, \ldots, \phi_n$ di (5.57), consideriamo la matrice

$$Y = [\phi_1|\phi_2|\ldots|\phi_n] \in C^1(I; \mathrm{M}(n; \mathbb{R})). \tag{5.59}$$

Dalle considerazioni precedenti si ha che

$$\dot{Y}(t) = A(t)Y(t), \quad t \in I,$$

e

$$\mathrm{rg}(Y(t)) = \mathrm{rg}(Y(t_0)) \quad \text{quale che sia } t_0 \in I.$$

Dunque $Y(t)$ è **invertibile** per ogni $t \in I$ se e solo se lo è per un qualsivoglia $t_0 \in I$, ed in tal caso $Y \in C^1(I; \mathrm{GL}(n; \mathbb{R}))$.

Vale il lemma seguente, la cui prova viene lasciata al lettore.

Lemma 5.4.4 (Teorema di Liouville) *Ogni matrice Y definita in (5.59) soddisfa l'equazione*

$$\frac{d}{dt}\big(\det Y(t)\big) = \big(\mathrm{Tr}\, A(t)\big) \det Y(t), \quad t \in I,$$

e quindi

$$\det Y(t) = \det Y(t_0) \exp\Big(\int_{t_0}^{t} \mathrm{Tr}\, A(s) ds\Big), \quad \forall t, t_0 \in I.$$

D'ora innanzi, ogni matrice $Y \in C^1(I; \mathrm{GL}(n; \mathbb{R}))$ soddisfacente $\dot{Y}(t) = A(t)Y(t)$, per ogni $t \in I$, sarà chiamata **una soluzione fondamentale** di (5.57).

È importante osservare che la conoscenza di **una** soluzione fondamentale **equivale** alla conoscenza di **tutte** le soluzioni fondamentali. Infatti, siano $t \mapsto Y_1(t)$ e $t \mapsto Y_2(t)$ due soluzioni fondamentali di (5.57), e si consideri un arbitrario $t_0 \in I$. Posto

$$C := Y_2(t_0)^{-1} Y_1(t_0) \in \mathrm{GL}(n; \mathbb{R}),$$

si ha $Y_1(t) = Y_2(t)C$ per ogni $t \in I$. Infatti $Y_1(t)$ e $Y_2(t)C$ soddisfano la stessa equazione e coincidono al tempo $t = t_0$, e dunque per unicità sono uguali.

La conoscenza di una soluzione fondamentale Y fornisce la seguente formula risolutiva.

Lemma 5.4.5 *Data $b \in C^0(I;\mathbb{R}^n)$ e dati $s \in I$, $\zeta \in \mathbb{R}^n$, si consideri il problema di Cauchy*

$$\begin{cases} \dot{x} = A(t)x + b(t) \\ x(s) = \zeta. \end{cases}$$

Si ha

$$x(t) = Y(t)\Big[Y(s)^{-1}\zeta + \int_s^t Y(s')^{-1}b(s')ds'\Big]. \tag{5.60}$$

La prova è una verifica che viene lasciata al lettore.

In generale non si conoscono formule che diano esplicitamente una soluzione fondamentale.

Un esempio banale in cui ciò è possibile si ha quando $A(t) = \omega(t)A$, con $\omega \in C^0(I;\mathbb{R})$ e $A \in \mathrm{M}(n;\mathbb{R})$ è una matrice fissata. Detta allora $\Omega(t)$ una qualunque primitiva di $\omega(t)$ in I, si ha che $Y(t) = e^{\Omega(t)A}$ è una soluzione fondamentale del corrispondente sistema.

Un sistema della forma (5.57) particolarmente interessante si ha quando $A \in C^0(\mathbb{R};\mathrm{M}(n;\mathbb{R}))$ con la proprietà di essere periodica con periodo $T > 0$. In questa ipotesi vale il seguente risultato.

Teorema 5.4.6 (di Floquet) *Sia $A \in C^0(\mathbb{R};\mathrm{M}(n;\mathbb{R}))$ periodica con periodo $T > 0$. Detta $Y(t)$ una soluzione fondamentale del sistema $\dot{x} = A(t)x$ esistono $Z \in C^1(\mathbb{R};\mathrm{M}(n;\mathbb{C}))$ e $R \in \mathrm{M}(n;\mathbb{C})$ tali che*

(i) $Z(t+T) = Z(t)$, $\forall t \in \mathbb{R}$;
(ii) $Y(t) = Z(t)e^{tR}$, $\forall t \in \mathbb{R}$.

Dimostrazione Poiché $t \longmapsto Y(t+T)$ è una soluzione fondamentale del sistema, per quanto precedentemente osservato esiste un'unica $C \in \mathrm{GL}(n;\mathbb{R})$ tale che

$$Y(t+T) = Y(t)C, \quad \forall t \in \mathbb{R}. \tag{5.61}$$

In virtù del Lemma 3.1.7, la matrice C può essere sempre scritta nella forma $C = e^{TR}$, per una certa $R \in \mathrm{M}(n;\mathbb{C})$ (ovviamente non unica, perché allora anche $e^{T(R+\frac{2k\pi i}{T}I)} = C$). Ora definiamo $Z(t) := Y(t)e^{-tR}$. È ovvio che vale (ii). Quanto a (i) si osservi che

$$Z(t+T) = Y(t+T)e^{-TR}e^{-tR} = Y(t)e^{-tR} = Z(t).$$

Ciò conclude la prova. □

È importante osservare che, poiché R non è unica, anche $Z(t)$ non lo è. Tuttavia, poiché da (5.61) si ha $C = Y(0)^{-1}Y(T)$, matrice i cui autovalori (come mappa di

$\mathbb{C}^n$ in sé) sono **indipendenti** dalla scelta di Y, gli autovalori di e^{TR} e di C (come mappe di $\mathbb{C}^n$ in sé) sono gli stessi, e quindi **univocamente** determinati.

Come conseguenza abbiamo il risultato seguente.

Corollario 5.4.7 *Sia $Y(t)$ una soluzione fondamentale del sistema $\dot{x} = A(t)x$, con $A(t)$ periodica con periodo $T > 0$. Il sistema differenziale ha almeno una soluzione periodica con periodo T se e solo se la matrice $Y(0)^{-1}Y(T)$ ha 1 come radice del polinomio caratteristico. Di più, ogni soluzione è periodica con periodo T se e solo se $Y(T) = Y(0)$.*

Dimostrazione Dal teorema precedente sappiamo che ogni soluzione del sistema $\dot{x} = A(t)x$ è della forma

$$x(t) = Z(t)e^{tR}\zeta, \quad \zeta \in \mathbb{R}^n.$$

Allora $x(t+T) = Z(t+T)e^{(t+T)R}\zeta = Z(t)e^{tR}e^{TR}\zeta$ e quindi $x(t+T) = x(t)$ se e solo se $e^{TR}\zeta = \zeta$. Poiché $e^{TR} = Y(0)^{-1}Y(T)$, la tesi ne consegue. □

Si osservi che nell'esempio in cui $A(t) = \omega(t)A$, se $\omega \in C^0(\mathbb{R};\mathbb{R})$ è periodica con periodo $T > 0$, allora anche $A(t)$ lo è. Tuttavia, una soluzione fondamentale è periodica con periodo $T > 0$ se e solo se

$$\int_0^T \omega(s)ds = 0.$$

5.5 Il metodo delle caratteristiche. Equazione di Hamilton-Jacobi

In questa sezione vogliamo mostrare come gli strumenti sviluppati in precedenza possano essere utilizzati per risolvere certe equazioni alle derivate parziali del primo ordine, lineari e non-lineari.

Non c'è qui pretesa di esaustività per questo argomento, che richiederebbe una trattazione a sé molto approfondita.

Il nostro intento è semplicemente quello di dare alcuni risultati di base che dovrebbero consentire al lettore di entrare più agevolmente nell'ampia letteratura sull'argomento.

Cominciamo col considerare il seguente problema di Cauchy:

$$\begin{cases} Lu := \dfrac{\partial u}{\partial t} + \displaystyle\sum_{j=1}^{n} \alpha_j(t,x)\dfrac{\partial u}{\partial x_j} = f(t,x) \\ u(0,x) = g(x), \end{cases} \tag{5.62}$$

dove i coefficienti $\alpha_1, \ldots, \alpha_n$ dell'operatore differenziale L sono assegnate funzioni **reali** di classe C^∞ (per fissare le idee) su un cilindro aperto $(-T, T) \times U \subset \mathbb{R} \times \mathbb{R}^n$, $T > 0$.

Il problema è ora il seguente: *date* $f \in C^\infty((-T, T) \times U; \mathbb{C})$ *e* $g \in C^\infty(U; \mathbb{C})$ *ci si domanda se esiste, unica,* $u \in C^\infty((-T, T) \times U; \mathbb{C})$ *che risolve (5.62).*

L'osservazione cruciale risiede nel considerare le curve integrali del sistema

$$\dot{x} = \alpha(t, x) = \begin{bmatrix} \alpha_1(t, x) \\ \vdots \\ \alpha_n(t, x) \end{bmatrix}. \tag{5.63}$$

Supponiamo per un attimo che dato $y \in U$ la soluzione $t \mapsto \phi(t; y)$ del sistema (5.63) con $\phi(0; y) = y$ esista per $|t| < T$. Supposto che (5.62) abbia una soluzione u, calcoliamo

$$\begin{aligned} \frac{d}{dt}\Big[u\big(t, \phi(t; y)\big)\Big] &= \frac{\partial u}{\partial t}\big(t, \phi(t; y)\big) + \sum_{j=1}^{n} \frac{\partial u}{\partial x_j}\big(t, \phi(t; y)\big)\frac{d\phi_j}{dt}(t; y) = \\ &= (Lu)\big(t, \phi(t; y)\big) = f\big(t, \phi(t; y)\big). \end{aligned} \tag{5.64}$$

Poiché

$$u\big(t, \phi(t; y)\big)\Big|_{t=0} = u\big(0, \phi(0; y)\big) = u(0, y) = g(y),$$

ne segue l'identità

$$u\big(t, \phi(t; y)\big) = g(y) + \int_0^t f\big(s, \phi(s; y)\big) ds. \tag{5.65}$$

Ciò suggerisce la via per risolvere, **almeno localmente**, il problema (5.62).

Come conseguenza di quanto visto nella Sezione 5.1 sappiamo che per ogni fissato $x_0 \in U$ ci sono $\rho > 0$ e $0 < T' \leq T$ tali che per ogni $y \in D_\rho(x_0) \subset U$ la curva integrale $t \mapsto \phi(t; y)$ del sistema (5.63), con $\phi(0; y) = y$, è definita per $|t| < T'$ e la mappa

$$(-T', T') \times D_\rho(x_0) \ni (t, y) \longmapsto \big(t, \phi(t; y)\big) \in (-T', T') \times U \tag{5.66}$$

è un diffeomorfismo di classe C^∞ sulla sua immagine. Ne consegue che c'è un intorno aperto $U' \subset U$ di x_0 tale che per ogni $x \in U'$ e per ogni t con $|t| < T'$ esiste un'unica $y = y(t; x) \in D_\rho(x_0)$ con

$$\phi\big(t; y(t; x)\big) = x \quad \text{e} \quad (t, x) \longmapsto y(t; x) \in C^\infty((-T', T') \times U'; \mathbb{R})$$

Figura 5.4 Curva caratteristica del campo L

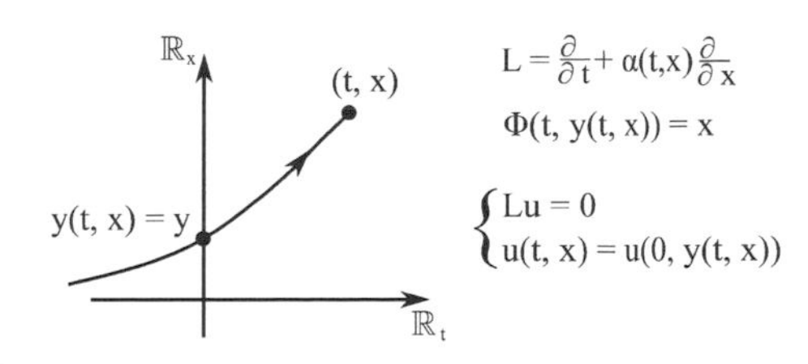

(si veda la Figura 5.4). Dunque se definiamo su $(-T', T') \times U'$

$$u(t,x) := g\big(y(t;x)\big) + \int_0^t f\big(s, \phi\big(s; y(t;x)\big)\big)ds, \tag{5.67}$$

avremo che u è di classe C^∞, e risolve (5.62) su $(-T', T') \times U'$ univocamente.

Un esempio particolarmente semplice, ma significativo, si ha quando i coefficienti α_j sono costanti, i.e. $\alpha \in \mathbb{R}^n$. In tal caso $\phi(t; y) = y + t\alpha$, sicché se $f \in C^\infty(\mathbb{R}^{1+n}, \mathbb{C})$ e $g \in C^\infty(\mathbb{R}^n, \mathbb{C})$, allora il problema (5.62) ha un'unica soluzione $u \in C^\infty(\mathbb{R}^{1+n}; \mathbb{C})$ data da

$$u(t,x) = g(x - t\alpha) + \int_0^t f\big(s, x + (s-t)\alpha\big)ds. \tag{5.68}$$

Naturalmente, il problema generale richiede la conoscenza delle curve integrali del sistema (5.63).

Un caso un po' più generale si ha aggiungendo ad L un termine di ordine 0:

$$\begin{cases} Lu + \beta(t,x)u = f(t,x) \\ u(0,x) = g(x), \end{cases} \tag{5.69}$$

dove β è un'assegnata funzione in $C^\infty((-T,T)\times U; \mathbb{C})$. In tal caso la (5.64) diviene

$$\frac{d}{dt}\Big[u\big(t, \phi(t;y)\big)\Big] + \beta\big(t, \phi(t;y)\big)u\big(t, \phi(t;y)\big) = f\big(t, \phi(t;y)\big),$$

da cui

$$u\big(t, \phi(t;y)\big) = e^{-\int_0^t \beta\left(s, \phi(s;y)\right)ds}\Big[g(y) + \int_0^t f\big(s, \phi(s;y)\big)ds\Big],$$

e quindi la (5.67) diventa

$$u(t,x) = e^{-\int_0^t \beta\left(s, \phi(s; y(t;x))\right)ds}\Big[g(y(t;x)) + \int_0^t f\big(s, \phi(s; y(t;x))\big)ds\Big]. \tag{5.70}$$

Quanto visto ora è un caso particolare del seguente teorema generale.

Teorema 5.5.1 *Dato su un aperto $\Omega \subset \mathbb{R}^{n+1}$ l'operatore differenziale*

$$P = \sum_{j=1}^{n+1} a_j(x) \frac{\partial}{\partial x_j} + a_0(x),$$

con $a_1, \dots, a_{n+1} \in C^\infty(\Omega; \mathbb{R})$ e $a_0 \in C^\infty(\Omega; \mathbb{C})$, e data una sottovarietà C^∞ n-dimensionale $S \subset \Omega$, sia $x_0 \in S$ un punto **non caratteristico per** *P, vale a dire il vettore $a(x_0) = \begin{bmatrix} a_1(x_0) \\ \vdots \\ a_{n+1}(x_0) \end{bmatrix}$* **non** *è tangente ad S in x_0. Allora esiste un intorno $\Omega' \subset \Omega$ di x_0 tale che per ogni $f \in C^\infty(\Omega'; \mathbb{C})$ e $g \in C^\infty(\Omega' \cap S; \mathbb{C})$ esiste un'unica $u \in C^\infty(\Omega'; \mathbb{C})$ che risolve il problema di Cauchy*

$$\begin{cases} Pu = f \quad in \quad \Omega', \\ u\big|_{\Omega' \cap S} = g. \end{cases} \tag{5.71}$$

Dimostrazione Sappiamo che esiste un intorno $\Omega' \subset \Omega$ di x_0 ed un diffeomorfismo χ di classe C^∞ di Ω' su un intorno $(-T, T) \times U$ dell'origine in $\mathbb{R} \times \mathbb{R}^n$ tale che

$$\chi(x_0) = (0, 0), \quad \chi(\Omega' \cap S) = \{0\} \times U.$$

È immediato verificare che per ogni $v \in C^\infty((-T, T) \times U; \mathbb{C})$ si ha

$$P\big(v \circ \chi\big) = \big(\tilde{P} v\big) \circ \chi, \tag{5.72}$$

dove $\tilde{P}$ è l'operatore differenziale su $(-T, T) \times U$

$$\begin{cases} \tilde{P} = \displaystyle\sum_{k=1}^{n+1} b_k(z) \frac{\partial}{\partial z_k} + b_0(z), \\ b_k(z) = \displaystyle\sum_{j=1}^{n+1} \frac{\partial \chi_k}{\partial x_j}\big(\chi^{-1}(z)\big) a_j\big(\chi^{-1}(z)\big), \quad 1 \le k \le n+1, \\ b_0(z) = a_0\big(\chi^{-1}(z)\big). \end{cases} \tag{5.73}$$

Ora, poiché per ipotesi il vettore $a(x_0) = \begin{bmatrix} a_1(x_0) \\ \vdots \\ a_{n+1}(x_0) \end{bmatrix} \notin T_{x_0} S$, ne consegue che il vettore $b(0,0) = \begin{bmatrix} b_1(0,0) \\ \vdots \\ b_{n+1}(0,0) \end{bmatrix} \notin T_{(0,0)}\big(\chi(S \cap \Omega')\big)$, cioè $b_1(0,0) \neq 0$.

A patto di restringere $(-T, T) \times U$, si può supporre che $b_1(z) \neq 0$, per ogni $z \in (-T, T) \times U$. Scritto z come (t, z'), $|t| < T$, $z' \in U$, il problema è ricondotto a mostrare che c'è un intorno $(-T', T') \times U' \subset (-T, T) \times U$ di $(0, 0)$ tale che per ogni $F \in C^\infty((-T',T') \times U';\mathbb{C})$ e per ogni $G \in C^\infty(U';\mathbb{C})$ esiste un'unica $v \in C^\infty((-T',T') \times U';\mathbb{C})$ tale che

$$\begin{cases} \tilde{P}v = F(t,z') \text{ su } (-T',T') \times U', \\ v(0,z') = G(z'), \ \forall z' \in U'. \end{cases}$$

Poiché $\tilde{P}v = F$ è allora equivalente a

$$\frac{\partial v}{\partial t} + \sum_{j=2}^{n+1} \frac{b_j(t,z')}{b_1(t,z')} \frac{\partial v}{\partial z'_j} + \frac{b_0(t,z')}{b_1(t,z')} v = \frac{F(t,z')}{b_1(t,z')},$$

il risultato segue dalla discussione che precede il teorema. □

Consideriamo ora un tipico problema di Cauchy **non lineare**: l'equazione di Hamilton-Jacobi

$$\begin{cases} \dfrac{\partial \psi}{\partial t}(t,x) = f\big(t,x,\nabla_x \psi(t,x)\big), \\ \psi(0,x) = g(x), \end{cases} \tag{5.74}$$

dove $f = f(t,x,\xi)$ è C^∞ a valori **reali** definita su un aperto del tipo $(-T,T) \times U \times \Gamma \subset \mathbb{R}_t \times \mathbb{R}^n_x \times \mathbb{R}^n_\xi$, e g è una assegnata funzione C^∞ su U a valori **reali** tale che $\nabla_x g(x) \in \Gamma$ per $x \in U$. La domanda che ci poniamo è se *dato $x_0 \in U$ ci sia $0 < T' \le T$ ed un intorno $U' \subset U$ di x_0 tali che il problema (5.74) abbia un'unica soluzione $\psi \in C^\infty((-T',T') \times U';\mathbb{R})$.*

La risposta, come vedremo, è affermativa e la prova sarà ottenuta attraverso una serie di risultati intermedi.

Teorema 5.5.2 *Sia $\Lambda \subset \mathbb{R}^N_y \times \mathbb{R}^N_\eta$ una sottovarietà C^∞ di dimensione N, soddisfacente le proprietà seguenti:*

(i) detta $\pi: \mathbb{R}^N_y \times \mathbb{R}^N_\eta \longrightarrow \mathbb{R}^N_y$ la proiezione canonica, e $\pi'(\rho)$ la relativa mappa tangente in $\rho = (y,\eta)$,

$$\pi'(\rho)\big|_{T_\rho \Lambda}: T_\rho \Lambda \longrightarrow T_{\pi(\rho)}\mathbb{R}^N$$

è biettiva per ogni $\rho \in \Lambda$;

(ii) considerata su $\mathbb{R}^N \times \mathbb{R}^N$ la forma bilineare σ (detta **forma simplettica***)*

$$\sigma\left(v = \begin{bmatrix} \delta y \\ \delta \eta \end{bmatrix}, v' = \begin{bmatrix} \delta y' \\ \delta \eta' \end{bmatrix}\right) := \langle \delta\eta, \delta y' \rangle - \langle \delta \eta', \delta y \rangle,$$

con $v, v' \in \mathbb{R}^N \times \mathbb{R}^N$, si ha

$$\sigma(v,v') = 0, \quad \forall v, v' \in T_\rho \Lambda, \ \forall \rho \in \Lambda. \tag{5.75}$$

Allora per ogni $\rho_0 = (y_0, \eta_0) \in \Lambda$ esistono un intorno aperto $\Omega_1 \times \Omega_2$ di ρ_0 ed una funzione $\varphi \in C^\infty(\Omega_1; \mathbb{R})$, **unica** *a meno di una costante additiva, tali che*

- $\nabla_y \varphi(y) \in \Omega_2$, $\forall y \in \Omega_1$;
- $\Lambda \cap \big(\Omega_1 \times \Omega_2\big) = \{(y, \nabla_y \varphi(y));\ y \in \Omega_1\}$.

Dimostrazione Fissato $\rho_0 \in \Lambda$ sappiamo che esiste un intorno $\mathcal{U} \subset \mathbb{R}^N \times \mathbb{R}^N$ di ρ_0 ed una funzione $F \in C^\infty(\mathcal{U}; \mathbb{R}^N)$ tale che

$$\operatorname{rg} J_F(y, \eta) = N, \quad \forall (y, \eta) \in \mathcal{U}, \quad \text{e} \quad \Lambda \cap \mathcal{U} = \{(y, \eta);\ F(y, \eta) = 0\}.$$

Posto $F'_y(y, \eta) = [\partial F_j / \partial y_k(y, \eta)]_{1 \le j,k \le N}$ e $F'_\eta(y, \eta) = [\partial F_j / \partial \eta_k(y, \eta)]_{1 \le j,k \le N}$, per ogni $\rho \in \Lambda \cap \mathcal{U}$ si ha

$$T_\rho \Lambda = \left\{ \begin{bmatrix} \delta y \\ \delta \eta \end{bmatrix};\ F'_y(\rho)\delta y + F'_\eta(\rho)\delta\eta = 0 \right\}.$$

L'ipotesi (i) ha come conseguenza che $F'_\eta(\rho)$ è **invertibile**. Dal Teorema di Dini segue allora che nell'equazione $F(y, \eta) = 0$ è possibile, localmente, esplicitare le η come funzioni C^∞ di y. C'è dunque un intorno $U_1 \times U_2 \subset \mathcal{U}$ di ρ_0 ed una mappa C^∞, $\omega: U_1 \longrightarrow U_2$, tali che

$$\omega(y_0) = \eta_0 \quad \text{e} \quad \Lambda \cap (U_1 \times U_2) = \{(y, \omega(y));\ y \in U_1\}.$$

Allora per ogni $\rho = (y, \eta) \in \Lambda \cap (U_1 \times U_2)$ si ha che

$$T_\rho \Lambda = \left\{ \begin{bmatrix} \delta y \\ \delta \eta \end{bmatrix};\ \delta\eta = J_\omega(y)\delta y \right\}, \quad J_\omega(y) = [\partial \omega_j / \partial y_k(y)]_{1 \le j,k \le N}. \tag{5.76}$$

Per la (5.75) si ha

$$\sigma\left(\begin{bmatrix} \delta y \\ J_\omega(y)\delta y \end{bmatrix}, \begin{bmatrix} \delta y' \\ J_\omega(y)\delta y' \end{bmatrix} \right) = \langle J_\omega(y)\delta y, \delta y' \rangle - \langle J_\omega(y)\delta y', \delta y \rangle = 0,$$

per ogni $\delta y, \delta y' \in \mathbb{R}^N$. Ne segue che la matrice $J_\omega(y)$ è **simmetrica** per ogni $y \in U_1$. Dunque la 1-forma differenziale $\sum_{j=1}^N \omega_j(y) dy_j$ su U_1 è chiusa. Per il Lemma di Poincaré essa è allora localmente esatta, sicché su un opportuno intorno $\Omega_1 \subset U_1$ di y_0 esiste unica, a meno di una costante additiva, $\varphi \in C^\infty(\Omega_1; \mathbb{R})$ tale che $\omega_j(y) = \partial\varphi/\partial y_j(y)$, per ogni $y \in \Omega_1$ e $1 \le j \le N$, i.e. $\omega(y) = \nabla_y \varphi(y)$, $y \in \Omega_1$. Il teorema è cosi provato (con $\Omega_2 = U_2$). □

Un corollario importante del teorema precedente è il seguente.

Corollario 5.5.3 *Sia Λ come nel Teorema 5.5.2, e sia data $F \in C^\infty(\mathcal{V};\mathbb{R})$, $\mathcal{V}$ aperto di $\mathbb{R}^N \times \mathbb{R}^N$ tale che*

(i) $\Sigma := F^{-1}(0) \neq \emptyset$, *e* $\nabla_{(y,\eta)}F(y,\eta) \neq 0$, *per ogni* $(y,\eta) \in \Sigma$;
(ii) $\Lambda \subset \Sigma$.

Allora Λ è **invariante** *per il flusso del campo hamiltoniano*

$$H_F(y,\eta) := \begin{bmatrix} \nabla_\eta F(y,\eta) \\ -\nabla_y F(y,\eta) \end{bmatrix}.$$

Dimostrazione Per quanto visto nella Sezione 5.1, basterà provare che

$$H_F(\rho) \in T_\rho\Lambda, \quad \forall \rho \in \Lambda.$$

Per il teorema precedente possiamo supporre che su un intorno $\Omega_1 \times \Omega_2$ di $\rho_0 = (y_0, \eta_0) \in \Lambda$ si abbia

$$\Lambda \cap (\Omega_1 \times \Omega_2) = \{(y, \nabla_y\varphi(y));\ y \in \Omega_1\}.$$

Poiché $\Lambda \subset \Sigma$ si ha $F\big(y, \nabla_y\varphi(y)\big) = 0$ per ogni $y \in \Omega_1$, e quindi

$$\nabla_y\big[F\big(y,\nabla_y\varphi(y)\big)\big] = (\nabla_y F)\big(y,\nabla_y\varphi(y)\big) + \operatorname{Hess}\varphi(y)\big((\nabla_\eta F)\big(y,\nabla_y\varphi(y)\big)\big) = 0,$$

per ogni $y \in \Omega_1$. Dalla (5.76), essendo $J_\omega(y) = \operatorname{Hess}\varphi(y)$, si ha dunque la tesi. □

È il caso di osservare esplicitamente che preso $\bar\rho = (\bar y, \bar\eta = \nabla_y\varphi(\bar y)) \in \Lambda$, la curva integrale $t \longmapsto \Phi^t_{H_F}(\bar\rho)$ è dunque interamente contenuta in Λ. Ne segue che, scritto $\Phi^t_{H_F}(\bar\rho) = \big(y(t;\bar\rho), \eta(t;\bar\rho)\big)$, per ogni t con $|t|$ abbastanza piccolo si ha la relazione

$$(\nabla_y\varphi)\big(y(t;\bar\rho)\big) = \eta(t;\bar\rho). \tag{5.77}$$

In particolare, qualora F sia **positivamente omogenea** di grado $m \neq 0$ in η, cioè

$$(y,\eta) \in \mathcal{V} \Longrightarrow (y,\lambda\eta) \in \mathcal{V}, \forall\lambda > 0, \text{ e } F(y,\lambda\eta) = \lambda^m F(y,\eta),$$

allora, per la relazione di Eulero

$$mF(y,\eta) = \langle \eta, \nabla_\eta F(y,\eta)\rangle$$

(il lettori dimostri questa identità per esercizio), si ha

$$\begin{aligned}\frac{d}{dt}\big[\varphi\big(y(t;\bar\rho)\big)\big] &= \langle(\nabla_y\varphi)\big(y(t;\bar\rho)\big), \dot y(t;\bar\rho)\rangle = \\ &= \langle \eta(t;\bar\rho), (\nabla_\eta F)\big(y(t;\bar\rho), \eta(t;\bar\rho)\big)\rangle = mF\big(y(t;\bar\rho), \eta(t;\bar\rho)\big),\end{aligned}$$

per tutti i t abbastanza piccoli. Dunque per $|t|$ sufficientemente piccolo si ha che

$$\varphi\big(y(t;\bar\rho)\big) = \varphi\big(y(0;\bar\rho)\big) = \varphi(\bar y).$$

In altre parole φ è **costante** sulle proiezioni in $\mathbb{R}^N_y$ delle curve integrali di H_F contenute in Λ.

Nella letteratura le curve integrali di H_F sono chiamate **bicaratteristiche di** F, e le loro proiezioni su $\mathbb{R}^N_y$ sono chiamate **caratteristiche di** F.

Ci occorre ancora un ulteriore importante risultato.

Sia data $F \in C^\infty(\mathcal{V};\mathbb{R})$, $\mathcal{V} \subset \mathbb{R}^N_y \times \mathbb{R}^N_\eta$ aperto, con campo hamiltoniano $H_F = \begin{bmatrix} \nabla_\eta F(y,\eta) \\ -\nabla_y F(y,\eta) \end{bmatrix} \neq 0$, per ogni $(y,\eta) \in \mathcal{V}$. Sappiamo che per ogni fissato $\rho_0 = (y_0,\eta_0) \in \mathcal{V}$ c'è un intorno $\mathcal{U} \subset \mathcal{V}$ di ρ_0 ed un $T > 0$ tali che il flusso $\Phi^t_{H_F}(\rho)$ è ben definito e C^∞ per $|t| < T$ e $\rho \in \mathcal{U}$. Scritto

$$\Phi^t_{H_F}(\rho = (y,\eta)) = \big(q(t;\rho), p(t;\rho)\big),$$

si consideri la matrice $2N \times 2N$

$$A(t;\rho) = \begin{bmatrix} \partial q/\partial y(t;\rho) & \partial q/\partial\eta(t;\rho) \\ \partial p/\partial y(t;\rho) & \partial p/\partial\eta(t;\rho) \end{bmatrix}.$$

Vale il seguente risultato (**invarianza della forma simplettica per il flusso hamiltoniano**).

Teorema 5.5.4 *Per ogni* $(t,\rho) \in (-T,T) \times \mathcal{U}$ *si ha*

$$\sigma\big(A(t;\rho)v, A(t;\rho)v'\big) = \sigma(v,v'),\ \forall v = \begin{bmatrix} \delta y \\ \delta\eta \end{bmatrix}, v' = \begin{bmatrix} \delta y' \\ \delta\eta' \end{bmatrix} \in \mathbb{R}^N \times \mathbb{R}^N.$$

Dimostrazione Cominciamo col provare che

$$\frac{d}{dt}\sigma\big(A(t;\rho)v, A(t;\rho)v'\big)\big|_{t=0} = 0,\ \forall v, v'. \tag{5.78}$$

Poiché

$$\dot q(t;\rho) = (\nabla_\eta F)\big(q(t;\rho), p(t;\rho)\big),\quad \dot p(t;\rho) = -(\nabla_y F)\big(q(t;\rho), p(t;\rho)\big),$$

possiamo scrivere

$$\begin{aligned} q(t;\rho) &= q(0;\rho) + t(\nabla_\eta F)\big(q(0;\rho), p(0;\rho)\big) + O(t^2), \\ p(t;\rho) &= p(0;\rho) - t(\nabla_y F)\big(q(0;\rho), p(0;\rho)\big) + O(t^2), \end{aligned}$$

e siccome $\big(q(0;\rho), p(0;\rho)\big) = \rho = (y,\eta)$,

$$A(t;\rho) = \begin{bmatrix} I_N & 0 \\ 0 & I_N \end{bmatrix} + t \underbrace{\begin{bmatrix} F''_{\eta y}(\rho) & F''_{\eta\eta}(\rho) \\ -F''_{yy}(\rho) & -F''_{y\eta}(\rho) \end{bmatrix}}_{=:L(\rho)} + O(t^2).$$

Ne segue che

$$\sigma(A(t;\rho)v, A(t;\rho)v') = \sigma(v,v') + t\big[\sigma(L(\rho)v,v') + \sigma(v,L(\rho)v')\big] + O(t^2).$$

Ora

$$\sigma(L(\rho)v,v') = \sigma\left(\begin{bmatrix} F''_{\eta y}(\rho)\delta y + F''_{\eta\eta}(\rho)\delta\eta \\ -F''_{yy}(\rho)\delta y - F''_{y\eta}(\rho)\delta\eta \end{bmatrix}, \begin{bmatrix} \delta y' \\ \delta\eta' \end{bmatrix}\right) =$$
$$= -\langle F''_{yy}(\rho)\delta y + F''_{y\eta}(\rho)\delta\eta, \delta y'\rangle - \langle \delta\eta', F''_{\eta y}(\rho)\delta y + F''_{\eta\eta}(\rho)\delta\eta\rangle.$$

Poiché $F''_{y\eta}(\rho) = {}^t F''_{\eta y}(\rho)$ e $F''_{\eta\eta}$, F''_{yy} sono simmetriche, si ha

$$\sigma(L(\rho)v,v') = -\langle F''_{yy}(\rho)\delta y' + F''_{y\eta}(\rho)\delta\eta', \delta y\rangle - \langle \delta\eta, F''_{\eta y}(\rho)\delta y' + F''_{\eta\eta}(\rho)\delta\eta'\rangle =$$
$$= \sigma(L(\rho)v',v) = -\sigma(v,L(\rho)v').$$

Dunque $\sigma(A(t;\rho)v, A(t;\rho)v') = \sigma(v,v') + O(t^2)$, da cui la (5.78).

Proviamo ora che da (5.78) segue che

$$\frac{d}{dt}\sigma(A(t;\rho)v, A(t;\rho)v') = 0, \quad \forall v,v' \in \mathbb{R}^N \times \mathbb{R}^N, \tag{5.79}$$

per ogni t con $|t| < T$ e per ogni $\rho \in \mathcal{U}$. Per la proprietà gruppale del flusso $\Phi^t_{H_F}$ si ha

$$\Phi^{t+s}_{H_F}(\rho) = \Phi^t_{H_F}\big(\Phi^s_{H_F}(\rho)\big),$$

per $|s| < T$ fissato e per $|t|$ sufficientemente piccolo. Dunque

$$A(t+s;\rho) = A(t;\Phi^s_{H_F}(\rho))A(s;\rho),$$

e quindi, per quanto provato sopra,

$$\begin{aligned}
&\sigma\big(A(t+s;\rho)v, A(t+s;\rho)v'\big) = \\
&= \sigma\big(A(t;\Phi^s_{H_F}(\rho))A(s;\rho)v, A(t;\Phi^s_{H_F}(\rho))A(s;\rho)v'\big) = \\
&= \sigma(A(s;\rho)v, A(s;\rho)v') + t\big[\sigma\big(L(\Phi^s_{H_F}(\rho))A(s;\rho)v, A(s;\rho)v'\big) + \\
&\qquad + \sigma\big(A(s;\rho)v, L(\Phi^s_{H_F}(\rho))A(s;\rho)v'\big)\big] + O(t^2) = \\
&= \sigma(A(s;\rho)v, A(s;\rho)v') + O(t^2).
\end{aligned}$$

Ciò prova che la derivata di (5.79) calcolata per $t = s$ è 0, da cui la tesi. □

Veniamo ora al problema di Cauchy (5.74).

La funzione $F(t, x, \tau, \xi) := \tau - f(t, x, \xi)$ è definita su $(-T, T) \times U \times \mathbb{R}_\tau \times \Gamma$ ed è ivi C^∞. Poniamo

$$\Sigma := \{(t, x, \tau, \xi);\ \tau = f(t, x, \xi)\}.$$

Poiché $H_F = \begin{bmatrix} 1 \\ -\nabla_\xi f \\ \partial f/\partial t \\ \nabla_x f \end{bmatrix} \neq 0$, si ha che Σ è una sottovarietà C^∞ di $\mathbb{R}^{1+n} \times \mathbb{R}^{1+n}$ di codimensione 1. Ricordiamo che $H_F(\rho) \in T_\rho \Sigma$ per ogni $\rho \in \Sigma$. Consideriamo ora l'insieme

$$S := \{(t, x, \tau, \xi);\ t = 0,\ x \in U,\ \xi = \nabla_x g(x),\ \tau = f(0, x, \xi)\}.$$

Proviamo le seguenti proprietà di S:

(i) S è una sottovarietà C^∞ di $\mathbb{R}^{1+n} \times \mathbb{R}^{1+n}$ di dimensione n, e $S \subset \Sigma$;
(ii) per ogni $\rho \in S$, $H_F(\rho) \notin T_\rho S$;
(iii) $\sigma(v, v') = 0$, $\forall v, v' \in T_\rho S$, $\forall \rho \in S$.

La (i) è ovvia, e si ha

$$T_\rho S = \left\{ \begin{bmatrix} \delta t \\ \delta x \\ \delta \tau \\ \delta \xi \end{bmatrix} ; \delta t = 0, \delta \xi = \operatorname{Hess} g(\rho) \delta x, \delta \tau = \langle \nabla_x f(\rho), \delta x \rangle + \langle \nabla_\xi f(\rho), \delta \xi \rangle \right\}, \tag{5.80}$$

per ogni $\rho \in S$. Da (5.80) segue allora immediatamente (ii).

Quanto a (iii) si ha

$$\sigma\left(\begin{bmatrix} 0 \\ \delta x \\ \langle \nabla_x f(\rho) \delta x \rangle + \langle \nabla_\xi f(\rho), \delta \xi \rangle \\ \operatorname{Hess} g(\rho) \delta x \end{bmatrix}, \begin{bmatrix} 0 \\ \delta x' \\ \langle \nabla_x f(\rho) \delta x' \rangle + \langle \nabla_\xi f(\rho), \delta \xi' \rangle \\ \operatorname{Hess} g(\rho) \delta x' \end{bmatrix} \right) =$$
$$= \langle \operatorname{Hess} g(\rho) \delta x, \delta x' \rangle - \langle \operatorname{Hess} g(\rho) \delta x', \delta x \rangle = 0.$$

La trasversalità di H_F nei punti di S, per quanto visto nella Sezione 5.1, permette di affermare quanto segue. Fissato ad arbitrio un punto $\rho_0 = (t = 0, x_0, \tau = f(0, x_0, \nabla_x g(x_0)), \nabla_x g(x_0)) \in S$, esiste $0 < T' \leq T$ ed un intorno $U' \subset U$ di x_0 per cui, posto

$$\mathcal{U}' := \{(t = 0, x, \tau = f(0, x, \nabla_x g(x)), \nabla_x g(x));\ x \in U'\},$$

la mappa $(-T',T')\times \mathcal{U}' \ni (t,\rho) \longmapsto \Phi^t_{H_F}(\rho) \in \mathbb{R}^{1+n}\times\mathbb{R}^{1+n}$ è un diffeomorfismo sulla sua immagine, che chiameremo $\Lambda_{T',U'}$, la quale è dunque una sottovarietà C^∞ di $\mathbb{R}^{1+n}\times\mathbb{R}^{1+n}$ di dimension $n+1$, ed ovviamente $\Lambda_{T',U'}\subset\Sigma$. Vediamo ora che, a patto di restringere T' ed U', $\Lambda_{T',U'}$ soddisfa le condizioni del Teorema 5.5.2. Per fare ciò, è importante determinare lo spazio tangente $T_{\tilde\rho}\Lambda_{T',U'}$ in ogni punto $\tilde\rho := \Phi^t_{H_F}(\rho)\in\Lambda_{T',U'}$. Si ha

$$T_{\tilde\rho}\Lambda_{T',U'} = \{\lambda H_F(\tilde\rho) + (\Phi^t_{H_F})'(\rho)v;\ \lambda\in\mathbb{R},\ v\in T_\rho S\}, \tag{5.81}$$

dove $(\Phi^t_{H_F})'(\rho)$ è la mappa tangente di $\Phi^t_{H_F}$ **rispetto** a ρ.

Osserviamo ora che

$$\begin{aligned}&\sigma\big(\lambda H_F(\tilde\rho) + (\Phi^t_{H_F})'(\rho)v, \lambda' H_F(\tilde\rho) + (\Phi^t_{H_F})'(\rho)v'\big) =\\ &= \lambda\lambda' \underbrace{\sigma(H_F(\tilde\rho), H_F(\tilde\rho))}_{=0} + \lambda\sigma(H_F(\tilde\rho), (\Phi^t_{H_F})'(\rho)v') +\\ &+ \lambda'\sigma((\Phi^t_{H_F})'(\rho)v, H_F(\tilde\rho)) + \sigma((\Phi^t_{H_F})'(\rho)v, (\Phi^t_{H_F})'(\rho)v').\end{aligned}$$

Il secondo e terzo addendo sono nulli perché $(\Phi^t_{H_F})'(\rho)v\in T_{\tilde\rho}\Lambda_{T',U'}\subset T_{\tilde\rho}\Sigma$ e

$$\sigma(H_F(\tilde\rho), w) = -\langle(\nabla_{(t,x,\tau,\xi)}F)(\tilde\rho), w\rangle = 0, \quad \forall w\in T_{\tilde\rho}\Sigma.$$

Infine, per il Teorema 5.5.1, l'ultimo addendo è uguale a $\sigma(v,v') = 0$, per la proprietà (iii).

Occorre ora verificare la proprietà (i) del Teorema 5.5.2. Si prenda $\Phi^0_{H_F}(\rho) = \rho$ e calcoliamo $\pi'(\rho)\big|_{T_\rho\Lambda_{T',U'}} : T_\rho\Lambda_{T',U'} \longrightarrow T_{\pi(\rho)}\mathbb{R}^{1+n} = \mathbb{R}^{1+n}$. Poiché

$$T_\rho\Lambda_{T',U'} = \{\lambda H_F(\rho) + v;\ \lambda\in\mathbb{R},\ v\in T_\rho S\},$$

si ha, con $v = \begin{bmatrix} 0 \\ \delta x \\ \langle\nabla_x f(\rho), \delta x\rangle + \langle\nabla_\xi f(\rho), \operatorname{Hess} g(\rho)\delta x\rangle \\ \operatorname{Hess} g(\rho)\delta x\end{bmatrix}$, che

$$\pi'(\rho)\big(\lambda H_F(\rho) + v\big) = \begin{bmatrix}\lambda \\ -\lambda\nabla_\xi f(\rho) + \delta x\end{bmatrix}.$$

Questo è nullo se e solo se $\lambda = 0$ e $\delta x = 0$, i.e. se e solo se $\lambda H_F(\rho) + v = 0$. Dunque la restrizione di $\pi'(\tilde\rho)$ è iniettiva nei punti $\tilde\rho = \rho$ di S. Ne segue che, a patto di restringere U' e T', la restrizione di $\pi'(\tilde\rho)$ è iniettiva in ogni punto $\tilde\rho = \Phi^t_{H_F}(\rho)$ di $\Lambda_{T',U'}$. Il Teorema 5.5.2 permette allora di concludere (riducendo ancora, eventualmente, T' e U') che $\Lambda_{T',U'}$ è un grafico del tipo

$$\Big(t, x, \frac{\partial\psi}{\partial t}(t,x), \nabla_x\psi(t,x)\Big)$$

per una funzione reale $\psi(t,x)$ definita su $(-T',T')\times U'$, unica a meno di una costante additiva. Per costruzione $(\nabla_x\psi)(0,x)=\nabla_x g(x)$ e dunque $\psi(0,x)-g(x)$ è una costante $c\in\mathbb{R}$. Ne segue che la funzione $\psi(t,x)-c$ soddisfa il problema di Cauchy (5.74). □

Esaminiamo ora alcuni esempi significativi.

Consideriamo il problema di Cauchy

$$\begin{cases} \dfrac{\partial\psi}{\partial t}(t,x)=\|\nabla_x\psi(t,x)\|, \\ \psi(0,x)=g(x), \end{cases} \tag{5.82}$$

dove $g\in C^\infty(\mathbb{R}^n;\mathbb{R})$, con $\nabla_x g(x)\neq 0$ per ogni x. In tal caso $F(t,x,\tau,\xi)=\tau-\|\xi\|$, che è C^∞ per $\xi\neq 0$. Poiché $H_F=\begin{bmatrix}1\\ -\xi/\|\xi\|\\ 0\\ 0\end{bmatrix}$, le curve integrali di H_F passanti per $\rho=(t=0,y\in\mathbb{R}^n,\|\nabla_x g(y)\|,\nabla_x g(y))$ sono date da

$$\Big(t,y-\frac{\nabla_x g(y)}{\|\nabla_x g(y)\|}t,\|\nabla_x g(y)\|,\nabla_x g(y)\Big),\quad t\in\mathbb{R}.$$

Giacché

$$\psi\Big(t,y-\frac{\nabla_x g(y)}{\|\nabla_x g(y)\|}t\Big)=\psi(0,y)=g(y),$$

si tratta dunque di invertire la mappa

$$(t,y)\longmapsto\Big(t,y-\frac{\nabla_x g(y)}{\|\nabla_x g(y)\|}t=x\Big).$$

Fissato y_0 c'è sicuramente un $\delta>0$ e $T>0$ tali che per ogni $x\in D_\delta(y_0)$ e per ogni $|t|<T$, l'equazione

$$y-\frac{\nabla_x g(y)}{\|\nabla_x g(y)\|}t=x \tag{5.83}$$

ha un'unica soluzione $(t,x)\longmapsto y(t,x)$ di classe C^∞. Dunque la soluzione per $x\in D_\delta(y_0)$ e $|t|<T$ è data da

$$\psi(t,x)=g\big(y(t,x)\big).$$

Ad esempio, se $g(x)=\langle x,\zeta\rangle$, $\zeta\neq 0$, allora

$$y(t,x)=x+t\frac{\zeta}{\|\zeta\|},$$

e dunque

$$\psi(t,x) = \left\langle x + t\frac{\zeta}{\|\zeta\|}, \zeta \right\rangle = \langle x, \zeta\rangle + t\|\zeta\|, \quad \forall (t,x) \in \mathbb{R}\times\mathbb{R}^n.$$

Un altro esempio è il problema di Cauchy seguente:

$$\begin{cases} \dfrac{\partial\psi}{\partial t}(t,x) = \sqrt{1 - \|\nabla_x\psi(t,x)\|^2}, \\ \psi(0,x) = g(x), \end{cases}$$

dove $g \in C^\infty(\mathbb{R}^n;\mathbb{R})$, con $\|\nabla_x g(x)\| < 1$ per ogni $x \in \mathbb{R}^n$.

In tal caso $F(t,x,\tau,\xi) = \tau - \sqrt{1-\|\xi\|^2}$, che è C^∞ per $\|\xi\| < 1$.

Poiché $H_F = \begin{bmatrix} 1 \\ \xi/\sqrt{1-\|\xi\|^2} \\ 0 \\ 0 \end{bmatrix}$, le curve integrali di H_F passanti per il punto $\rho = (t=0, y\in\mathbb{R}^n, \sqrt{1-\|\nabla_x g(y)\|^2}, \nabla_x g(y))$ sono date da

$$\left(t, y + \frac{\nabla_x g(y)}{\sqrt{1-\|\nabla_x g(y)\|^2}}t, \sqrt{1-\|\nabla_x g(y)\|^2}, \nabla_x g(y)\right), \quad t\in\mathbb{R}.$$

Di nuovo, fissato y_0 c'è sicuramente un $\delta > 0$ e $T > 0$ tali che per ogni $x \in D_\delta(y_0)$ e $|t| < T$, l'equazione

$$y + \frac{\nabla_x g(y)}{\sqrt{1-\|\nabla_x g(y)\|^2}}t = x \tag{5.84}$$

ha un'unica soluzione $(t,x) \longmapsto y(t,x) \in \mathbb{R}^n$ di classe C^∞. Per costruzione la 1-forma

$$\sqrt{1-\|\nabla_x g(y(t,x))\|^2}\,dt + \langle \nabla_x g\big(y(t,x)\big), dx\rangle$$

è chiusa su $(-T,T)\times D_\delta(y_0)$, e quindi ivi esatta. Sicché per integrazione della 1-forma si ottiene la $\psi(t,x)$.

Ad esempio, se $g(x) = \langle x,\zeta\rangle$, $\|\zeta\| < 1$, si ha la 1-forma

$$\sqrt{1-\|\zeta\|^2}\,dt + \langle\zeta, dx\rangle,$$

il cui potenziale, che per $t = 0$ dà g, è

$$\langle x,\zeta\rangle + \sqrt{1-\|\zeta\|^2}\,t, \quad \forall (t,x)\in\mathbb{R}\times\mathbb{R}^n.$$

In generale le equazioni (5.83) e (5.84) non sono esplicitamente risolubili in termini elementari.

Accenniamo infine ad una applicazione importante del problema di Cauchy (5.74).

Supponiamo dato su un aperto $X \subset \mathbb{R}^n$ ($n \geq 2$) un operatore differenziale lineare di ordine m

$$P = P(x, D) = \sum_{|\alpha| \leq m} a_\alpha(x) D^\alpha, \quad D^\alpha = D_1^{\alpha_1} D_2^{\alpha_2} \dots D_n^{\alpha_n}, \quad D_j = \frac{1}{i}\partial_{x_j},$$

a coefficienti $C^\infty(X)$, per il quale il **simbolo principale**

$$p_m(x, \xi) := \sum_{|\alpha| = m} a_\alpha(x) \xi^\alpha, \quad \xi \in \mathbb{R}^n,$$

sia **reale** e soddisfi le condizioni seguenti:

(i) $\Sigma := \{(x, \xi) \in X \times (\mathbb{R}^n \setminus \{0\});\ p_m(x, \xi) = 0\} \neq \emptyset$;
(ii) $d_\xi p_m(\rho) \neq 0$, $\forall \rho \in \Sigma$

(sicché Σ è una sottovarietà C^∞ di codimensione 1).

Si è interessati a trovare una funzione **reale** e C^∞, $\psi(x, \lambda)$, $x \in X$, $\lambda \in \mathbb{R}^{n-1} \setminus \{0\}$, positivamente omogenea di grado 1 in λ (i.e. $\psi(x, t\lambda) = t\psi(x, \lambda)$, $t > 0$), tale che

$$e^{-i\psi(x,\lambda)} P\big(e^{i\psi(x,\lambda)}\big) = O(\|\lambda\|^{m-1}), \quad \text{per} \quad \|\lambda\| \to +\infty.$$

Un calcolo (che lasciamo al lettore) mostra che si ha

$$e^{-i\psi(x,\lambda)} P\big(e^{i\psi(x,\lambda)}\big) = p_m\big(x, \nabla_x \psi(x, \lambda)\big) + O(\|\lambda\|^{m-1}).$$

Ci si riconduce così a costruire ψ tale che $p_m\big(x, \nabla_x \psi(x, \lambda)\big) = 0$. In generale non è possibile trovare una soluzione globale di questa equazione. Tuttavia è possibile risolvere l'equazione **microlocalmente**. Precisamente, fissato un punto $\bar{\rho} = (\bar{x}, \bar{\xi}) \in \Sigma$, si supponga, ad esempio, che sia $\partial p_m / \partial \xi_1(\bar{\rho}) \neq 0$ e, per semplicità, sia $\bar{x}_1 = 0$. Dal Teorema di Dini segue allora che possiamo scrivere

$$p_m(x, \xi) = \big(\xi_1 - f(x_1, x', \xi')\big)\theta(x, \xi),$$

per $|x_1| < T$, $x' = (x_2, \dots, x_n) \in D_r(\bar{x}')$ (per certi $T, r > 0$), e per $\xi' = (\xi_2, \dots, \xi_n) \in \Gamma \subset \mathbb{R}^{n-1} \setminus \{0\}$, dove Γ è un intorno conico aperto di $\bar{\xi}'$ (conico significa qui che se $\xi' \in \Gamma$ allora $t\xi' \in \Gamma$, per ogni $t > 0$), $f \in C^\infty((-T, T) \times D_r(\bar{x}') \times \Gamma; \mathbb{R})$ e θ è una funzione C^∞ reale non nulla su $(-T, T) \times D_r(\bar{x}') \times \mathbb{R}_{\xi_1} \times \Gamma$. Di più

$$f(x_1, x', t\xi') = t f(x_1, x', \xi'), \quad \theta(x, t\xi) = t^{m-1}\theta(x, \xi), \quad \forall t > 0.$$

A questo punto basta trovare $\psi(x,\lambda)$ tale che

$$\begin{cases} \dfrac{\partial \psi}{\partial x_1}(x,\lambda) = f\big(x_1, x', \nabla_{x'}\psi(x,\lambda)\big), \\ \psi(0,x',\lambda) = \langle x', \lambda\rangle, \ \lambda \in \Gamma, \end{cases} \tag{5.85}$$

per avere allora $p_m\big(x, \nabla_x \psi(x,\lambda)\big) = 0$. La discussione del problema di Cauchy (5.74) garantisce che il problema di Cauchy (5.85) ha un'unica soluzione locale C^∞.

L'esempio visto in (5.82) è un caso particolare di quanto discusso ora, nel caso in cui P sia l'operatore delle onde $\dfrac{\partial^2}{\partial t^2} - \Delta$ (dove Δ è il laplaciano).

Da ultimo consideriamo il seguente problema di Cauchy **quasilineare** (si veda (5.62)):

$$\begin{cases} Lu := \dfrac{\partial u}{\partial t} + \displaystyle\sum_{j=1}^{n} \alpha_j(t,x,u)\frac{\partial u}{\partial x_j} = f(t,x,u), \\ u(0,x) = g(x), \end{cases} \tag{5.86}$$

dove ora i coefficienti $\alpha_1, \dots, \alpha_n$ dell'operatore L ed il "termine noto" f sono assegnate funzioni **reali** di classe C^∞ (per fissare le idee) su un cilindro aperto $\Omega := (-T,T) \times U \times \mathbb{R} \subset \mathbb{R}_t \times \mathbb{R}^n_x \times \mathbb{R}_u$. Come al solito, il problema consiste nel provare l'esistenza e unicità (locale) di una soluzione di (5.86). L'osservazione cruciale è la seguente. Consideriamo su Ω il campo vettoriale C^∞

$$v\colon \Omega \longrightarrow \mathbb{R} \times \mathbb{R}^n \times \mathbb{R}, \quad v(t,x,z) = \begin{bmatrix} 1 \\ \alpha(t,x,z) = \begin{bmatrix} \alpha_1(t,x,z) \\ \vdots \\ \alpha_n(t,x,z) \end{bmatrix} \\ f(t,x,z) \end{bmatrix}, \tag{5.87}$$

e prendiamo $\phi \in C^\infty(V;\mathbb{R})$, dove $V \subset (-T,T) \times U$ è aperto. Considerato poi il grafico di ϕ

$$\Gamma_\phi := \{(t,x,z) \in \Omega;\ (t,x) \in V,\ z = \phi(t,x)\}, \tag{5.88}$$

l'osservazione è che $L\phi = f(t,x,\phi)$ *se e solo se il campo v è tangente a Γ_ϕ in ogni suo punto.*

Infatti, se $\rho = (t,x,z) \in \Gamma_\phi$, lo spazio tangente $T_\rho \Gamma_\phi$ di Γ_ϕ in ρ è dato da

$$T_\rho \Gamma_\phi = \left\{ \begin{bmatrix} \delta t \\ \delta x \\ \delta z \end{bmatrix};\ \delta z = \frac{\partial \phi}{\partial t}(t,x)\delta t + \langle \nabla_x \phi(t,x), \delta x\rangle \right\}, \tag{5.89}$$

e dire che $v(\rho) \in T_\rho \Gamma_\phi$ significa che

$$f(t,x,\phi(t,x)) = \frac{\partial \phi}{\partial t}(t,x) + \langle \alpha(t,x,\phi(t,x)), \nabla_x \phi(t,x) \rangle = (L\phi)(t,x).$$

Ne consegue che se ϕ risolve $L\phi = f(t,x,\phi)$, fissato un qualunque $\rho \in \Gamma_\phi$, e considerata la curva integrale di v passante per ρ, quest'ultima è **contenuta** in Γ_ϕ.

L'idea naturale è quindi di considerare il sistema differenziale

$$\begin{cases} \dot{t} = 1 \\ \dot{x} = \alpha(t,x,z) \\ \dot{z} = f(t,x,z), \end{cases} \qquad \begin{cases} t(0) = 0 \\ x(0) = y \\ z(0) = g(y). \end{cases} \tag{5.90}$$

Per quanto sappiamo, fissato $y_0 \in U$, esistono un intorno $U_0 \subset U$ di y_0 ed un tempo $0 < T_0 \leq T$ tali che per ogni $y \in U_0$ il problema di Cauchy (5.90) ha un'unica soluzione $(t, x(t;y), z(t;y))$ definita per $|t| < T_0$ e C^∞ in tutte le variabili. Dunque se $\phi \in C^\infty((-T_0,T_0) \times U_0; \mathbb{R})$ risolve il problema di Cauchy (5.86), allora

$$\phi(t, x(t;y)) = z(t;y)$$

per ogni $(t,y) \in (-T_0,T_0) \times U_0$. Ne consegue che

$$\phi(t,x(t;y)) = g(y) + \int_0^t f(s, x(s;y), z(s;y)) ds. \tag{5.91}$$

Ora, poiché la mappa

$$(-T_0,T_0) \times U_0 \ni (t,y) \longmapsto (t, x(t;y)) \in (-T_0,T_0) \times U$$

è localmente invertibile vicino a $(0,y_0)$, con inversa che denotiamo

$$(t,x) \longmapsto (t, y(t;x)) \in (-T_0,T_0) \times U_0$$

definita su un intorno $(-T_1,T_1) \times U_1 \subset (-T_0,T_0) \times U_0$ di $(0,y_0)$, la (5.91) si riscrive come

$$\phi(t,x) = g(y(t;x)) + \int_0^t f(s, x(s;y(t;x)), z(s;y(t;x))) ds. \tag{5.92}$$

Viceversa, lasciamo al lettore verificare che la funzione definita in (5.92) è effettivamente soluzione, e quindi **la** soluzione, del problema di Cauchy (5.86), per $(t,x) \in (-T_1,T_1) \times U_1$.

Vediamo ora in un esempio semplice, ma significativo, come questo metodo funzioni.

Consideriamo l'equazione di Burgers

$$\begin{cases} \dfrac{\partial u}{\partial t}(t,x) - u(t,x)\dfrac{\partial u}{\partial x}(t,x) = 0 \\ u(0,x) = g(x) \end{cases}, \quad (t,x) \in \mathbb{R} \times \mathbb{R}. \tag{5.93}$$

In questo caso il sistema (5.90) è

$$\begin{cases} \dot{x}(t) = -z(t) \\ \dot{z}(t) = 0, \end{cases} \qquad \begin{cases} x(0) = y \\ z(0) = g(y), \end{cases}$$

da cui

$$x(t;y) = y - g(y)t.$$

Per fissare le idee poniamoci in un intorno di $(0,0)$ e sia $(t,x) \longmapsto (t, y(t;x))$ l'inversa di $(t,y) \longmapsto (t, x(t,y))$. Definendo allora

$$\phi(t,x) := g(y(t;x))$$

si ha la soluzione di (5.93).

Ad esempio, se $g(x) = x$, allora $x(t;y) = (1-t)y$, e quindi

$$y(t;x) = \frac{x}{1-t} = \phi(t,x),$$

che è ben definita per $(t,y) \in (-\infty, 1) \times \mathbb{R}$. Dunque la soluzione "esplode" a $t = 1$.

Ancora, se $g(x) = x^2$, allora $x(t;y) = y - y^2 t$. La soluzione C^∞ dell'equazione $y - y^2 t = x$ è

$$y(t;x) = \begin{cases} \dfrac{1 - \sqrt{1 - 4tx}}{2t}, & t \neq 0 \text{ e } 4tx < 1, \\ x, \quad t = 0, \end{cases}$$

da cui

$$\phi(t,x) = \big(y(t;x)\big)^2.$$

Si noti che per $x > 0$ la soluzione esiste per $t < \frac{1}{4x}$, mentre per $x < 0$ la soluzione esiste per $t > -\frac{1}{4|x|}$.

A questo punto, per fare un parallelo con quanto è stato fatto nel passaggio dall'equazione lineare all'equazione di Hamilton-Jacobi, sarebbe naturale considerare la seguente equazione di Hamilton-Jacobi

$$\begin{cases} \dfrac{\partial \psi}{\partial t} = f(t, x, \psi(t,x), \nabla_x \psi(t,x)) \\ \psi(0,x) = g(x), \end{cases}$$

per la trattazione della quale rinviamo alla letteratura specialistica.

5.6 Stabilità dei punti di equilibrio. Funzione di Lyapunov

In questa sezione ci occuperemo, senza pretesa alcuna di esaustività, degli aspetti più elementari della **stabilità** per un sistema autonomo del tipo $\dot{x} = f(x)$.

Nel seguito $f : \Omega \subset \mathbb{R}^n \longrightarrow \mathbb{R}^n$ è supposta essere almeno di classe C^1. Dato $y \in \Omega$, con $t \longmapsto \Phi^t(y) \in \Omega$ indichiamo **la** soluzione del problema di Cauchy $\dot{x} = f(x)$, $x(0) = y$. L'intervallo di esistenza di tale soluzione verrà indicato, come al solito, con $I(y) = (\tau_-(y), \tau_+(y))$, $-\infty \le \tau_-(y) < 0 < \tau_+(y) \le +\infty$.

Cominciamo con il considerare il caso più semplice: la stabilità **dei punti di equilibrio**.

Definizione 5.6.1 *Un punto $a \in \Omega$ si dice di equilibrio per il sistema $\dot{x} = f(x)$ se $f(a) = 0$. Con*

$$C_f := \{a \in \Omega;\ f(a) = 0\}$$

indichiamo l'insieme dei punti di equilibrio. △

Se $C_f \neq \emptyset$ e $a \in C_f$, allora per la curva integrale $t \longmapsto \Phi^t(a)$ si ha $\Phi^t(a) = a$, per ogni t reale.

L'idea intuitiva di stabilità per un punto di equilibrio a è che se si prendono dati iniziali y sufficientemente vicini ad a allora l'evoluzione $\Phi^t(y)$ rimane vicina ad a, almeno per tutti i $t \ge 0$ (*stabilità nel futuro*, o *secondo Lyapunov*). La definizione precisa è la seguente.

Definizione 5.6.2 *Un punto $a \in C_f$ di equilibrio per il sistema $\dot{x} = f(x)$ si dice* **stabile** *se esiste $r > 0$ tale che*

(i) $D_r(a) \subset \Omega$;
(ii) *per ogni $0 < r' < r$ esiste $0 < r'' \le r'$ tale che* **per ogni** *$y \in D_{r''}(a)$ si ha $\tau_+(y) = +\infty$ e $\Phi^t(y) \in D_{r'}(a)$, per ogni $t \ge 0$.*

Si dirà che $a \in C_f$ è **instabile** *se* **non** *è* **stabile**. △

Osservazione 5.6.3

(a) Si noti che come conseguenza del Teorema 5.1.7 non è possibile avere in (ii) della Definizione 5.6.2 $\Phi^t(y) \in D_{r'}(a)$ per $0 \le t < \tau_+(y) < +\infty$. Dunque una condizione necessaria per la stabilità di un punto di equilibrio $a \in C_f$ è che per un qualche $\delta > 0$, con $\overline{D_\delta(a)} \subset \Omega$, per ogni $y \in D_\delta(a)$ si abbia $\tau_+(y) = +\infty$.
Ad esempio, per il sistema $\dot{x} = x^2$, $x \in \mathbb{R}$, l'unico punto di equilibrio è l'origine, e questo è instabile (si osservi che per $y > 0$ vale $\Phi^t(y) = y/(1 - ty)$, $t \in (-\infty, 1/y)$).

(b) La nozione di stabilità è invariante per diffeomorfismi. Precisamente, se $f : \Omega \subset \mathbb{R}^n \longrightarrow \mathbb{R}^n$ è il campo dato, e $\chi : \Omega \longrightarrow \tilde{\Omega} \subset \mathbb{R}^n$ è un diffeomorfismo, almeno di classe C^2, abbiamo chiamato push-forward di f il campo $\tilde{f} : \tilde{\Omega} \longrightarrow \mathbb{R}^n$ definito da

$$\tilde{f}(z) = \chi'\big(\chi^{-1}(z)\big) f(\chi^{-1}(z))$$

(χ' è la matrice jacobiana di χ).
Il lettore verifichi che $C_{\tilde{f}} = \chi(C_f)$ e che $a \in C_f$ è stabile per $\dot{x} = f(x)$ se e solo se $\chi(a) \in C_{\tilde{f}}$ è stabile per $\dot{z} = \tilde{f}(z)$. △

Una nozione più fine di stabilità è la **stabilità asintotica** di un punto di equilibrio.

Definizione 5.6.4 *Un punto $a \in C_f$ di equilibrio per il sistema $\dot{x} = f(x)$ si dice* **asintoticamente stabile** *se è stabile e, per di più, con le notazioni della Definizione 5.6.2, si ha*

$$\forall y \in D_{r''}(a), \ \ \Phi^t(y) \longrightarrow a, \ \ \text{per} \ \ t \to +\infty. \qquad \triangle$$

Il lettore verifichi che anche la nozione di stabilità asintotica è invariante per diffeomorfismi.

Si osservi anche che se $a \in C_f$ è asintoticamente stabile allora necessariamente a è un punto **isolato** di C_f.

Un primo risultato fondamentale è il seguente.

Teorema 5.6.5 *Dato il sistema lineare $\dot{x} = Ax$, $A \in \mathrm{M}(n;\mathbb{R})$, e considerato il punto di equilibrio $x = 0$, si ha*

(i) $x = 0$ *è stabile se e solo se*

$$p_A^{-1}(0) \subset \{\lambda \in \mathbb{C};\ \mathrm{Re}\,\lambda \leq 0\},$$

e per ogni $\lambda \in p_A^{-1}(0)$ con $\mathrm{Re}\,\lambda = 0$ si ha $m_a(\lambda) = m_g(\lambda)$;

(ii) $x = 0$ *è asintoticamente stabile se e solo se*

$$p_A^{-1}(0) \subset \{\lambda \in \mathbb{C};\ \mathrm{Re}\,\lambda < 0\}.$$

Infine se $0 \neq a \in \mathrm{Ker}\,A$, a è stabile se e solo se 0 è stabile. (Si veda la Figura 5.5).

Dimostrazione La prova è in realtà una conseguenza del Teorema 5.3.2. Vediamo perché. Cominciamo col provare (i). Se $p_A^{-1}(0) \subset \{\lambda \in \mathbb{C};\ \mathrm{Re}\,\lambda \leq 0\}$, e $m_a(\lambda) = m_g(\lambda)$ quando $\lambda \in p_A^{-1}(0)$ con $\mathrm{Re}\,\lambda = 0$, allora si è dimostrato che esiste $C = C(A) > 0$ tale che

$$\|\Phi^t(y)\| \leq C\|y\|, \quad \forall y \in \mathbb{R}^n, \ \forall t \geq 0,$$

il che prova la stabilità dell'origine.

Figura 5.5 La natura di alcuni punti di equilibrio

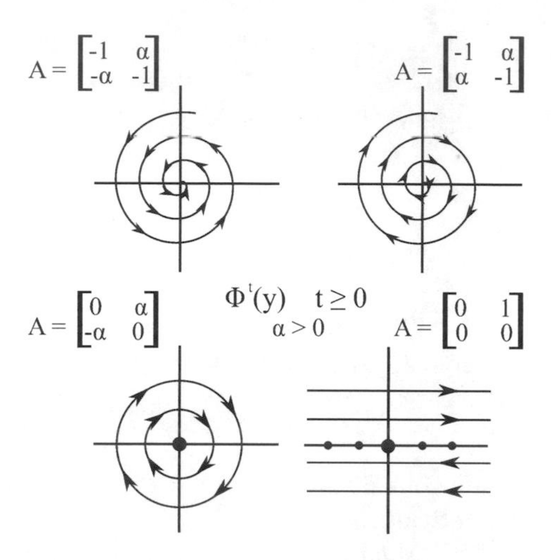

Viceversa, la dimostrazione del Teorema 5.3.2 prova che se qualche $\lambda \in p_A^{-1}(0)$ ha $\operatorname{Re}\lambda > 0$ oppure $\operatorname{Re}\lambda = 0$ ma $m_a(\lambda) > m_g(\lambda)$, allora l'origine è instabile, in quanto è possibile scegliere dati iniziali $0 \neq y$, con $\|y\|$ arbitrariamente piccola, per cui $\|\Phi^t(y)\| \to +\infty$ quando $t \to +\infty$. Ciò conclude la prova di (i).

Quanto a (ii), ricordiamo che se $p_A^{-1}(0) \subset \{\lambda \in \mathbb{C};\ \operatorname{Re}\lambda < 0\}$, allora, come conseguenza di (5.46) e (5.47), esistono $\delta, C > 0$ tali che

$$\|\Phi^t(y)\| \leq Ce^{-\delta t}\|y\|, \quad \forall y \in \mathbb{R}^n, \ \forall t \geq 0,$$

il che prova la stabilità asintotica dell'origine.

Viceversa, se $\lambda \in p_A^{-1}(0)$ con $\operatorname{Re}\lambda > 0$, il punto (i) mostra che l'origine è instabile e dunque non può essere asintoticamente stabile. Se poi $0 \in p_A^{-1}(0)$, allora $C_f = \operatorname{Ker} A \neq \{0\}$, sicché 0 non è un punto isolato di C_f, e dunque non può essere asintoticamente stabile. Infine se $\lambda \in p_A^{-1}(0)$ con $\lambda \neq 0$ e $\operatorname{Re}\lambda = 0$, allora il Teorema 5.4.1 garantisce l'esistenza di soluzioni periodiche $\Phi^t(y)$ con $0 \neq y \in \operatorname{Ker}(A - \lambda I_n)$, e $\|y\|$ arbitrariamente piccola. Pertanto, di nuovo, l'origine non può essere asintoticamente stabile.

Da ultimo, supposto $\operatorname{Ker} A \neq \{0\}$, e preso $0 \neq a \in \operatorname{Ker} A$, si consideri la traslazione $T\colon \mathbb{R}^n \ni x \longmapsto z = x - a \in \mathbb{R}^n$. Il push-forward del sistema $\dot{x} = Ax$ è $\dot{z} = A(z + a) = Az + Aa = Az$, il che prova che a è stabile se e solo se l'origine è stabile. □

Quando si passa da un sistema lineare ad un sistema non lineare la prima idea naturale per lo studio della stabilità è la seguente. Dato $a \in C_f$, usando la formula di Taylor, si consideri

$$f(x) = f'(a)(x - a) + o(\|x - a\|),$$

dove $f'(a)$ è la matrice jacobiana di f in a. L'idea quindi è di congetturare che la stabilità di a per il sistema $\dot{x} = f(x)$ sia "legata" alla stabilità dell'origine per il sistema lineare $\dot{x} = f'(a)x$. L'implementazione di questa idea dipende evidentemente dalla possibilità di "controllare" il termine $o(\|x-a\|)$. A tal fine, un metodo che si è dimostrato particolarmente efficace per lo studio della stabilità è quello della "funzione di Lyapunov".

Definizione 5.6.6 *Dato il sistema autonomo $\dot{x} = f(x)$, $f : \Omega \subset \mathbb{R}^n \longrightarrow \mathbb{R}^n$, ed un suo punto di equilibrio $a \in C_f$, diremo che una funzione $g \in C^1(U;\mathbb{R})$, dove U è un aperto con $a \in U \subset \Omega$, è* **una funzione di Lyapunov** *per f (***relativamente** *ad a) se*

(i) $g(a) = 0$ *e* $g(x) > 0$ *per ogni* $x \in U \setminus \{a\}$,
(ii) $\langle \nabla g(x), f(x) \rangle \leq 0$, *per ogni* $x \in U$.

Qualora valgano (i) e

(ii)' $\langle \nabla g(x), f(x) \rangle < 0$, *per ogni* $x \in U \setminus \{a\}$,

si dirà che g è una **funzione di Lyapunov forte**. △

Vale il seguente risultato.

Teorema 5.6.7 *Se $a \in C_f$ è un punto di equilibrio per $\dot{x} = f(x)$ e se c'è una funzione di Lyapunov, rispettivamente di Lyapunov forte, per f relativamente ad a, allora a è stabile, rispettivamente asintoticamente stabile.*

Dimostrazione Sia $g \in C^1(U;\mathbb{R})$ $(a \in U \subset \Omega)$ una funzione di Lyapunov per f. Preso ad arbitrio $r' > 0$ con $\overline{D_{r'}(a)} \subset U$, sia $0 < m := \min_{\partial D_{r'}(a)} g$. Si fissi ora $0 < r'' < r'$ per cui $g(x) < m$, per tutti gli $x \in \overline{D_{r''}(a)}$. Dato $y \in D_{r''}(a)$, dimostriamo che $\tau_+(y) = +\infty$ e $\Phi^t(y) \in D_{r'}(a)$ per ogni $t \geq 0$. Si consideri l'insieme (non vuoto!)

$$E = \{t > 0;\ \Phi^s(y) \in D_{r'}(a),\ \forall s \in [0,t)\},$$

e sia T il sup di tale insieme. È chiaro che E è un intervallo. Basterà allora provare che $T = +\infty$. A tal fine osserviamo che si ha

$$\frac{d}{dt} g(\Phi^t(y)) = \langle \nabla g(\Phi^t(y)), f(\Phi^t(y)) \rangle \leq 0,\ \ \forall t \in [0,T),$$

e quindi $t \longmapsto g(\Phi^t(y))$ è decrescente, sicché

$$g(\Phi^t(y)) \leq g(y) < m,\ \ \forall t \in [0,T).$$

Se $T < +\infty$, allora, presa una qualunque successione $0 < t_\nu \nearrow T$, $t_\nu \in E$, poiché $\Phi^{t_\nu}(y) \in \overline{D_{r'}(a)}$ per ogni ν, passando eventualmente ad una sottosuccessione avremo che

$$\Phi^{t_\nu}(y) \to z \quad \text{per} \quad \nu \to +\infty,$$

per un qualche $z \in \overline{D_{r'}(a)}$. Ma allora, poiché $T = \sup E$, z dovrà necessariamente appartenere a $\partial D_{r'}(a)$. Poiché

$$g(\Phi^{t_\nu}(y)) \to g(z) \geq m \quad \text{per} \quad \nu \to +\infty,$$

ciò porta ad una contraddizione. Questo prova la stabilità.

Quando g è di Lyapunov forte, si tratta di provare che $\Phi^t(y) \to a$ per $t \to +\infty$, quale che sia $a \neq y \in D_{r''}(a)$. In questo caso $[0, +\infty) \ni t \longmapsto g(\Phi^t(y))$ è **strettamente decrescente**. Se proviamo che $g(\Phi^t(y)) \to 0$ per $t \to +\infty$ abbiamo concluso. Infatti, per una qualunque successione $t_\nu \to +\infty$ per cui $\Phi^{t_\nu}(y)$ converga ad un punto z (necessariamente in $\overline{D_{r'}(a)}$), si dovrà allora avere $g(z) = 0$, e quindi $z = a$. Se per assurdo fosse $g(\Phi^t(y)) \to \gamma > 0$, per $t \to +\infty$, si avrebbe allora che per un qualche $t_\gamma > 0$ e per tutti i $t \geq t_\gamma$

$$\frac{\gamma}{2} \leq g(\Phi^t(y)) \leq \frac{3}{2}\gamma,$$

e pertanto $\Phi^t(y) \in g^{-1}([\gamma/2, 3\gamma/2]) \cap \overline{D_{r'}(a)}$, per $t \geq t_\gamma$, che è un compatto disgiunto da a, sicché esisterà $C > 0$ per cui

$$\langle \nabla g(\Phi^t(y)), f(\Phi^t(y)) \rangle \leq -C, \quad \forall t \geq t_\gamma.$$

Ma allora

$$\begin{aligned} 0 < g(\Phi^t(y)) &= g(\Phi^{t_\gamma}(y)) + \int_{t_\gamma}^{t} \langle \nabla g(\Phi^s(y)), f(\Phi^s(y)) \rangle ds \leq \\ &\leq g(\Phi^{t_\gamma}(y)) - C(t - t_\gamma), \quad \forall t \geq t_\gamma, \end{aligned}$$

il che è assurdo. Ciò conclude la dimostrazione. □

Anche per provare l'instabilità di un punto di equilibrio si può ricorrere al metodo della funzione di Lyapunov. Precisamente si ha il seguente teorema.

Teorema 5.6.8 *Sia $a \in C_f$ un punto di equilibrio per $\dot{x} = f(x)$, e si supponga che esista una funzione $h \in C^1(U; \mathbb{R})$, $a \in U \subset \Omega$, U aperto, tale che*

(i) $h(a) = 0$ e $h(x) > 0$, $\forall x \in U \setminus \{a\}$;
(ii) $\langle \nabla h(x), f(x) \rangle > 0$, $\forall x \in U \setminus \{a\}$.

Allora a è instabile.

Dimostrazione Ragioniamo per assurdo, supponendo a stabile. Per definizione, sia $r > 0$ con $D_r(a) \subset U$ tale che per ogni $0 < r' < r$ ci sia $0 < r'' \leq r'$ per cui

$\Phi^t(y) \in D_{r'}(a)$ per ogni $t \geq 0$ e per ogni $y \in D_{r''}(a)$. Preso $y \in D_{r''}(a) \setminus \{a\}$, consideriamo la funzione $[0, +\infty) \ni t \longmapsto h(\Phi^t(y))$. Poiché

$$\frac{d}{dt} h(\Phi^t(y)) = \langle \nabla h(\Phi^t(y)), f(\Phi^t(y)) \rangle > 0, \quad \forall t \geq 0,$$

ne segue che $0 < h(\Phi^t(y))$ è strettamente crescente. Dunque

$$\Phi^t(y) \in h^{-1}\big([h(y), +\infty)\big) \cap \overline{D_{r'}(a)},$$

che è compatto, sicché esisterà $C > 0$ tale che $(d/dt)h(\Phi^t(y)) \geq C$, per ogni $t \geq 0$. Quindi

$$h(\Phi^t(y)) = h(y) + \int_0^t \frac{d}{ds} h(\Phi^s(y)) ds \geq h(y) + Ct, \quad \forall t \geq 0,$$

il che porta ad una contraddizione. □

Siamo ora in grado di dare un primo risultato generale.

Teorema 5.6.9 *Si consideri il sistema $\dot{x} = f(x)$ con $f \in C^2(\Omega; \mathbb{R}^n)$, e sia $a \in C_f$. Consideriamo $f'(a)$, la matrice jacobiana di f in a.*

(i) Se a è stabile per $\dot{x} = f(x)$ allora $p_{f'(a)}^{-1}(0) \subset \{\lambda \in \mathbb{C};\ \mathrm{Re}\,\lambda \leq 0\}$.

(ii) Se $p_{f'(a)}^{-1}(0) \subset \{\lambda \in \mathbb{C};\ \mathrm{Re}\,\lambda < 0\}$ allora a è asintoticamente stabile per $\dot{x} = f(x)$.

Dimostrazione Cominciamo col provare (ii), che è la parte "facile" del teorema. Senza minore generalità (tenuto conto dell'invarianza per diffeomorfismi) possiamo supporre $a = 0$. Posto $f'(0) = A \in \mathrm{M}(n; \mathbb{R})$, possiamo scrivere

$$f(x) = Ax + G(x), \quad x \in \Omega,$$

per una certa $G \in C^2(\Omega; \mathbb{R}^n)$, tale che $\|G(x)\| = O(\|x\|^2)$ per $x \to 0$. Per ipotesi $p_A^{-1}(0)$ è contenuto in un cono $\Gamma \subset \mathbb{C} \setminus \{0\}$ tale che $\overline{\Gamma} \setminus \{0\} \subset \{\lambda \in \mathbb{C};\ \mathrm{Re}\,\lambda < 0\}$. Dal Teorema di Lyapunov (Teorema 2.5.10) segue allora che esiste $H \in \mathrm{M}(n; \mathbb{C})$ con $H = H^* > 0$ tale che $\langle HA\zeta, \zeta \rangle_{\mathbb{C}^n} \in \Gamma$, per ogni $0 \neq \zeta \in \mathbb{C}^n$. In particolare $\mathrm{Re}\langle HA\zeta, \zeta \rangle_{\mathbb{C}^n} < 0$, per ogni $0 \neq \zeta \in \mathbb{C}^n$. Scritta $H = H_1 + iH_2$, con $H_1, H_2 \in \mathrm{M}(n; \mathbb{R})$ e ${}^tH_1 = H_1$, ${}^tH_2 = -H_2$, avremo $H_1 > 0$ e

$$\langle H_1 A\xi, \xi \rangle < 0, \quad \forall \xi \in \mathbb{R}^n \setminus \{0\}$$

($\langle \cdot, \cdot \rangle$ è qui il prodotto scalare in $\mathbb{R}^n$). Consideriamo ora la funzione $g\colon \mathbb{R}^n \longrightarrow \mathbb{R}$, $g(x) := \langle H_1 x, x \rangle / 2$. È chiaro che $g(0) = 0$ e $g(x) > 0$ per ogni $x \in \mathbb{R}^n \setminus \{0\}$. D'altra parte, per ogni $x \in \Omega$,

$$\langle \nabla g(x), f(x) \rangle = \langle H_1 x, Ax + G(x) \rangle = \langle H_1 Ax, x \rangle + \langle H_1 x, G(x) \rangle.$$

Sia $C > 0$ tale che

$$\langle H_1 Ax, x \rangle \leq -C\|x\|^2, \quad \forall x \in \mathbb{R}^n.$$

Fissato ad arbitrio $r > 0$ con $\overline{D_r(0)} \subset \Omega$, esiste $C' > 0$ per cui

$$|\langle H_1 x, G(x) \rangle| \leq C'\|x\|^3, \quad \forall x \in \overline{D_r(0)}.$$

Dunque, per $x \in \overline{D_r(0)}$, si avrà

$$\langle \nabla g(x), f(x) \rangle \leq (-C + C'\|x\|)\|x\|^2.$$

Ne segue che per un certo $0 < r' \leq r$ si avrà

$$\langle \nabla g(x), f(x) \rangle \leq -\frac{C}{2}\|x\|^2, \quad \forall x \in \overline{D_{r'}(0)}.$$

Allora $g\big|_{D_{r'}(0)}$ è una funzione di Lyapunov forte per il sistema $\dot{x} = f(x)$, il che, in virtù del Teorema 5.6.7, conclude la prova di (ii).

Passiamo ora alla prova di (i). Ancora possiamo supporre che $a = 0$. Poniamo come prima $A = f'(0) \in \mathrm{M}(n; \mathbb{R})$, e ragioniamo per assurdo mostrando che se $p_A^{-1}(0) \cap \{\lambda \in \mathbb{C};\ \mathrm{Re}\,\lambda > 0\} \neq \emptyset$ allora l'origine è instabile per il sistema $\dot{x} = f(x)$. Faremo la dimostrazione nel caso più generale in cui il polinomio caratteristico p_A di A ha anche radici con parte reale negativa e radici puramente immaginarie (in quanto la dimostrazione negli altri casi è più semplice). Come conseguenza del Teorema 2.8.3 (e della successiva discussione) e del Teorema di Lyapunov, senza minor generalità possiamo supporre che $\mathbb{R}^n_x = \mathbb{R}^{n_+}_\xi \times \mathbb{R}^{n_-}_\eta \times \mathbb{R}^{n_0}_\zeta$, e che in corrispondenza A abbia la forma a blocchi seguente:

$$A = \left[\begin{array}{c|c|c} A_+ & & \\ \hline & A_- & \\ \hline & & B_\varepsilon \end{array}\right], \quad 0 < \varepsilon \leq 1, \tag{5.94}$$

dove $p_{A_\pm}^{-1}(0) \subset \{\lambda \in \mathbb{C};\ \pm\mathrm{Re}\,\lambda > 0\}$, e $p_{B_\varepsilon}^{-1}(0) \subset \{\lambda \in \mathbb{C};\ \mathrm{Re}\,\lambda = 0\}$, e dove inoltre B_ε ha a sua volta la forma a blocchi

$$B_\varepsilon = \left[\begin{array}{c|c} B'_\varepsilon & \\ \hline & B''_\varepsilon \end{array}\right] \tag{5.95}$$

(come usuale, i blocchi non scritti sono blocchi di zeri). Qui $p_{B'_\varepsilon}^{-1}(0) = \{0\}$ e B'_ε ha tutti gli elementi di matrice nulli fatta al più eccezione per gli elementi della diagonale superiore alla diagonale principale che sono o 0 o ε, e $p_{B''_\varepsilon}^{-1}(0) \subset i\mathbb{R} \setminus \{0\}$

e B''_ε ha la struttura a blocchi

$$B''_\varepsilon = \left[\begin{array}{cc|cc|c|c|cc|cc} 0 & \alpha_1 & & * & & & & & & \\ -\alpha_1 & 0 & & & & & & & & \\ \hline & & 0 & \alpha_2 & * & & & & & \\ & & -\alpha_2 & 0 & & & & & & \\ \hline & & & & \ddots & \ddots & & & & \\ \hline & & & & & & 0 & \alpha_{\nu-1} & * & \\ & & & & & & -\alpha_{\nu-1} & 0 & & \\ \hline & & & & & & & & 0 & \alpha_\nu \\ & & & & & & & & -\alpha_\nu & 0 \end{array}\right] \tag{5.96}$$

con $\alpha_j > 0$ (non necessariamente distinti), $1 \le j \le \nu$ (per un certo ν), e $* = \begin{bmatrix} 0 & 0 \\ 0 & 0 \end{bmatrix}$ oppure $\begin{bmatrix} \varepsilon & 0 \\ 0 & \varepsilon \end{bmatrix}$, tutti gli altri elementi di matrice essendo nulli. La scelta di ε verrà fatta tra un momento, ed occorre tener presente che le matrici $A_\pm$ **non** dipendono da ε. Usando di nuovo il Teorema di Lyapunov, fissiamo $H_\pm \in \mathrm{M}(n_\pm; \mathbb{R})$ tali che

$$\begin{cases} {}^tH_\pm = H_\pm > 0, \\ \langle A_+\xi, H_+\xi\rangle > 0, \quad \forall \xi \in \mathbb{R}^{n_+} \setminus \{0\}, \\ \langle A_-\eta, H_-\eta\rangle < 0, \quad \forall \eta \in \mathbb{R}^{n_-} \setminus \{0\}. \end{cases} \tag{5.97}$$

Definiamo ora $\psi \colon \mathbb{R}^n \longrightarrow \mathbb{R}$

$$\psi(x = (\xi, \eta, \zeta)) := \frac{1}{2}\big(-\langle H_+\xi, \xi\rangle + \langle H_-\eta, \eta\rangle + \|\zeta\|^2\big). \tag{5.98}$$

Vale il lemma seguente.

Lemma 5.6.10 *È possibile fissare $\varepsilon \in (0, 1]$ e $\rho > 0$ in modo tale che per un certa costante $L > 0$ sull'insieme $\{x;\ \psi(x) \le 0\} \cap \overline{D_\rho(0)}$ si abbia*

(i) $\langle \nabla\psi(x), f(x)\rangle \le -L\|x\|^2$;

(ii) $\left\langle \begin{bmatrix} H_+\xi \\ 0 \\ 0 \end{bmatrix}, f(\xi, \eta, \zeta) \right\rangle \ge L\|x\|^2,$

dove $x = (\xi, \eta, \zeta)$ *e* $\|x\|^2 = \|\xi\|^2 + \|\eta\|^2 + \|\zeta\|^2$.

Dimostrazione (del lemma) Conviene scrivere $f(x) = Ax + G(x)$ dove, per fissare le idee, si può supporre

$$\|G(x)\| \le C_1\|x\|^2, \tag{5.99}$$

per ogni x di un opportuno disco $\overline{D_R(0)} \subset \Omega$, con $C_1 > 0$ indipendente da x. Si ha

$$\begin{aligned}&\langle \nabla\psi(x), Ax + G(x)\rangle = \\ &= -\langle H_+\xi, A_+\xi\rangle + \langle H_-\eta, A_-\eta\rangle + \langle \zeta, B_\varepsilon\zeta\rangle + \langle \nabla\psi(x), G(x)\rangle.\end{aligned}$$

Da (5.99), su $\overline{D_R(0)}$ abbiamo $|\langle \nabla\psi(x), G(x)\rangle| \leq C_2\|x\|^3$, per una opportuna $C_2 > 0$. Poiché

$$\psi(\xi, \eta, \zeta) \leq 0 \Longleftrightarrow \langle H_-\eta, \eta\rangle + \|\zeta\|^2 \leq \langle H_+\xi, \xi\rangle,$$

si ha che sull'insieme di negatività di ψ risulta

$$\|\eta\|^2 + \|\zeta\|^2 \leq C_3\|\xi\|^2, \tag{5.100}$$

per una opportuna $C_3 > 0$. D'altra parte esiste $C_4 > 0$ tale che si ha anche

$$\begin{cases} -\langle H_+\xi, A_+\xi\rangle \leq -C_4\|\xi\|^2, & \forall \xi \in \mathbb{R}^{n_+}, \\ \langle H_-\eta, A_-\eta\rangle \leq -C_4\|\eta\|^2, & \forall \eta \in \mathbb{R}^{n_-}. \end{cases} \tag{5.101}$$

Dunque, sull'insieme di negatività di ψ, si ha

$$\begin{aligned}&-\langle H_+\xi, A_+\xi\rangle + \langle H_-\eta, A_-\eta\rangle + \langle \zeta, B_\varepsilon\zeta\rangle \leq \\ &\leq -\frac{C_4}{2}\|\xi\|^2 - \Big(\frac{C_4}{2C_3} + C_4\Big)\|\eta\|^2 - \Big(\frac{C_4}{2C_3} - \varepsilon\Big)\|\zeta\|^2.\end{aligned}$$

Fissiamo ora $\varepsilon = \min\{1, C_4/4C_3\}$. Si conclude allora che su $\{x;\ \psi(x) \leq 0\}$

$$\begin{aligned}&-\langle H_+\xi, A_+\xi\rangle + \langle H_-\eta, A_-\eta\rangle + \langle \zeta, B_\varepsilon\zeta\rangle \leq \\ &\leq -C_5(\|\xi\|^2 + \|\eta\|^2 + \|\zeta\|^2) = -C_5\|x\|^2,\end{aligned}$$

per una opportuna $C_5 > 0$. Dunque su $\{x;\ \psi(x) \leq 0\} \cap \overline{D_R(0)}$ si ha che

$$\begin{aligned}\langle \nabla\psi(x), Ax + G(x)\rangle &\leq -C_5\|x\|^2 + C_2\|x\|^3 = \\ &= -(C_5 - C_2\|x\|)\|x\|^2 \leq -\frac{C_5}{2}\|x\|^2,\end{aligned}$$

se $\|x\| \leq \min\{R, C_5/2C_2\} =: R'$. Infine

$$\left\langle \begin{bmatrix} H_+\xi \\ 0 \\ 0 \end{bmatrix}, Ax + G(x) \right\rangle = \langle H_+\xi, A_+\xi\rangle + \left\langle \begin{bmatrix} H_+\xi \\ 0 \\ 0 \end{bmatrix}, G(x) \right\rangle,$$

e quindi su $\overline{D_R(0)}$ si ha che

$$\left|\left\langle \begin{bmatrix} H_+\xi \\ 0 \\ 0 \end{bmatrix}, G(x) \right\rangle\right| \leq C_6\|\xi\|\,\|x\|^2,$$

per un'opportuna costante $C_6 > 0$. D'altra parte, per la (5.100), sull'insieme di negatività di ψ si ha che

$$\langle H_+\xi, A_+\xi\rangle \geq C_7\|x\|^2,$$

per un'opportuna costante $C_7 > 0$. In conclusione su $\{x;\ \psi(x) \leq 0\} \cap \overline{D_R(0)}$ si ha

$$\left\langle \begin{bmatrix} H_+\xi \\ 0 \\ 0 \end{bmatrix}, f(x) \right\rangle \geq C_7\|x\|^2 - C_6\|x\|^3 = (C_7 - C_6\|x\|)\|x\|^2 \geq \frac{C_7}{2}\|x\|^2,$$

se $\|x\| \leq \min\{R, C_7/2C_6\} =: R''$. La scelta $\rho = \min\{R', R''\}$ conclude la prova del lemma. □

Mostriamo ora che l'origine è instabile. Lo facciamo vedere provando che quale che sia il dato iniziale $y = (\xi, 0, 0)$, con $\xi \neq 0$, prossimo quanto si vuole all'origine, la soluzione $\Phi^t(y)$ non può rimanere indefinitamente in $D_\rho(0)$ (con il ρ del lemma). Supposto per assurdo che invece questo accada, cominciamo con l'osservare che $\psi(\Phi^t(y)) \leq 0$ per ogni $t \geq 0$. Infatti, poiché $\psi(\Phi^0(y) = y) < 0$, se $\psi(\Phi^t(y))$ non fosse sempre ≤ 0, dovrebbe esistere $t_0 > 0$ per cui $\psi(\Phi^t(y)) < 0$ per $t < t_0$, $\psi(\Phi^{t_0}(y)) = 0$ e $\psi(\Phi^t(y)) > 0$ se $t > t_0$ e abbastanza vicino a t_0. Avremmo allora la contraddizione

$$\begin{aligned} 0 &\leq \lim_{t\to t_0+} \frac{\psi(\Phi^t(y)) - \psi(\Phi^{t_0}(y))}{t - t_0} = \frac{d}{dt}\psi(\Phi^t(y))\Big|_{t=t_0} = \\ &= \langle \nabla\psi(\Phi^{t_0}(y)), f(\Phi^{t_0}(y))\rangle \leq -L\|\Phi^{t_0}(y)\|^2 < 0. \end{aligned}$$

Resta così provato che $\psi(\Phi^t(y)) \leq 0$ per ogni $t \geq 0$.

Consideriamo ora la funzione

$$g(\xi, \eta, \zeta) = \frac{1}{2}\langle H_+\xi, \xi\rangle.$$

Osserviamo che $g(y = (\xi, 0, 0)) > 0$ e dunque, per il lemma visto, se $\Phi^t(y) = (\xi(t), \eta(t), \zeta(t)) \in \overline{D_\rho(0)}$ per ogni $t \geq 0$, si avrà

$$\frac{d}{dt}g(\Phi^t(y)) = \left\langle \begin{bmatrix} H_+\xi \\ 0 \\ 0 \end{bmatrix}, f(\Phi^t(y)) \right\rangle \geq L\|\Phi^t(y)\|^2 > 0.$$

Ne consegue che $g(\Phi^t(y))$ è strettamente crescente. Presa allora una successione $t_j \nearrow +\infty$ in corrispondenza della quale $\Phi^{t_j}(y) \to z \in \overline{D_\rho(0)}$, si avrà $g(\Phi^{t_j}(y)) \to g(z) > 0$ per $j \to +\infty$ e dunque esisteranno $T > 0$ e $0 < \delta < \rho$ per cui

$$\delta \leq \|\Phi^t(y)\| \leq \rho, \quad \forall t \geq T.$$

Ma allora

$$g(\Phi^t(y)) = g(\Phi^T(y)) + \int_T^t \frac{d}{ds} g(\Phi^s(y))ds \geq g(\Phi^T(y)) + L\delta^2(t-T), \, \forall t \geq T,$$

il che è assurdo. Con ciò il teorema è dimostrato. □

Alla luce del teorema precedente è naturale porsi le seguenti domande.

- Il punto (i) del teorema dice che a è stabile per $\dot{x} = f(x)$ soltanto se $p^{-1}_{f'(a)}(0) \subset \{\lambda \in \mathbb{C};\ \mathrm{Re}\,\lambda \leq 0\}$. È possibile avere l'informazione più precisa che l'origine deve allora essere stabile per il sistema linearizzato $\dot{x} = f'(a)x$, vale a dire che per gli eventuali autovalori λ di ${}^{\mathbb{C}}f'(a)$ con $\mathrm{Re}\,\lambda = 0$ deve aversi $m_a(\lambda) = m_g(\lambda)$? Per quanto ne sappiamo, una risposta a questa domanda non è nota.
  È il caso di notare che la stabilità dell'origine per il linearizzato $\dot{x} = f'(a)x$ **non** implica, in generale, che a sia stabile per $\dot{x} = f(x)$. Il controesempio più semplice è $\dot{x} = x^2$ ($x \in \mathbb{R}$, $a = 0$).
- Il punto (ii) del teorema garantisce che a è asintoticamente stabile per $\dot{x} = f(x)$ se l'origine è asintoticamente stabile per il sistema linearizzato $\dot{x} = f'(a)x$. È quest'ultima una condizione anche necessaria per l'asintotica stabilità di a? Anche in tal caso non ci è nota una risposta.

Consideriamo ora la stabilità dei punti di equilibrio quando il sistema $\dot{x} = f(x)$ è di tipo gradiente o di tipo hamiltoniano.

Supponiamo data $F \in C^\infty(\Omega; \mathbb{R})$ ($\Omega \subset \mathbb{R}^n$ aperto) e sia $a \in \Omega$ un punto tale che

(i) a è un punto di massimo forte per F (i.e. $F(x) < F(a)$ per tutti gli $x \neq a$ sufficientemente vicini ad a);
(ii) a è un punto critico isolato di F (i.e. $\nabla F(x) \neq 0$ per tutti gli $x \neq a$ sufficientemente vicini ad a).

In tal caso, per qualche $r > 0$, la funzione $g(x) := F(a) - F(x)$, $x \in D_r(a)$, è una funzione di Lyapunov forte relativamente ad a per il sistema gradiente $\dot{x} = \nabla F(x)$. Infatti $g(a) = 0$, e $g(x) > 0$ per tutti gli $x \in D_r(a) \setminus \{a\}$ e

$$\langle \nabla g(x), \nabla F(x) \rangle = -\|\nabla F(x)\|^2 < 0, \quad \forall x \in D_r(a) \setminus \{a\}.$$

Dunque, per il Teorema 5.6.7, a è asintoticamente stabile.

Un caso in cui le condizioni (i) e (ii) sono soddisfatte è contenuto nel seguente teorema.

Teorema 5.6.11 *Sia* $F \in C^\infty(\Omega;\mathbb{R})$ *(*$\Omega \subset \mathbb{R}^n$ *aperto) e sia* $a \in \Omega$ *con* $\nabla F(a) = 0$ *ed* Hess $F(a)$ *invertibile. Allora*

(i) *a è un punto di equilibrio isolato per* $\dot{x} = \nabla F(x)$, *cioè* $\nabla F(x) \neq 0$ *per ogni* $x \neq a$ *sufficientemente vicino ad a;*

(ii) *a è stabile per* $\dot{x} = \nabla F(x)$ *se e solo se è asintoticamente stabile, cioè se e solo se la matrice simmetrica* Hess $F(a)$ *è definita negativa.*

Dimostrazione Il punto (i) è una conseguenza ovvia del seguente importante lemma.

Lemma 5.6.12 (di Morse) *Nelle ipotesi del teorema, esiste un diffeomorfismo* $\chi: U \longrightarrow V$, $U \subset \Omega$ *intorno aperto di a,* $V \subset \mathbb{R}^n$ *intorno aperto dell'origine, di classe* C^∞ *con* $\chi(a) = 0$ *e tale che*

$$F(\chi^{-1}(z)) = F(a) + \frac{1}{2}\langle Az, z\rangle, \quad \textit{dove} \quad A = \mathrm{Hess}\, F(a).$$

Dimostrazione (del lemma) Per la formula di Taylor possiamo scrivere

$$F(x) = F(a) + \frac{1}{2}\langle A(x)(x-a), x-a\rangle, \tag{5.102}$$

almeno per $x \in D_r(a) \subset \Omega$, con $x \longmapsto A(x)$ di classe C^∞ a valori in $\mathrm{Sym}(n;\mathbb{R})$, le matrici simmetriche reali $n \times n$, e $A = A(a) = \mathrm{Hess}\, F(a)$. L'idea è di cercare $x \longmapsto T(x)$ di classe C^∞ a valori in $\mathrm{M}(n;\mathbb{R})$ tale che ${}^tT(x)AT(x) = A(x)$, almeno per x vicino ad a. Necessariamente $T(a) = I_n$. Trovata $T(x)$, si porrà

$$z = \chi(x) := T(x)(x-a).$$

Poiché $\chi(a) = 0$ e $\chi'(a) = T(a) = I_n$, χ sarà un diffeomorfismo tra un opportuno intorno aperto $U \subset \Omega$ di a ed un opportuno intorno aperto $V \subset \mathbb{R}^n$ di 0. Da (5.102) segue allora che

$$F(x) = F(a) + \frac{1}{2}\langle AT(x)(x-a), T(x)(x-a)\rangle,$$

e dunque la tesi.

Per trovare $T(x)$ consideriamo la seguente mappa di classe C^∞

$$L: D_r(a) \times \mathrm{M}(n;\mathbb{R}) \ni (x, T) \longmapsto L(x,T) := {}^tTAT - A(x) \in \mathrm{Sym}(n;\mathbb{R}). \tag{5.103}$$

Poiché $L(a, I_n) = 0$, se proviamo che il differenziale di L rispetto a T calcolato in (a, I_n)

$$L'_T(a, I_n): \mathrm{M}(n;\mathbb{R}) \overset{\text{lineare}}{\longrightarrow} \mathrm{Sym}(n;\mathbb{R})$$

è suriettivo, per il Teorema di Dini esisterà localmente un'unica mappa $x \longmapsto T(x) \in \mathrm{M}(n;\mathbb{R})$ di classe C^∞ con $T(a) = I_n$, che risolve l'equazione

$$L(x, T(x)) = {}^t T(x) A T(x) - A(x) = 0.$$

È banale verificare che si ha

$$L'_T(a, I_n)h = {}^t h A + Ah, \quad h \in \mathrm{M}(n;\mathbb{R}).$$

Data allora una qualsiasi $B \in \mathrm{Sym}(n;\mathbb{R})$, basta porre

$$h = \frac{1}{2} A^{-1} B$$

per risolvere ${}^t hA + Ah = B$, il che prova la suriettività, e quindi il lemma. □

Il punto (ii) del teorema è una consequenza ovvia del Teorema 5.6.9. Ciò conclude la dimostrazione del teorema. □

Se il punto a non è di massimo forte per F, non ci si aspetta in generale che a sia stabile. Ad esempio, se $F(x = (x_1, x_2)) = x_1^4 \pm x_2^4$, l'origine $(0, 0)$ è instabile (il lettore lo verifichi).

Passando ai sistemi hamiltoniani, sia data $F \in C^\infty(\Omega;\mathbb{R})$, dove $\Omega \subset \mathbb{R}^n_x \times \mathbb{R}^n_\xi = \mathbb{R}^{2n}_z$ è aperto, e si consideri il sistema hamiltoniano

$$\dot{z} = \begin{bmatrix} \dot{x} \\ \dot{\xi} \end{bmatrix} = H_F(z) = \begin{bmatrix} \nabla_\xi F(x, \xi) \\ -\nabla_x F(x, \xi) \end{bmatrix}.$$

Sia $a = (\bar{x}, \bar{\xi}) \in \Omega$ un punto tale che

(i) a è un punto di max/min forte per F;
(ii) a è un punto critico isolato di F.

In tal caso a è stabile ma **non** asintoticamente stabile. Infatti, per qualche $r > 0$ si consideri la funzione $g(z) = F(a) - F(z)$, nel caso in cui a è di massimo, ovvero la funzione $g(z) = F(z) - F(a)$, nel caso in cui a è di minimo, con $z \in D_r(a)$. Allora, in ogni caso, $g(a) = 0$ e $g(z) > 0$ per $z \in D_r(a) \setminus \{a\}$, e $\langle \nabla_z g(z), H_F(z) \rangle = 0$ per ogni $z \in D_r(a)$. Per il Teorema 5.6.7 ciò prova che a è stabile. D'altra parte, se, come possiamo supporre, $\nabla_z F(z) \neq 0$ per ogni $z \in D_r(a) \setminus \{a\}$, per ogni $b \in D_r(a) \setminus \{a\}$ l'insieme di livello $S_{F(b)} = \{z \in D_r(a);\ F(z) = F(b)\}$ è una sottovarietà di classe C^∞ che ha distanza **positiva** da a, in quanto $F(z) < F(a)$ (risp. $F(z) > F(a)$) per ogni $z \in S_{F(b)}$. Poiché, preso comunque $z_0 \in S_{F(b)}$, si ha che $\Phi^t_{H_F}(z_0) \in S_{F(b)}$ per ogni $t \geq 0$, se ne deduce che a non può essere asintoticamente stabile.

Se poi a non è né di massimo né di minimo per F, allora in generale non si avrà stabilità (l'esempio tipico è dato in $\mathbb{R}^2$ da $F(x, \xi) = x^2 - \xi^2$).

5.7 Stabilità delle orbite periodiche. Mappa e Teorema di Poincaré

Dopo aver considerato la stabilità dei punti di equilibrio di un sistema autonomo $\dot{x} = f(x)$, vogliamo ora esaminare il caso, più delicato ma parimenti naturale, della stabilità delle (eventuali) orbite periodiche.

Per semplicità considereremo nel seguito un sistema autonomo $\dot{x} = f(x)$, con $f \in C^\infty(\Omega; \mathbb{R}^n)$ (Ω aperto di $\mathbb{R}^n$, $n \geq 2$). Supponiamo poi che il sistema possieda un'orbita periodica. Precisamente, esiste $x_0 \in \Omega$ per cui $\mathbb{R} \ni t \longmapsto \Phi^t(x_0)$ è **periodica** di periodo **minimo** $T > 0$ e poniamo

$$\gamma := \{\Phi^t(x_0);\ t \in [0, T]\} = \{\Phi^t(x_0);\ t \in \mathbb{R}\}.$$

Il problema che ci poniamo allora è di studiare la "stabilità" dell'orbita γ. Poiché **nessun** punto di γ è un punto di equilibrio per il sistema (poiché $T > 0$), è necessario specificare in che senso si debba intendere la stabilità. La definizione naturale è la seguente.

Definizione 5.7.1 *Diremo che γ è* **stabile** *se per ogni aperto U con $\gamma \subset U \subset \Omega$, esiste un aperto V con $\gamma \subset V \subset U$, tale che per ogni $y \in V$ si abbia che $t \longmapsto \Phi^t(y)$ è definita almeno per tutti i $t \geq 0$ e $\Phi^t(y) \in U$, per ogni $t \geq 0$.*

Si dirà che γ è **instabile** *se* **non** *è stabile.*

Si dirà poi che γ è **asintoticamente stabile**, *o che è un* **attrattore**, *se γ è stabile e, con le notazioni usate sopra, per ogni $y \in V$*

$$\operatorname{dist}(\Phi^t(y), \gamma) = \inf_{z \in \gamma} \|\Phi^t(y) - z\| \to 0 \quad \text{per} \quad t \to +\infty. \tag{5.104}$$

△

È bene osservare che (5.104) **non** implica che $\Phi^t(y)$ tenda ad un punto di γ per $t \to +\infty$.

La definizione di stabilità richiede necessariamente che in un intorno di γ il flusso sia definito almeno per tutti i $t \geq 0$ (se questa condizione **non** è soddisfatta γ è instabile). Nel seguito, nello studio della stabilità di un'orbita periodica γ, supporremo dunque questa condizione soddisfatta, e tutte le considerazioni verranno fatte restringendosi a lavorare in un intorno di γ sul quale il flusso è definito almeno per tutti i $t \geq 0$.

In generale lo studio della stabilità di un'orbita periodica è estremamente difficile. Ciò che faremo nel seguito è di introdurre un metodo, dovuto ad H. Poincaré, che consente, in linea di principio, di trattare questo problema.

L'idea fondamentale di questo metodo consiste nel fissare una ipersuperficie S passante per x_0 e trasversa all'orbita periodica γ, e nello studiare l'evoluzione $\Phi^t(y)$, $t \geq 0$, dei punti $y \in S$ sufficientemente vicini ad x_0.

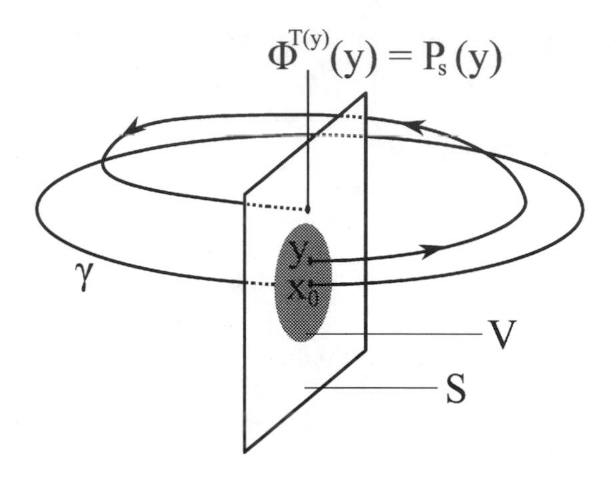

Figura 5.6 La mappa di Poincaré

Sia $S \subset \Omega$ una sottovarietà $n-1$ dimensionale di classe C^∞ tale che

- $x_0 \in S$;
- $f(x_0) \notin T_{x_0}S$.

Diremo allora che S è una **varietà trasversa a γ in x_0**.

Il lemma seguente precisa l'intuizione sopra accennata.

Lemma 5.7.2 *Date una varietà S trasversa a γ in x_0, esistono intorni aperti V, U di x_0 con $V \subset U \subset \Omega$, un $\delta > 0$ (con $T - \delta > \delta > 0$), ed una ben determinata mappa C^∞*

$$V \ni x \longmapsto T(x) \in (T-\delta, T+\delta),$$

tali che

(i) $T(x_0) = T$;
(ii) $\Phi^{T(x)}(x) \in S \cap U,\ \forall x \in V$;
(iii) $\Phi^t(x) \notin S \cap U,\ \forall x \in V \cap S,\ \forall t \in (0, T(x))$.

La mappa C^∞

$$S \cap V \ni x \longmapsto P_S(x) := \Phi^{T(x)}(x) \in S \cap U$$

si chiama **mappa di Poincaré** *relativa ad S ed x_0 (si veda la Figura 5.6), ed il relativo tempo $T(x)$, $x \in V \cap S$,* **tempo di volo** *di x.*

Dimostrazione Poiché S è una sottovarietà $n-1$ dimensionale di classe C^∞ di $\mathbb{R}^n$ contenente x_0, esiste $r_1 > 0$ ed una funzione $\psi\colon B_{r_1}(x_0) \longrightarrow \mathbb{R}$ di classe C^∞, dove $B_{r_1}(x_0)$ indica la palla aperta di centro x_0 e raggio r_1, con $\psi(x_0) = 0$, tale che

$$B_{r_1}(x_0) \cap S = \{x \in B_{r_1}(x_0);\ \psi(x) = 0\},$$

e $\nabla_x \psi(x) \neq 0$ per ogni $x \in B_{r_1}(x_0) \cap S$. L'ipotesi di trasversalità si riformula allora dicendo che

$$\langle \nabla_x \psi(x_0), f(x_0) \rangle \neq 0.$$

Senza minor generalità possiamo supporre che

$$\langle \nabla_x \psi(x_0), f(x_0) \rangle > 0.$$

Proviamo ora che c'è un $r_2 \in (0, r_1)$ tale che

$$\overline{B_{r_2}(x_0)} \cap S \cap \gamma = \{x_0\}. \qquad (5.105)$$

Ciò si vede nella maniera seguente. Esiste $\delta_1 \in (0, T/2)$ tale che $\psi(\Phi^t(x_0))$ è ben definita per $|t| < \delta_1$ e $|T - t| < \delta_1$. Poiché

$$\frac{d}{dt}\psi(\Phi^t(x_0))\Big|_{t=0,T} = \langle \nabla_x \psi(x_0), f(x_0) \rangle > 0,$$

allora, a patto di ridurre δ_1 se necessario, possiamo supporre che

$$\psi(\Phi^t(x_0)) > 0 \quad \text{per} \quad 0 < t < \delta_1$$

e

$$\psi(\Phi^t(x_0)) < 0 \quad \text{per} \quad T - \delta_1 < t < T.$$

Consideriamo allora il compatto $K \subset \mathbb{R}^n$

$$K := \{\Phi^t(x_0);\ \delta_1 \leq t \leq T - \delta_1\}.$$

Ovviamente $x_0 \notin K$ e quindi esiste $r_2 \in (0, r_1)$ per cui

$$\overline{B_{r_2}(x_0)} \cap K = \emptyset.$$

È chiaro allora che a maggior ragione, essendo T il periodo minimo di $t \mapsto \Phi^t(x_0)$, si ha

$$\overline{B_{r_2}(x_0)} \cap S \cap \gamma = \{x_0\},$$

che è la (5.105).

A questo punto, usando la continuità nelle variabili (t, x) del flusso $\Phi^t(x)$, possiamo trovare $r_3 \in (0, r_2)$ e $\delta_2 \in (0, \delta_1)$ tali che

$$\Phi^t(x) \in B_{r_2}(x_0),\ \forall x \in B_{r_3}(x_0),\ \forall t \text{ con } |t| < \delta_2 \text{ o } |T - t| < \delta_2. \qquad (5.106)$$

Vogliamo ora usare il Teorema di Dini. Poiché

$$\frac{\partial}{\partial t}\psi(\Phi^t(x))\Big|_{\substack{t=T\\x=x_0}} = \langle \nabla_x \psi(x_0), f(x_0)\rangle > 0,$$

a patto di ridurre r_3 e δ_2 se necessario si ha che esiste unica una mappa C^∞

$$T\colon B_{r_3}(x_0) \longrightarrow (T-\delta_2, T+\delta_2)$$

tale che

$$\psi(\Phi^{T(x)}(x)) = 0, \ \forall x \in B_{r_3}(x_0),$$

e quindi, in virtù di (5.106),

$$\Phi^{T(x)}(x) \in B_{r_2}(x_0) \cap S, \ \forall x \in B_{r_3}(x_0).$$

A patto, se necessario, di ridurre ancora δ_2 possiamo supporre che esista $C > 0$ tale che

$$\begin{aligned}&\langle(\nabla_x\psi)(\Phi^t(x)), f(\Phi^t(x))\rangle \geq C > 0,\\ &\qquad \forall x \in B_{r_3}(x_0)\cap S, \ \forall t \in (-\delta_2, \delta_2) \cup (T-\delta_2, T+\delta_2).\end{aligned}$$

A questo punto affermiamo che esiste $r_4 \in (0, r_3)$ tale che

$$\Phi^t(x) \notin B_{r_2}(x_0) \cap S, \ \forall x \in B_{r_4}(x_0)\cap S, \ \forall t \in (0, T(x)).$$

Se così non fosse potremmo trovare una successione di punti $x_j \in B_{r_3}(x_0) \cap S$ con $x_j \to x_0$ ed una successione di tempi $t_j \in (0, T(x_j))$ per i quali $\Phi^{t_j}(x_j) \in B_{r_2}(x_0) \cap S$, per ogni j. In tal caso deve essere $\delta_2 \leq t_j \leq T - \delta_2$, per ogni j. Infatti se si avesse $0 < t_j < \delta_2$ allora

$$0 = \psi(\Phi^{t_j}(x_j)) = \underbrace{\psi(\Phi^0(x_j))}_{=0} + \int_0^{t_j} \frac{\partial}{\partial s}\psi(\Phi^s(x_j))ds \geq C t_j,$$

che è assurdo perché $t_j > 0$, e, d'altra parte, se fosse $t_j > T - \delta_2$, allora

$$0 = \psi(\Phi^{T(x_j)}(x_j)) = \underbrace{\psi(\Phi^{t_j}(x_j))}_{=0} + \int_{t_j}^{T(x_j)} \frac{\partial}{\partial s}\psi(\Phi^s(x_j))ds \geq C(T(x_j) - t_j),$$

che è assurdo perché $t_j < T(x_j)$. Passando eventualmente ad una sottosuccessione dei t_j possiamo supporre $t_j \to \bar{t} \in [\delta_2, T - \delta_2]$ e dunque

$$\Phi^{t_j}(x_j) \to \Phi^{\bar{t}}(x_0) \in \overline{B_{r_2}(x_0)} \cap S \cap \gamma.$$

Ma, ricordando la (5.105), ciò implica

$$\Phi^{\bar{t}}(x_0) = x_0,$$

che è impossibile perché T è il periodo minimo. Per concludere basta allora prendere $U = B_{r_2}(x_0)$, $V = B_{r_4}(x_0)$ e $\delta = \delta_2$. □

Avendo definito la mappa di Poincaré P_S da un intorno di x_0 in S a valori in S, ci interessa considerarne il differenziale in x_0 come mappa lineare

$$dP_S(x_0)\colon T_{x_0}S \longrightarrow T_{x_0}S$$

(poiché S è una sottovarietà di $\mathbb{R}^n$, $T_{x_0}S$ è pensato come un sottospazio $n-1$ dimensionale di $\mathbb{R}^n$). Per prima cosa è fondamentale mettere in evidenza il legame tra $dP_S(x_0)$ ed il differenziale del flusso Φ^t. Precisamente, si consideri

$$H := (d_x\Phi^T)(x_0) \in \mathrm{M}(n;\mathbb{R}),$$

e si noti che, come conseguenza del Teorema 5.2.1, $\Phi^T(\cdot)$ è un diffeomorfismo di $\mathcal{U}_T$ in $\mathcal{U}_{-T}$, sicché $H \in \mathrm{GL}(n;\mathbb{R})$.

Vale il seguente risultato.

Lemma 5.7.3 *Si ha*

(i) $Hf(x_0) = f(x_0)$, *e quindi* $1 \in p_H^{-1}(0)$;
(ii) per ogni $v \in T_{x_0}S$

$$dP_S(x_0)v = Hv - \lambda f(x_0),$$

dove

$$\lambda = \frac{\langle Hv, \nabla\psi(x_0)\rangle}{\langle f(x_0), \nabla\psi(x_0)\rangle}, \tag{5.107}$$

e $\psi = 0$ *è una qualunque equazione definitoria di* S *vicino a* x_0;
(iii) $dP_S(x_0)\colon T_{x_0}S \longrightarrow T_{x_0}S$ *è un isomorfismo.*

Dimostrazione Cominciamo col provare (i) dimostrando che si ha

$$(d_x\Phi^t)(x_0)\big(f(x_0)\big) = f(\Phi^t(x_0)), \quad \forall t \in \mathbb{R}. \tag{5.108}$$

Infatti la (i) è allora una conseguenza di (5.108) prendendo $t = T$.

Si noti che $(d_x\Phi^t)(x_0)$ è ben definito per ogni $t \in \mathbb{R}$ in quanto $\mathcal{U}_t \neq \emptyset$ per ogni $t \in \mathbb{R}$ ($x_0 \in \mathcal{U}_t$!). Ora, la (5.108) è vera per $t = 0$, in quanto $\Phi^0(x_0) = x_0$, e $d_x\Phi^0(x_0) = I_n$. Posto $A(t) := d_x\Phi^t(x_0)$, osserviamo che da una parte

$$\frac{d}{dt}f(\Phi^t(x_0)) = f'(\Phi^t(x_0))\dot{\Phi}^t(x_0) = f'(\Phi^t(x_0))f(\Phi^t(x_0)),$$

e d'altra parte

$$\frac{d}{dt}\big(A(t)f(x_0)\big) = d_x\dot{\Phi}^t(x)\big|_{x=x_0} f(x_0) = d_x(f(\Phi^t(x)))\big|_{x=x_0} f(x_0) =$$
$$= f'(\Phi^t(x_0))A(t)f(x_0).$$

Dunque $A(t)f(x_0)$ e $f(\Phi^t(x_0))$ soddisfano **lo stesso** sistema differenziale e coincidono per $t = 0$, e quindi, per l'unicità, la (5.108) vale per tutti i tempi.

Proviamo ora (ii). Dal Lemma 5.7.2 si ha che su un intorno aperto $V \subset \Omega$ di x_0, la mappa $V \ni x \longmapsto \Phi^{T(x)}(x) \in S \subset \mathbb{R}^n$ è C^∞. Calcoliamone il differenziale rispetto ad x nel punto x_0:

$$d_x\big(\Phi^{T(x)}(x)\big)\big|_{x=x_0} = d_x\Phi^t(x)\big|_{\substack{x=x_0\\ t=T(x_0)=T}} + \dot{\Phi}^t(x)\big|_{\substack{x=x_0\\ t=T}} d_xT(x)\big|_{x=x_0} =$$
$$= H + f(x_0)d_xT(x_0).$$

Dunque per ogni $v \in T_{x_0}S$

$$d_x\big(\Phi^{T(x)}(x)\big)\big|_{x=x_0} v = dP_S(x_0)v = Hv + \mu f(x_0),$$

dove $\mu = d_xT(x_0)v = \langle \nabla T(x_0), v\rangle \in \mathbb{R}$, e quindi

$$0 = \langle dP_S(x_0)v, \nabla\psi(x_0)\rangle = \langle Hv, \nabla\psi(x_0)\rangle + \mu\langle f(x_0), \nabla\psi(x_0)\rangle,$$

da cui (ii) e la (5.107).

Resta da provare l'invertibilità di $dP_S(x_0)$. Se per qualche $0 \neq v \in T_{x_0}S$ si avesse $dP_S(x_0)v = 0$, allora da (ii) di avrebbe $Hv = \lambda f(x_0)$, e quindi da (i) che $H(v - \lambda f(x_0)) = 0$. Allora, per l'invertibilità di H, $v = \lambda f(x_0)$, ma ciò è impossibile per la trasversalità di S. Questo conclude la prova del lemma. □

È opportuno osservare che la quantità $\lambda = \langle Hv, \nabla\psi(x_0)\rangle / \langle f(x_0), \nabla\psi(x_0)\rangle$ **non** dipende dalla scelta dell'equazione locale $\psi = 0$ che definisce S, e dunque λ ha un significato **geometrico**.

A questo punto è il caso di fare un paio di osservazioni importanti.

Per prima cosa osserviamo che di varietà trasverse a γ in x_0 ce ne sono infinite! Dunque, scelte due di queste, siano esse S ed S', abbiamo in corrispondenza i differenziali $dP_S(x_0)\colon T_{x_0}S \longrightarrow T_{x_0}S$ e $dP_{S'}(x_0)\colon T_{x_0}S' \longrightarrow T_{x_0}S'$ delle due diverse mappe di Poincaré associate (si noti che $T_{x_0}S$ e $T_{x_0}S'$ **non** sono necessariamente uguali). Vale il seguente risultato.

Lemma 5.7.4 *C'è un isomorfismo lineare $L\colon T_{x_0}S \longrightarrow T_{x_0}S'$ tale che*

$$dP_S(x_0) = L^{-1} \circ dP_{S'}(x_0) \circ L. \tag{5.109}$$

Dimostrazione Poniamo $\nu := f(x_0)/\|f(x_0)\|$. Sia $W = (\mathbb{R}\nu)^\perp$ e si ponga $E := x_0 + W$. È chiaro che E è una varietà trasversa a γ in x_0 con $T_{x_0}E = W$. Consideriamo la mappa

$$\pi_S \colon T_{x_0}S \longrightarrow T_{x_0}E = W, \quad \zeta \longmapsto \zeta - \langle \zeta, \nu \rangle \nu.$$

Si noti che π_S è **invertibile**. Se proviamo che

$$\pi_S \circ dP_S(x_0) = dP_E(x_0) \circ \pi_S, \tag{5.110}$$

allora avremo anche

$$\pi_{S'} \circ dP_{S'}(x_0) = dP_E(x_0) \circ \pi_{S'},$$

e dunque

$$dP_S(x_0) = (\pi_{S'}^{-1} \circ \pi_S)^{-1} \circ dP_{S'}(x_0) \circ (\pi_{S'}^{-1} \circ \pi_S),$$

e quindi la tesi con $L = \pi_{S'}^{-1} \circ \pi_S$.

Resta da provare la (5.110). Dato $\zeta \in T_{x_0}S$, dal punto (ii) del Lemma 5.7.3 si ha $dP_S(x_0)\zeta = H\zeta + \mu\nu$, per un ben determinato $\mu \in \mathbb{R}$. Dunque

$$dP_S(x_0)\zeta = H\zeta - \langle H\zeta, \nu \rangle \nu + (\langle H\zeta, \nu \rangle + \mu)\nu = \pi_S H\zeta + \mu'\nu,$$

e quindi

$$(\pi_S \circ dP_S(x_0))\zeta = \pi_S(H\zeta).$$

D'altra parte, sempre per il Lemma 5.7.3, possiamo scrivere

$$(dP_E(x_0) \circ \pi_S)\zeta = H(\pi_S\zeta) + \mu''\nu,$$

per un ben determinato $\mu'' \in \mathbb{R}$. Ora

$$\begin{aligned} H(\pi_S\zeta) &= H(\zeta - \langle \zeta, \nu \rangle \nu) = H\zeta - \langle \zeta, \nu \rangle \nu = \\ &= H\zeta - \langle H\zeta, \nu \rangle \nu + (\langle H\zeta, \nu \rangle - \langle \zeta, \nu \rangle)\nu = \\ &= \pi_S(H\zeta) + (\langle H\zeta, \nu \rangle - \langle \zeta, \nu \rangle)\nu, \end{aligned}$$

da cui

$$(dP_E(x_0) \circ \pi_S)\zeta = \pi_S(H\zeta) + (\langle H\zeta, \nu \rangle - \langle \zeta, \nu \rangle + \mu'')\nu,$$

e siccome $dP_E(x_0)(\pi_S\zeta) \in W$, si conclude che

$$(dP_E(x_0) \circ \pi_S)\zeta = \pi_S(H\zeta) = (\pi_S \circ dP_S(x_0))\zeta,$$

che è quanto si voleva. □

Veniamo ora alla seconda osservazione. Finora abbiamo considerato la mappa di Poincaré P_S relativa ad una (qualunque) varietà S trasversa a γ in x_0. D'altra parte x_0 non è un punto privilegiato di γ. Infatti, fissato un tempo $t_1 \in (0, T)$ e posto $x_1 = \Phi^{t_1}(x_0)$, si ha, allo stesso modo, che

$$\gamma = \{\Phi^t(x_1);\ t \in [0, T]\} = \{\Phi^t(x_1);\ t \in \mathbb{R}\}.$$

Dunque si può ripetere la costruzione della mappa di Poincaré a partire da x_1, vale a dire, si fissa una varietà S_1 trasversa a γ in x_1 e, procedendo come prima, si costruisce

$$P_{S_1}: V_1 \cap S_1 \longrightarrow S_1,$$

dove $V_1 \subset \Omega$ è un opportuno intorno aperto di x_1, e in corrispondenza si considera l'isomorfismo lineare

$$dP_{S_1}(x_1): T_{x_1}S_1 \longrightarrow T_{x_1}S_1.$$

Si ha il risultato seguente.

Lemma 5.7.5 *Considerate S, risp. S_1, varietà trasverse a γ in x_0, risp. x_1, c'è un isomorfismo lineare $M: T_{x_0}S \longrightarrow T_{x_1}S_1$ tale che*

$$dP_S(x_0) = M^{-1} \circ dP_{S_1}(x_1) \circ M. \tag{5.111}$$

Dimostrazione Consideriamo S_1, e prendiamone, localmente vicino ad x_1, un'equazione definitoria $\theta(x) = 0$. La trasversalità di S_1 a γ in x_1 è dunque espressa da $\langle \nabla\theta(x_1), f(x_1)\rangle \neq 0$. La mappa di Poincaré P_{S_1} è una mappa C^∞, $P_{S_1}: V_1 \cap S_1 \longrightarrow S_1$, per un opportuno intorno aperto $V_1 \subset \mathcal{U}_{-t_1} = \Phi^{t_1}(\mathcal{U}_{t_1})$ di x_1, definita da $P_{S_1}(x) = \Phi^{T_1(x)}(x)$, dove $T_1 \in C^\infty(V_1; (T - \delta, T + \delta))$ è la mappa definita implicitamente dall'equazione $\theta(\Phi^t(x)) = 0$ per t vicino a T e x vicino a x_1. Definiamo ora $S' := \Phi^{-t_1}(S_1)$. Poiché la mappa $\Phi^{-t_1}: \mathcal{U}_{-t_1} \longrightarrow \mathcal{U}_{t_1}$ è un diffeomorfismo, S' è una varietà C^∞ di dimensione $n - 1$ passante per x_0, localmente definita dall'equazione $\theta(\Phi^{t_1}(x)) = 0$. Osserviamo che S' è trasversa a γ in x_0. Infatti

$$\begin{aligned}\langle \nabla_x\big(\theta(\Phi^{t_1}(x))\big)\big|_{x=x_0}, f(x_0)\rangle &= \langle {}^t(d_x\Phi^{t_1}(x_0))\nabla_x\theta(x_1), f(x_0)\rangle = \\ &= \langle \nabla\theta(x_1), d_x\Phi^{t_1}(x_0)f(x_0)\rangle = \qquad \text{(dalla (5.108))} \\ &= \langle \nabla\theta(x_1), f(x_1)\rangle \neq 0.\end{aligned}$$

La mappa di Poincaré $P_{S'}$ può allora essere definita come

$$P_{S'}(x) = (\Phi^{-t_1} \circ P_{S_1} \circ \Phi^{t_1})(x), \quad \text{per} \ \ x \in \Phi^{-t_1}(V_1 \cap S_1).$$

Dunque

$$dP_{S'}(x_0) = d_x\Phi^{-t_1}(x_1) \circ dP_{S_1}(x_1) \circ d_x\Phi^{t_1}(x_0).$$

Poiché $\Phi^{-t_1} \circ \Phi^{t_1} = \mathrm{id}_{\mathcal{U}_{t_1}}$, si ha $d_x\Phi^{-t_1}(x_1 = \Phi^{t_1}(x_0)) = (d_x\Phi^{t_1}(x_0))^{-1}$, e quindi

$$dP_{S'}(x_0) = (d_x\Phi^{t_1}(x_0))^{-1} \circ dP_{S_1}(x_1) \circ d_x\Phi^{t_1}(x_0).$$

Ora, se S è una qualunque varietà trasversa a γ in x_0, dal Lemma 5.7.4 segue che c'è un isomorfismo lineare $L\colon T_{x_0}S \longrightarrow T_{x_0}S'$ tale che $dP_S(x_0) = L^{-1} \circ dP_{S'}(x_0) \circ L$, e dunque si ha la (5.111) con $M = d_x\Phi^{t_1}(x_0) \circ L$. □

Una conseguenza fondamentale dei due lemmi precedenti è che lo spettro del complessificato ${}^{\mathbb{C}}dP_S(x)$ **non** dipende né dalla scelta del punto $x \in \gamma$, né dalla scelta della varietà S trasversa a γ in x.

Il lemma seguente stabilisce una importante relazione tra lo spettro di ${}^{\mathbb{C}}dP_S(x)$ e gli autovalori del differenziale del flusso.

Lemma 5.7.6 *Con $H = d_x\Phi^T(x_0)$, si ha*

(a) $\mathrm{Spec}({}^{\mathbb{C}}dP_S(x_0)) \setminus \{1\} = p_H^{-1}(0) \setminus \{1\}$;
(b) $1 \in \mathrm{Spec}({}^{\mathbb{C}}dP_S(x_0)) \Longleftrightarrow 1$ *è uno zero multiplo di* $p_H(z)$.

Dimostrazione Faremo la prova nel caso in cui le radici dei polinomi caratteristici di H e $dP_S(x_0)$ siano **reali**, lasciando al lettore le necessarie modifiche nel caso generale.

Proviamo (a). Sia $1 \neq \mu \in \mathrm{Spec}(dP_S(x_0))$ e sia $0 \neq v \in T_{x_0}S$ tale che $dP_S(x_0)v = \mu v$. Allora, per (ii) del Lemma 5.7.3,

$$Hv = dP_S(x_0)v + \lambda f(x_0) = \mu v + \lambda f(x_0).$$

Se $\lambda = 0$ non c'è nulla da dimostrare, in quanto $Hv = \mu v = dP_S(x_0)v$.

Altrimenti per ogni $\gamma \in \mathbb{R} \setminus \{0\}$

$$H\big(v + \gamma f(x_0)\big) = \mu v + (\lambda + \gamma) f(x_0) = \mu\Big(v + \frac{\lambda + \gamma}{\mu} f(x_0)\Big).$$

Scelto γ per cui $(\lambda + \gamma)/\mu = \gamma$, i.e. $\gamma = \lambda/(\mu - 1)$, abbiamo che $\mu \in p_H^{-1}(0)$ perché $v + \gamma f(x_0) \neq 0$.

Viceversa, sia $1 \neq \mu \in p_H^{-1}(0)$ e sia $0 \neq u \in \mathbb{R}^n$ con $Hu = \mu u$. Si ha $u = v + \tau f(x_0)$, per un ben determinato $0 \neq v \in T_{x_0}S$ (perché $\mu \neq 1$). Ora, per l'invarianza dello spettro di $dP_S(x_0)$ rispetto ad S, scegliamo come S la varietà affine $x_0 + W$, $W = \mathrm{Span}\{f(x_0)\}^{\perp}$, e scegliamo un'equazione locale $\psi(x) = 0$ di S tale che $\nabla\psi(x_0) \in \mathbb{R} f(x_0) = W^{\perp}$ (il lettore verifichi che ciò è sempre possibile). Poiché da $Hu = \mu u$ segue

$$Hu = H\big(v + \tau f(x_0)\big) = Hv + \tau f(x_0) = \mu v + \mu\tau f(x_0),$$

allora

$$Hv = \mu v + (\mu - 1)\tau f(x_0).$$

D'altra parte, per la (5.107),

$$\begin{aligned} dP_S(x_0)v &= Hv - \frac{\langle Hv, \nabla\psi(x_0)\rangle}{\langle f(x_0), \nabla\psi(x_0)\rangle} f(x_0) = \\ &= \mu v + \left((\mu - 1)\tau - \frac{\langle Hv, \nabla\psi(x_0)\rangle}{\langle f(x_0), \nabla\psi(x_0)\rangle}\right) f(x_0). \end{aligned}$$

Ora

$$\begin{aligned} \langle Hv, \nabla\psi(x_0)\rangle &= \mu\langle v, \nabla\psi(x_0)\rangle + (\mu - 1)\tau\langle f(x_0), \nabla\psi(x_0)\rangle = \\ &= (\mu - 1)\tau\langle f(x_0), \nabla\psi(x_0)\rangle, \end{aligned}$$

per la scelta di ψ, essendo $v \in W$. In conclusione

$$dP_S(x_0)v = \mu v, \quad 0 \neq v \in T_{x_0}S.$$

Ciò conclude la prova di (a).

Proviamo ora (b). Detta m la molteplicità algebrica di 1 come radice di p_H, cominciamo col mostrare che se $m = 1$ allora $1 \notin \mathrm{Spec}(^{\mathbb{C}}dP_S(x_0))$. Se $m = 1$, possiamo allora scrivere

$$\mathbb{R}^n = \mathrm{Ker}(\mathrm{id}_{\mathbb{R}^n} - H) \oplus E = \mathbb{R} f(x_0) \oplus E,$$

dove E è un sottospazio $(n - 1)$-dimensionale, ovviamente trasverso a $f(x_0)$, ed invariante per H. Possiamo allora scegliere come S la varietà affine $x_0 + E$, e sceglierne un'equazione locale $\psi(x) = 0$ con $\nabla\psi(x_0) \in E^{\perp}$. Non è possibile che esista $0 \neq v \in T_{x_0}S = E$ con $dP_S(x_0)v = v$. Infatti per la (5.107)

$$dP_S(x_0)v = Hv - \frac{\langle Hv, \nabla\psi(x_0)\rangle}{\langle f(x_0), \nabla\psi(x_0)\rangle} f(x_0) = Hv,$$

perché $Hv \in E$, e dunque avremmo $Hv = v$, che è impossibile.

Resta da provare che se $m > 1$, allora $1 \in \mathrm{Spec}(^{\mathbb{C}}dP_S(x_0))$. Consideriamo dapprima il caso in cui $m = \dim \mathrm{Ker}(\mathrm{id}_{\mathbb{R}^n} - H)$. Scriviamo

$$\mathbb{R}^n = \mathrm{Ker}(\mathrm{id}_{\mathbb{R}^n} - H) \oplus E,$$

con $\dim E = n - m$ e $H(E) \subset E$. D'altra parte si ha anche

$$\mathrm{Ker}(\mathrm{id}_{\mathbb{R}^n} - H) = \mathbb{R} f(x_0) \oplus E',$$

con $\dim E' = m - 1$ e $H(E') \subset E'$. Scegliamo ora come S la varietà affine $x_0 + (E' \oplus E)$, e di nuovo ψ con $\nabla\psi(x_0) \in (E' \oplus E)^\perp$. Prendiamo $0 \neq v \in E'$ con $Hv = v$. Allora

$$dP_S(x_0)v = Hv - \frac{\langle Hv, \nabla\psi(x_0)\rangle}{\langle f(x_0), \nabla\psi(x_0)\rangle} f(x_0) = v,$$

e quindi $1 \in \mathrm{Spec}(dP_S(x_0))$.

Supponiamo ora che sia $m > \dim \mathrm{Ker}(\mathrm{id}_{\mathbb{R}^n} - H)$. Usando la forma di Jordan (cfr. Teorema 2.7.4) per $\mathrm{id}_{\mathbb{R}^n} - H$, possiamo scrivere

$$\mathbb{R}^n = \mathbb{R} f(x_0) \oplus W,$$

$\dim W = n - 1$, e c'è almeno un vettore $0 \neq z \in W$ tale che $Hz = z + f(x_0)$. Scegliendo di nuovo $S = x_0 + W$, con $\nabla\psi(x_0) \in W^\perp$, abbiamo

$$dP_S(x_0)z = Hz - \frac{\langle Hz, \nabla\psi(x_0)\rangle}{\langle f(x_0), \nabla\psi(x_0)\rangle} f(x_0) = Hz - f(x_0) = z,$$

e quindi, di nuovo, $1 \in \mathrm{Spec}(dP_S(x_0))$. Ciò conclude la prova del lemma. □

Abbiamo ora l'importante risultato seguente.

Teorema 5.7.7 (di Poincaré) *Si ha:*

(i) *se γ è stabile, allora*

$$\mathrm{Spec}({}^{\mathbb{C}}dP_S(x)) \subset \{\lambda \in \mathbb{C};\ |\lambda| \leq 1\};$$

(ii) *se* $\mathrm{Spec}({}^{\mathbb{C}}dP_S(x)) \subset \{\lambda \in \mathbb{C};\ |\lambda| < 1\}$, *allora γ è asintoticamente stabile.*

Dimostrazione Cominceremo col dimostrare (ii) del teorema. A tal fine abbiamo bisogno di alcuni risultati preliminari.

Lemma 5.7.8 *Sia V uno spazio vettoriale complesso di dimensione N, sia $L\colon V \longrightarrow V$ lineare, e sia*

$$\ell := \max_{\lambda \in \mathrm{Spec}(L)} |\lambda|.$$

Per ogni $\ell' > \ell$ c'è un prodotto hermitiano $\langle\cdot,\cdot\rangle_V$ in V tale che nella relativa norma $|\cdot|_V$ si ha

$$|L|_{V\to V} := \sup_{|u|_V \leq 1} |Lu|_V \leq \ell'.$$

Dimostrazione (del lemma) Fissiamo $\delta, \varepsilon \in (0, 1)$ in modo tale che

$$(1+\delta^2)\ell^2 + \varepsilon^2(1+\delta^{-2}) \leq \ell'^2.$$

Dal Teorema 2.8.3 sappiamo che esiste una base $v_1, \dots, v_N$ di V relativamente alla quale la matrice di L è

$$\Lambda = \begin{bmatrix} \lambda_1 & \sigma_1 & 0 & \dots & 0 & 0 \\ 0 & \lambda_2 & \sigma_2 & \dots & 0 & 0 \\ 0 & 0 & \lambda_3 & \dots & 0 & 0 \\ \vdots & \vdots & \vdots & \ddots & \vdots & \vdots \\ 0 & 0 & 0 & \dots & \lambda_{N-1} & \sigma_{N-1} \\ 0 & 0 & 0 & \dots & 0 & \lambda_N \end{bmatrix},$$

dove $\lambda_1, \dots, \lambda_N$ sono gli autovalori di L e $\sigma_j = 0$ oppure $\sigma_j = \varepsilon$, $1 \leq j \leq N-1$. Su V definiamo un prodotto hermitiano nel modo seguente: se $v = \sum_{j=1}^{N} \zeta_j v_j$ e $w = \sum_{j=1}^{N} \eta_j v_j$, poniamo

$$\langle v, w \rangle_V := \sum_{j=1}^{N} \zeta_j \bar{\eta}_j .$$

Allora

$$\begin{aligned} \langle Lv, Lv \rangle_V &= \sum_{j=1}^{N-1} |\lambda_j \zeta_j + \sigma_j \zeta_{j+1}|^2 + |\lambda_N|^2 |\zeta_N|^2 \leq \\ &\leq \sum_{j=1}^{N-1} \Big(\ell^2 |\zeta_j|^2 + 2\varepsilon\ell |\zeta_j||\zeta_{j+1}| + \varepsilon^2 |\zeta_{j+1}|^2 \Big) + \ell^2 |\zeta_N|^2 \leq \\ &\leq \sum_{j=1}^{N-1} \Big(\ell^2 |\zeta_j|^2 + \varepsilon^2 |\zeta_{j+1}|^2 + \delta^2 \ell^2 |\zeta_{j+1}|^2 + \frac{\varepsilon^2}{\delta^2} |\zeta_j|^2 \Big) + \ell^2 |\zeta_N|^2 \leq \\ &\leq \Big((1+\delta^2)\ell^2 + \varepsilon^2 (1+\delta^{-2}) \Big) |v|_V^2 \leq \ell'^2 |v|_V^2, \end{aligned}$$

e quindi

$$|L|_{V \to V} \leq \ell'.$$

Ciò conclude la prova del lemma. □

Si noti che se L è diagonalizzabile allora si può scegliere $\ell' = \ell$.

Corollario 5.7.9 *Sia W uno spazio vettoriale reale di dimensione N, sia $L\colon W \longrightarrow W$ lineare, e sia*

$$\ell = \max_{\lambda \in \mathrm{Spec}(^{\mathbb{C}}L)} |\lambda|.$$

Per ogni $\ell' > \ell$ c'è un prodotto scalare $\langle\cdot,\cdot\rangle_W$ in W tale che nella relativa norma $|\cdot|_W$ si ha

$$|L|_{W\to W} \le \ell'.$$

Dimostrazione Si pone $V = {}^{\mathbb{C}}W$ e si applica il Lemma 5.7.8 a ${}^{\mathbb{C}}L\colon V \longrightarrow V$. Se $\langle\cdot,\cdot\rangle_V$ è il prodotto hermitiano ottenuto, si ponga

$$\langle u, v\rangle_W := \langle u + i0, v + i0\rangle_V, \quad u, v \in W.$$

Poiché L è reale si ha

$$\begin{aligned}\langle Lu, Lv\rangle_W &= |Lu + i0|_V^2 = |{}^{\mathbb{C}}L(u + i0)|_V^2 \\ &\le |{}^{\mathbb{C}}L|_{V\to V}^2 |u + i0|_V^2 = |{}^{\mathbb{C}}L|_{V\to V}^2 |u|_W^2,\end{aligned}$$

da cui la tesi. □

Corollario 5.7.10 *Sia W uno spazio vettoriale su $\mathbb{K}$ ($\mathbb{K} = \mathbb{R}$ o $\mathbb{C}$) di dimensione N, e sia $L\colon W \longrightarrow W$ lineare con*

$$\min_{\lambda \in \mathrm{Spec}(^{\mathbb{C}}L)} |\lambda| = \delta > 0.$$

Per ogni $0 < \delta' < \delta$ c'è un prodotto interno $\langle\cdot,\cdot\rangle_W$ in W tale che nella relativa norma $|\cdot|_W$ si ha

$$|L|_{W\to W} \ge \delta'.$$

Dimostrazione Dal Lemma 5.7.8 e dal Corollario 5.7.9 segue che c'è un prodotto interno $\langle\cdot,\cdot\rangle_W$ in W, tale che nella norma relativa si ha

$$|L^{-1}|_{W\to W} \le 1/\delta'.$$

Dunque

$$|u|_W = |L^{-1}(Lu)|_W \le |L^{-1}|_{W\to W} |Lu|, \quad \forall u \in W.$$

Da qui la tesi, perché

$$|L|_{W\to W} \ge \frac{1}{|L^{-1}|_{W\to W}}.$$

□

Lemma 5.7.11 *Sia W un sottospazio di $\mathbb{R}^n$ di dimensione k, $1 \leq k < n$, e sia $F \in C^1(U; W)$, dove $U \subset W$ è un intorno (aperto in W) dell'origine. Supponiamo che si abbia*

(i) $F(0) = 0$;
(ii) $\mathrm{Spec}({}^{\mathbb{C}}F'(0)) \subset \{\lambda \in \mathbb{C};\ |\lambda| < 1\}$, *dove $F'(0): W \longrightarrow W$ è la mappa tangente di F in 0.*

Allora c'è un prodotto interno $\langle \cdot, \cdot \rangle_W$ in W tale che, detta $|\cdot|_W$ la relativa norma, esistono $0 < r, \alpha < 1$ tali che

(a) $B_r(0) := \{v \in W;\ |v|_W < r\} \subset U$;
(b) $|F(v) - F(w)|_W \leq \alpha |v - w|_W,\ \forall v, w \in B_r(0)$;
(c) per ogni $\rho \in (0, r]$,

$$F(B_\rho(0)) \subset B_{\alpha\rho}(0).$$

Dimostrazione (del lemma) Basta provare (a) e (b), in quanto (c) è una conseguenza banale di (b) e di (i). Dal Corollario 5.7.9 segue l'esistenza di un prodotto interno $\langle \cdot, \cdot \rangle_W$ tale che $|F'(0)|_{W \to W} < 1$. Poiché $F' \in C^0(U; L(W, W))$, ne segue l'esistenza di due numeri $r, \alpha \in (0, 1)$ tali che

- $\overline{B_r(0)} \subset U$;
- $|F'(z)|_{W \to W} \leq \alpha,\ \forall z \in \overline{B_r(0)}$.

Presi ora $v, w \in B_r(0)$, poiché

$$F(v) - F(w) = \int_0^1 F'(w + t(v - w))(v - w)dt,$$

la tesi segue. □

Tornando alla prova del teorema di Poincaré, proviamo ora (ii). Senza minore generalità possiamo supporre che l'orbita γ passi per l'origine di $\mathbb{R}^n$, e fissare come varietà trasversa a γ in 0 il sottospazio $W = \mathrm{Span}\{f(0)\}^\perp$. Indichiamo con $P = P_W$ la relativa mappa di Poincaré. Per ipotesi $P: U \longrightarrow W$, dove $U \subset W$ è un opportuno intorno (relativamente aperto) dell'origine in W (si veda il Lemma 5.7.2) e $\mathrm{Spec}({}^{\mathbb{C}}dP(0)) \subset \{\lambda \in \mathbb{C};\ |\lambda| < 1\}$. Applicando il Lemma 5.7.11 sappiamo che in W c'è una norma $|\cdot|_W$ ed esistono $r, \alpha \in (0, 1)$ tali che

$$\begin{cases} B_r(0) := \{y \in W;\ |y|_W < r\} \subset U, \\ |P(y_1) - P(y_2)|_W \leq \alpha |y_1 - y_2|_W, & \forall y_1, y_2 \in B_r(0), \\ P(B_\rho(0)) \subset B_{\alpha\rho}(0), & \forall \rho \in (0, r]. \end{cases}$$

Poniamo ora, per ogni $\rho \in (0, r]$,

$$\Gamma_\rho := \{\Phi^t(y);\ y \in B_\rho(0),\ 0 \leq t \leq T(y)\}.$$

Si noti che $\gamma \subset \Gamma_\rho$, per ogni ρ.

Cominciamo col mostrare che i Γ_ρ hanno le proprietà seguenti:

(1) $\Phi^s(\Gamma_\rho) \subset \Gamma_\rho$, $\forall s \geq 0$;
(2) per ogni $z \in \Gamma_\rho$,

$$\text{dist}(\Phi^s(z), \gamma) \longrightarrow 0 \quad \text{per} \quad s \to +\infty.$$

Osserviamo che dato $y \in B_\rho(0)$ si ha $P(y) \in B_{\alpha\rho}(0) \subset B_\rho(0)$ e quindi una qualunque iterazione di P manda $B_\rho(0)$ in $B_\rho(0)$. Fissato $y \in B_\rho(0)$, poniamo

$$s_1 = T(y), \ s_2 = T(P(y)), \ \ldots, \ s_k = T(P^{k-1}(y)), \ \ldots.$$

Poiché per ogni $z \in U$ si ha $0 < \delta < T - \delta < T(z)$, se ne deduce che

$$\sum_{k=1}^{N} s_k \longrightarrow +\infty \quad \text{per} \quad N \to +\infty.$$

Come già osservato, $P(y) \subset B_{\alpha\rho}(0)$, e quindi $P^2(y) \in B_{\alpha^2\rho}(0)$ e così via, da cui

$$|P^{k-1}(y)|_W \longrightarrow 0 \quad \text{per} \quad k \to +\infty,$$

sicché

$$s_k = T(P^{k-1}(y)) \longrightarrow T(0) = T \quad \text{per} \quad k \to +\infty.$$

Per provare (1) consideriamo $\Phi^s(z)$ con $s \geq 0$ e $z \in \Gamma_\rho$. Per definizione $z = \Phi^t(y)$, per un $y \in B_\rho(0)$ ed un $t \in [0, T(y)]$. Se $s + t \leq T(y)$ non c'è nulla da dimostrare. Sia quindi $s + t > T(y)$. Allora per un certo N si avrà

$$\sum_{k=1}^{N} s_k \leq s + t < \sum_{k=1}^{N+1} s_k,$$

e quindi $s + t = \sum_{k=1}^{N} s_k + \tau$, con $\tau \in [0, s_{N+1})$. Allora per le proprietà gruppali del flusso

$$\Phi^s(z) = \Phi^{s+t}(y) = \Phi^\tau\Big(\Phi^{s_N}\big(\Phi^{s_{N-1}}\big(\ldots\big(\Phi^{s_1}(y)\big)\ldots\big)\big)\Big).$$

Ora $\Phi^{s_1}(y) = \Phi^{T(y)}(y) = P(y)$, $\Phi^{s_2}(P(y)) = \Phi^{T(P(y))}(P(y)) = P^2(y)$, ..., e così via, sicché

$$\Phi^{s_N}\big(\Phi^{s_{N-1}}\big(\ldots\big(\Phi^{s_1}(y)\big)\ldots\big)\big) = P^N(y) \in B_\rho(0),$$

e quindi

$$\Phi^s(z) = \Phi^\tau(P^N(y)), \quad 0 \leq \tau < T(P^N(y)),$$

cioè $\Phi^s(z) \in \Gamma_\rho$. Ciò prova (1).

Quanto a (2), scritto $\Phi^s(z) = \Phi^{s+t}(y)$ con $y \in B_\rho(0)$ e $t \in [0, T(y)]$, osserviamo che per $\sum_{k=1}^{N} s_k \leq s < \sum_{k=1}^{N+1} s_k$ si ha

$$\Phi^s(z) = \Phi^{s-\sum_{k=1}^{N} s_k}\Big(\Phi^{\sum_{k=1}^{N} s_k}(z)\Big).$$

Ora

$$\Phi^{\sum_{k=1}^{N} s_k}(z) = \Phi^{\sum_{k=1}^{N} s_k}\big(\Phi^t(y)\big) = \Phi^t\big(\Phi^{\sum_{k=1}^{N} s_k}(y)\big) = \\ = \Phi^t(P^N(y)) \longrightarrow \Phi^t(0) \in \gamma, \quad \text{per} \quad N \to +\infty.$$

D'altra parte

$$0 \leq s - \sum_{k=1}^{N} s_k < s_{N+1} = T(P^N(y)) \longrightarrow T, \quad \text{per} \quad N \to +\infty.$$

In conclusione, per $s \to +\infty$ si ha

$$\Phi^s(z) \longrightarrow \Phi^T\big(\Phi^t(0)\big) = \Phi^t\big(\Phi^T(0)\big) = \Phi^t(0) \in \gamma.$$

Ciò prova (2), ma anche, di più, che

$$z = \Phi^t(y) \in \Gamma_\rho \Longrightarrow \Phi^s(z) \longrightarrow \Phi^t(0) \quad \text{per} \quad s \to +\infty.$$

Per concludere la prova di (ii) ci basta ora provare i due fatti seguenti:

(3) per ogni aperto ω di $\mathbb{R}^n$ con $\gamma \subset \omega \subset \Omega$ c'è un ρ per cui $\Gamma_\rho \subset \omega$;
(4) per ogni ρ sufficientemente piccolo, Γ_ρ è un intorno di γ.

Infatti, se valgono (3) e (4), tenuto conto di (1) e (2), si ha che γ è un attrattore. Il punto (3) viene dimostrato per assurdo. Supponiamo che per un certo intorno $\omega \supset \gamma$ e per ogni $\rho \in (0, r]$ esista $z_\rho \in \Gamma_\rho \setminus \omega$. Per definizione $z_\rho = \Phi^{t_\rho}(y_\rho)$ con $y_\rho \in B_\rho(0)$ e $t_\rho \in [0, T(y_\rho)]$. Senza minore generalità possiamo supporre che $y_\rho \longrightarrow 0$ per $\rho \to 0+$ e, poiché $t_\rho \in [0, T + \delta]$, di nuovo possiamo supporre che $t_\rho \longrightarrow \bar{t} \in [0, T + \delta]$ per $\rho \to 0+$. Dunque

$$z_\rho \longrightarrow \Phi^{\bar{t}}(0) \in \gamma \quad \text{per} \quad \rho \to 0+.$$

Ma ciò è impossibile.

Resta da vedere (4). Supponiamo di aver provato che se ρ è sufficientemente piccolo, Γ_ρ contiene un intorno ω_0 dell'origine in $\mathbb{R}^n$. Allora preso $\Phi^t(0) \in \gamma$, con $0 < t < T$, poiché Φ^t è un diffeomorfismo, $\Phi^t(\omega_0)$ è un intorno di $\Phi^t(0)$ in $\mathbb{R}^n$, e, per il punto (1),

$$\Phi^t(\omega_0) \subset \Phi^t(\Gamma_\rho) \subset \Gamma_\rho.$$

Dimostriamo dunque l'esistenza di ω_0. Poiché $f(0)$ è trasversa a W, usando una delle conseguenze del Teorema 5.2.1 ed il fatto che P è un diffeomorfismo di $B_\rho(0)$ su $P(B_\rho(0))$ per ρ abbastanza piccolo (Lemma 5.7.3 (iii)), esistono un tempo $\tau \in (0, \delta)$ ed un $\rho_0 \in (0, r)$ tali che per ogni $\rho \in (0, \rho_0]$ la mappa

$$(-\tau, \tau) \times \underbrace{\big(B_\rho(0) \cap P(B_\rho(0))\big)}_{\text{intorno aperto di } 0 \in W} \ni (t, y) \longmapsto \Phi^t(y) \in \Omega$$

è un **diffeomorfismo** di $(-\tau, \tau) \times \big(B_\rho(0) \cap P(B_\rho(0))\big)$ sulla sua immagine, che è dunque un intorno di 0 in Ω. Ora, se $t \in [0, \tau)$, allora, poiché $\tau < \delta < T(y)$, si ha per definizione che $\Phi^t(y) \in \Gamma_\rho$ perché $y \in B_\rho(0)$. Se invece $t = -s$, con $0 < s < \tau$, si tratta di riconoscere che $\Phi^{-s}(y) \in \Gamma_\rho$. Poiché $y \in P(B_\rho(0))$, si ha $y = \Phi^{T(z)}(z)$ per un certo $z \in B_\rho(0)$. Allora

$$\Phi^{-s}(y) = \Phi^{T(z)-s}(z),$$

e dunque, poiché $0 < T(z) - s < T(z)$, si ha $\Phi^{-s}(y) \in \Gamma_\rho$. Ciò conclude la prova di (4), e quindi di (ii).

Proviamo ora (i) ragionando per assurdo, i.e. supponendo che ${}^{\mathbb{C}}dP(0)$ abbia almeno un autovalore di modulo > 1. Faremo la prova nel caso generale in cui ${}^{\mathbb{C}}dP(0)$ abbia **anche** autovalori di modulo ≤ 1 (se **tutti** gli autovalori sono di modulo > 1 la prova è più semplice). Come in (ii) possiamo supporre che γ passi per l'origine, e scegliere di nuovo $W := \mathrm{Span}\{f(0)\}^\perp$ come varietà trasversa a γ in 0. Per comodità scriviamo semplicemente P per indicare la mappa di Poincaré P_W relativa a W in 0. Utilizzando il Teorema 2.7.4 possiamo supporre di avere una decomposizione $W = W_1 \oplus W_2$ in sottospazi **invarianti** per $dP(0)$ e tale che

$$\mathrm{Spec}\big({}^{\mathbb{C}}(dP(0)|_{W_1})\big) = \mathrm{Spec}({}^{\mathbb{C}}P(0)) \cap \{\lambda \in \mathbb{C}; |\lambda| > 1\},$$
$$\mathrm{Spec}\big({}^{\mathbb{C}}(dP(0)|_{W_2})\big) = \mathrm{Spec}({}^{\mathbb{C}}P(0)) \cap \{\lambda \in \mathbb{C}; |\lambda| \leq 1\}.$$

Per i Corollari 5.7.9 e 5.7.10 possiamo fissare sui W_j, $j = 1, 2$, prodotti scalari $\langle \cdot, \cdot \rangle_{W_j}$ tali che nella relativa norma $|\cdot|_{W_j}$ si abbia

$$|dP(0)|_{W_1 \to W_1} =: \alpha > 1, \quad |dP(0)|_{W_2 \to W_2} =: \beta \geq 1, \quad \text{e} \quad \alpha > \beta.$$

Su W consideriamo il prodotto scalare

$$\langle u, v \rangle_W := \langle u_1, v_1 \rangle_{W_1} + \langle u_2, v_2 \rangle_{W_2},$$

se $u = u_1 + u_2$ e $v = v_1 + v_2$. Per comodità indichiamo semplicemente con $|\cdot|$ la relativa norma in W. Si noti che se $u = u_1 + u_2$, $u_j \in W_j$, allora $|u|^2 = |u_1|^2 + |u_2|^2$. Fissiamo ora $R > 0$ sufficientemente piccolo in modo tale che

- $P\colon B_R(0) \longrightarrow W$, $P(y) = \Phi^{T(y)}(y)$, sia ben definita;
- per $y \in B_R(0)$ si abbia

$$P(y) = dP(0)y + G(y),$$

con $|G(y)| \leq C|y|^2$, con $C > 0$ **indipendente** da y;
- $\alpha' := \alpha - 2CR > 1, \alpha' > \beta' := \beta + 2CR$.

Fissato ora $\sigma \geq \alpha'/\beta'$, poniamo

$$E_\sigma := \{y \in W;\ y = y_1 + y_2,\ |y_1| \geq \sigma|y_2|\}.$$

A questo punto è cruciale osservare che se γ è stabile allora, come conseguenza, deve aversi che **per ogni** $\rho \in (0, R)$ c'è $\rho' \in (0, \rho]$ tale che

$$y \in B_{\rho'}(0) \Longrightarrow P^k(y) \in B_\rho(0), \quad \forall k \geq 1. \tag{5.112}$$

Infatti, preso un intorno $U \subset \Omega$ di γ con $U \cap W = B_\rho(0)$, se γ è stabile deve esserci un intorno $V \subset U$ di γ tale che $\Phi^t(y) \in U$ per ogni $t \geq 0$ e per ogni $y \in V$. Preso allora $\rho' \in (0, \rho]$ tale che $B_{\rho'}(0) \subset V \cap W$, la (5.112) ne consegue.

Se ora mostriamo che (5.112) **non** può essere soddisfatta, avremo dunque provato l'instabilità di γ. Prendiamo $y = y_1 + y_2 \in B_{\rho'}(0) \cap E_\sigma$. Allora

$$P(y) = P(y)_1 + P(y)_2, \quad P(y)_j \in W_j,$$

e si ha

$$\begin{aligned}|P(y)_1| = |dP(0)y_1 + G(y)_1| &\geq \alpha|y_1| - C\big(|y_1|^2 + |y_2|^2\big) \geq \\ &\geq (\alpha - CR)|y_1| - CR|y_2| \geq \Big(\alpha - CR - \frac{CR}{\sigma}\Big)|y_1| \geq \alpha'|y_1|,\end{aligned}$$

e

$$\begin{aligned}|P(y)_2| = |dP(0)y_2 + G(y)_2| &\leq \beta|y_2| + C\big(|y_1|^2 + |y_2|^2\big) \leq \\ &\leq \frac{\beta}{\sigma}|y_1| + CR|y_1| + \frac{CR}{\sigma}|y_1| \leq (\beta + 2CR)|y_1| = \beta'|y_1|.\end{aligned}$$

Dunque

$$|P(y)_2| \leq \beta'|y_1| = \frac{\beta'}{\alpha'}\alpha'|y_1| \leq \frac{\beta'}{\alpha'}|P(y)_1| \leq \frac{1}{\sigma}|P(y)_1|,$$

e quindi $P(y) \in E_\sigma$. A questo punto da (5.112) si ha che $P(y) \in B_\rho(0) \cap E_\sigma$. Ripetendo il ragionamento appena fatto si prova che $P^2(y) \in E_\sigma$ e dunque, sempre per (5.112), $P^2(y) \in B_\rho(0) \cap E_\sigma$. Ma allora se vale (5.112) si ha, per induzione,

$$y \in B_{\rho'}(0) \cap E_\sigma \Longrightarrow P^k(y) \in B_\rho(0) \cap E_\sigma, \quad \forall k \geq 1. \tag{5.113}$$

Ciò porta immediatamente ad una contraddizione perché se $0 \neq y = y_1 + y_2 \in B_{\rho'}(0) \cap E_\sigma$, allora

$$|P^k(y)| \geq |P^k(y)_1| \geq (\alpha')^k |y_1| \longrightarrow +\infty \quad \text{per} \quad k \to +\infty.$$

Ciò conclude la prova di (i) e quindi del teorema. □

È opportuno osservare che, per quanto riguarda l'evidente "gap" tra la condizione necessaria (i) e quella sufficiente (ii) del Teorema 5.7.7, possiamo ripetere quanto detto a proposito del Teorema 5.6.9.

5.8 Applicazioni del Teorema di Poincaré. Esistenza di orbite periodiche

Vogliamo ora dare alcune applicazioni del Teorema di Poincaré. Un'ovvia questione preliminare è il sapere quando un sistema $\dot{x} = f(x)$ possiede (almeno) un'orbita periodica. Questa questione non è affatto banale! Ad esempio, il lettore è invitato a provare che un sistema gradiente $\dot{x} = \nabla F(x)$ **non** possiede orbita periodica alcuna!

Nel caso più semplice di tutti, quello di un sistema lineare $\dot{x} = Ax$, $A \in \mathrm{M}(n;\mathbb{R})$, sappiamo (cfr. Teorema 5.4.1) che l'esistenza di orbite periodiche è equivalente a richiedere che

$$p_A^{-1}(0) \cap (i\mathbb{R} \setminus \{0\}) \neq \emptyset.$$

In tal caso, il passo successivo è di decidere della stabilità di tali orbite. Vale il seguente risultato.

Teorema 5.8.1 *Sia dato il sistema lineare $\dot{x} = Ax$, $A \in \mathrm{M}(n;\mathbb{R})$, con $p_A^{-1}(0) \cap (i\mathbb{R} \setminus \{0\}) \neq \emptyset$. Allora*

(i) nessuna orbita periodica è un attrattore;

(ii) la stabilità di una **qualunque** *orbita periodica equivale alla stabilità di* **ogni** *orbita periodica, ed equivale alla stabilità dell'origine come punto di equilibrio del sistema, i.e. valgono le condizioni*

$$p_A^{-1}(0) \subset \{\lambda \in \mathbb{C};\ \mathrm{Re}\,\lambda \leq 0\},$$
$$\lambda \in p_A^{-1}(0) \cap i\mathbb{R} \Longrightarrow m_a(\lambda) = m_g(\lambda).$$

Dimostrazione Sappiamo che l'ipotesi $p_A^{-1}(0) \cap (i\mathbb{R} \setminus \{0\}) \neq \emptyset$ garantisce l'esistenza di almeno un'orbita periodica. Sia, per un certo $0 \neq x_0 \in \mathbb{R}^n$, $\gamma := \{e^{tA}x_0;\ 0 \leq t \leq T\}$ una tale orbita. In questo caso $H = (d_x\Phi^T)(x_0) = e^{TA}$. Notiamo allora che 1 è radice almeno doppia di p_H. Ciò si può vedere nella maniera seguente. Poiché x_0 è reale, anche Ax_0 lo è (essendo A una matrice reale). Di più, $Ax_0 \neq 0$ altrimenti non avremmo una traiettoria periodica. Ora, poiché A commuta con e^{tA} per ogni t, si ha che se $x_0 \in \mathrm{Ker}\big(e^{TA} - I_n\big)$ allora anche

$Ax_0 \in \operatorname{Ker}\big(e^{TA} - I_n\big)$. Ma i vettori x_0 e Ax_0 sono linearmente indipendenti. Infatti se ci fosse $0 \neq \mu \in \mathbb{R}$ tale che $Ax_0 = \mu x_0$ si otterrebbe che $e^{TA}x_0 = e^{\mu T}x_0 = x_0$ da cui $\mu = 2k\pi i/T$ per un certo $k \in \mathbb{Z}$, e quindi $\mu = 0$ che è assurdo. Ma allora $\dim \operatorname{Ker}\big(e^{TA} - I_n\big) \geq 2$, il che prova l'asserto. In virtù del Lemma 5.7.6 e del Teorema di Poincaré, l'orbita γ è stabile soltanto se $p_{e^{TA}}^{-1}(0) \subset \{\lambda \in \mathbb{C};\ |\lambda| \leq 1\}$, che equivale a dire $p_A^{-1}(0) \subset \{\lambda \in \mathbb{C};\ \operatorname{Re}\lambda \leq 0\}$. Supporremo quindi questa condizione soddisfatta. Poniamo ora

$$p_A^{-1}(0) \cap (i\mathbb{R} \setminus \{0\}) = \{\pm i\mu_j;\ 1 \leq j \leq k\},$$

con $0 < \mu_1 < \mu_2 < \ldots < \mu_k$, e sia $m_j = m_a(\pm i\mu_j)$, $j = 1, \ldots, k$. Per trattare il caso più generale supponiamo poi $p_A(0) = 0$ con $m_a(0) =: m_0$ e $p_A^{-1}(0) \cap \{\lambda \in \mathbb{C};\ \operatorname{Re}\lambda < 0\} \neq \emptyset$. Dal Teorema di Jordan possiamo decomporre $\mathbb{R}^n$ in somma diretta di sottospazi invarianti per A

$$\mathbb{R}^n = \big(W_1 \oplus W_2 \oplus \ldots \oplus W_k\big) \oplus W_0 \oplus W_-, \tag{5.114}$$

con $\dim W_j = 2m_j$, $1 \leq j \leq k$, $\dim W_0 = m_0$ e $\dim W_- = n - m_0 - 2(m_1 + \ldots + m_k)$, tali che, pensando A come mappa lineare di $\mathbb{R}^n$ in sé,

- $\operatorname{Spec}({}^{\mathbb{C}}(A|_{W_-})) = p_A^{-1}(0) \cap \{\lambda \in \mathbb{C};\ \operatorname{Re}\lambda < 0\}$;
- $\operatorname{Spec}({}^{\mathbb{C}}(A|_{W_0})) = \{0\}$, e la matrice di $A|_{W_0}$ in una base opportuna di W_0 è del tipo

$$B_0 = \begin{bmatrix} 0 & * & \ldots & 0 \\ \vdots & \vdots & \ddots & \vdots \\ 0 & 0 & \ldots & * \\ 0 & 0 & \ldots & 0 \end{bmatrix} \in \mathrm{M}(m_0; \mathbb{R}),$$

  dove $* = 0$ oppure 1;
- per ogni $j = 1, \ldots, k$,

$$\operatorname{Spec}({}^{\mathbb{C}}(A|_{W_j})) = \{\pm i\mu_j\},$$

  e la matrice di $A|_{W_j}$ in una base opportuna di W_j è del tipo

$$B_j = \left[\begin{array}{cc|cc|c|cc} 0 & \mu_j & & & & & \\ -\mu_j & 0 & \multicolumn{2}{c|}{*} & & & \\ \hline & & 0 & \mu_j & \ddots & & \\ & & -\mu_j & 0 & & & \\ \hline & & & & \ddots & \multicolumn{2}{c}{*} \\ \hline & & & & & 0 & \mu_j \\ & & & & & -\mu_j & 0 \end{array}\right] \in \mathrm{M}(2m_j; \mathbb{R}),$$

  dove $* = \begin{bmatrix} 0 & 0 \\ 0 & 0 \end{bmatrix}$ oppure $\begin{bmatrix} 1 & 0 \\ 0 & 1 \end{bmatrix}$.

Indicata con π_W la proiezione di $\mathbb{R}^n$ sul sottospazio W (W essendo uno qualunque dei sottospazi in (5.114)), osserviamo che $\pi_W A = A\pi_W$ e quindi, per ogni $x \in \mathbb{R}^n$ e $t \in \mathbb{R}$,

$$\frac{d}{dt}\pi_W\big(e^{tA}x\big) = A\big|_W \pi_W\big(e^{tA}x\big). \tag{5.115}$$

Dunque, considerando γ, abbiamo che per ogni W

$$\pi_W\big(e^{tA}x_0\big) =: \Phi^t_W(x_0) = \Phi^t(\pi_W(x_0))$$

soddisfa il sistema precedente e, di più, $\Phi^{t+T}_W(x_0) = \Phi^t_W(x_0)$, per ogni $t \in \mathbb{R}$. Ci sono due eventualità: o $t \longmapsto \Phi^t_W(x_0)$ è costante ($= \pi_W(x_0)$), ovvero $t \longmapsto \Phi^t_W(x_0)$ è essa stessa una funzione periodica di cui T è un periodo. Quando $W = W_0$ oppure $W = W_-$, il Teorema 5.4.1 ci dice che solo la prima eventualità può aver luogo, e quindi $\pi_{W_0}(x_0) \in \operatorname{Ker} A\big|_{W_0}$, e $\pi_{W_-}(x_0) = 0$ (perché $A\big|_{W_-}$ è invertibile). Si osservi allora che $\pi_{W_0}(x_0)$, risp. $\pi_{W_-}(x_0)$, sono punti di equilibrio per il relativo sistema indotto (5.115). Per un generico W_j, se $t \longmapsto \Phi^t_{W_j}(x_0)$ è costante allora, poiché B_j è invertibile, di nuovo $\pi_{W_j}(x_0) = 0$ e dunque di equilibrio. Dovrebbe ora essere evidente dalle considerazioni precedenti che *la stabilità di γ* **equivale** *alla stabilità di* **tutte** *le proiezioni $\pi_W(\gamma)$*. Dal Teorema 5.6.5 la stabilità (addirittura asintotica) dell'origine per $A\big|_{W_-}$ è garantita, e per ogni $y \in \operatorname{Ker} A\big|_{W_0}$ la stabilità è equivalente a richiedere che la molteplicità algebrica di 0 sia uguale a quella geometrica. Possiamo allora soffermare la nostra attenzione sul generico blocco B_j. Osserviamo che il sistema indotto su W_j ha sempre una soluzione periodica di periodo minimo $2\pi/\mu_j$, precisamente

$$t \longmapsto \begin{bmatrix} a\cos(\mu_j t) + b\sin(\mu_j t) \\ b\cos(\mu_j t) - a\sin(\mu_j t) \\ 0 \\ \vdots \\ 0 \end{bmatrix} \in \mathbb{R}^{2m_j}, \ a, b \in \mathbb{R},\ a^2 + b^2 > 0, \tag{5.116}$$

la cui stabilità richiede che $m_j = m_g(\pm i\mu_j)$. Infatti se fosse $m_j > m_g(\pm i\mu_j)$, e cioè qualche $* = \begin{bmatrix} 1 & 0 \\ 0 & 1 \end{bmatrix}$, sappiamo che è possibile trovare $0 \neq \xi \in \mathbb{R}^{2m_j}$, vicino quanto si vuole a $\begin{bmatrix} a \\ b \\ 0 \\ \vdots \\ 0 \end{bmatrix}$ tale che $\|\Phi^t_{W_j}(\xi)\| \longrightarrow +\infty$ per $t \to +\infty$. Poiché l'orbita (5.116) è chiaramente ottenibile come proiezione su W_j di un'orbita periodica del sistema $\dot{x} = Ax$, la stabilità di una generica orbita periodica di $\dot{x} = Ax$ richiede che necessariamente si abbia $m_j = m_g(\pm i\mu_j)$, $1 \leq j \leq k$, e $m_0 = m_g(0)$. In tal caso le matrici B_j, $1 \leq j \leq k$, sono diagonali a blocchi e $B_0 = 0$ (la matrice nulla $m_0 \times m_0$). La stabilità di una qualunque orbita periodica di $\dot{x} = Ax$ è ora immediata. Si noti infine che **nessuna** orbita periodica può essere un attrattore. □

Vogliamo ora discutere una conseguenza notevole del Teorema 5.8.1. In $\mathbb{R}^{2n}_z = \mathbb{R}^n_x \times \mathbb{R}^n_\xi$ consideriamo la funzione (*somma di oscillatori armonici*)

$$F(x, \xi) = \frac{1}{2} \sum_{j=1}^{n} (\alpha_j x_j^2 + \beta_j \xi_j^2), \quad \alpha_j, \beta_j > 0, \ j = 1, \ldots, n, \tag{5.117}$$

e l'associato sistema hamiltoniano $\dot{z} = H_F(z)$ descritto dalle equazioni

$$\begin{cases} \dot{x}_j = \beta_j \xi_j, \\ \dot{\xi}_j = -\alpha_j x_j, \end{cases} \quad j = 1, \ldots, n. \tag{5.118}$$

Ovviamente il sistema $\dot{z} = H_F(z)$ è un sistema lineare del tipo $\dot{z} = Az$ dove

$$A = \begin{bmatrix} 0 & \beta \\ -\alpha & 0 \end{bmatrix} \in \mathrm{GL}(2n; \mathbb{R}), \tag{5.119}$$

e dove $\alpha = \mathrm{diag}(\alpha_1, \ldots, \alpha_n)$ e $\beta = \mathrm{diag}(\beta_1, \ldots, \beta_n)$. È immediato riconoscere che $p_A^{-1}(0) = \{\pm i \sqrt{\alpha_j \beta_j};\ 1 \leq j \leq n\}$. Dunque il sistema (5.118) ha orbite periodiche. Dette $\pm i\mu_h$, $1 \leq h \leq k$, le radici **distinte** di p_A, è immediato verificare che $m_a(\pm i\mu_h) = m_g(\pm i\mu_h)$, per ogni h. Quindi il Teorema 5.8.1 permette di concludere che ogni orbita periodica è stabile ma non asintoticamente stabile.

Un caso più generale si ha quando

$$F(x, \xi) = \frac{1}{2}\big(\langle \alpha x, x\rangle + \langle \beta\xi, \xi\rangle\big), \tag{5.120}$$

con $0 < \alpha = {}^t\alpha \in \mathrm{M}(n; \mathbb{R})$ e $0 < \beta = {}^t\beta \in \mathrm{M}(n; \mathbb{R})$. In tal caso il sistema $\dot{z} = H_F(z)$ è ancora della forma $\dot{z} = Az$, con A data da (5.119) **ma** con α e β **non** più diagonali (in generale). Per calcolare $p_A^{-1}(0)$, cerchiamo $z = \begin{bmatrix} x \\ \xi \end{bmatrix} \in \mathbb{C}^{2n}$ e $\lambda \in \mathbb{C} \setminus \{0\}$ tali che $Az = \lambda z$, cioè

$$\lambda x = \beta\xi, \quad \lambda\xi = -\alpha x, \quad x, \xi \neq 0.$$

Se ne ricava il sistema equivalente

$$\beta\alpha x = -\lambda^2 x, \quad \xi = -\frac{1}{\lambda}\alpha x. \tag{5.121}$$

Detta $0 < \alpha^{1/2} \in \text{Sym}(n; \mathbb{R})$ la radice quadrata positiva di α, il sistema (5.121) equivale a

$$\alpha^{1/2}\beta\alpha^{1/2}\zeta = -\lambda^2\zeta, \quad \zeta := \alpha^{1/2}x. \tag{5.122}$$

Poiché $\alpha^{1/2}\beta\alpha^{1/2}$ è **simmetrica positiva**, detti $\mu_1, \ldots, \mu_k$ gli zeri **distinti** di $p_{\alpha^{1/2}\beta\alpha^{1/2}}$, si ricava da (5.121) che $p_A^{-1}(0) = \{\pm i\sqrt{\mu_h};\ 1 \le h \le k\}$. Di nuovo, il Teorema 5.4.1 garantisce l'esistenza di orbite periodiche per $\dot{z} = H_F(z)$ e poiché, come è immediato vedere, $m_a(\pm i\sqrt{\mu_h}) = m_g(\pm i\sqrt{\mu_h})$, $1 \le h \le k$, il Teorema 5.8.1, di nuovo, permette di concludere che ogni orbita periodica è stabile ma non asintoticamente stabile.

Osserviamo che se il commutatore $[\alpha, \beta] = 0$, allora α e β possono essere **simultaneamente** diagonalizzate, e quindi (5.117) è un push-forward di (5.120).

Si noti anche che se γ è un'orbita periodica di $\dot{z} = H_F(z)$ con periodo minimo $T > 0$, il (complessificato del) differenziale della mappa di Poincaré relativa a γ ha spettro contenuto in $\{\lambda \in \mathbb{C};\ |\lambda| = 1\}$.

È naturale ora domandarsi se questo fenomeno dipenda dalla natura particolare della hamiltoniana (5.120). Il teorema seguente mostra che questo fatto è assolutamente generale.

Teorema 5.8.2 *Sia $F \in C^\infty(\Omega; \mathbb{R})$ con $\Omega \subset \mathbb{R}^{2n}_z = \mathbb{R}_x \times \mathbb{R}^n_\xi$ aperto. Si consideri il sistema hamiltoniano $\dot{z} = H_F(z)$, i.e. $\begin{cases} \dot{x} = \nabla_\xi F(x, \xi) \\ \dot{\xi} = -\nabla_x F(x, \xi) \end{cases}$, e si supponga che tale sistema possegga un'orbita periodica γ. Detta P la mappa di Poincaré relativa a γ, vale*

$$\gamma \ \textit{stabile} \Longrightarrow \text{Spec}({}^{\mathbb{C}}dP) \subset \{\lambda \in \mathbb{C}; |\lambda| = 1\}.$$

Dimostrazione Sia $z_0 \in \gamma$ e sia S una varietà trasversa a γ in z_0. Posto $H = (d_z\Phi^T)(z_0)$, sappiamo che

$$\text{Spec}({}^{\mathbb{C}}dP_S(z_0)) \setminus \{1\} = p_H^{-1}(0) \setminus \{1\}. \tag{5.123}$$

D'altra parte il Teorema 5.5.4 dice che il prodotto simplettico

$$\sigma(Hv, Hv') = \sigma(v, v'), \quad \forall v, v' \in \mathbb{R}^{2n}. \tag{5.124}$$

Siccome

$$\sigma\left(w = \begin{bmatrix} x \\ \xi \end{bmatrix}, w' = \begin{bmatrix} x' \\ \xi' \end{bmatrix}\right) = \langle \xi, x' \rangle_{\mathbb{R}^n} - \langle \xi', x \rangle_{\mathbb{R}^n} =$$

$$= \left\langle \underbrace{\begin{bmatrix} 0 & I_n \\ -I_n & 0 \end{bmatrix}}_{=:J} \begin{bmatrix} x \\ \xi \end{bmatrix}, \begin{bmatrix} x' \\ \xi' \end{bmatrix} \right\rangle_{\mathbb{R}^{2n}}, \quad \forall w, w' \in \mathbb{R}^{2n},$$

la (5.124) può allora essere riscritta come

$$\langle JHv, Hv' \rangle = \langle Jv, v' \rangle,$$

da cui, per l'arbitrarietà di v e v',

$${}^t HJH = J.$$

Poiché H e J sono invertibili, si ottiene

$$H^{-1} = J^{-1}\, {}^t HJ.$$

Ma allora

$$p_{H^{-1}}(\lambda) = \det(H^{-1} - \lambda I_{2n}) = \det({}^t H - \lambda I_{2n}) = p_H(\lambda), \quad \forall \lambda \in \mathbb{C}.$$

Essendo

$$p_{H^{-1}}^{-1}(0) = \left\{ \frac{1}{\lambda};\ \lambda \in p_H^{-1}(0) \right\},$$

se ne deduce che

$$p_H(\lambda) = 0 \Longleftrightarrow p_H\left(\frac{1}{\lambda}\right) = 0. \tag{5.125}$$

Ora, se γ è stabile, per il Teorema di Poincaré **deve** aversi

$$\mathrm{Spec}({}^{\mathbb{C}}dP_S(z_0)) \subset \{\lambda \in \mathbb{C};\ |\lambda| \leq 1\}.$$

Ma allora da (5.123) e (5.125) si ha la tesi. □

Il teorema precedente fornisce una condizione necessaria per la stabilità di un'orbita periodica di un sistema hamiltoniano. Si potrebbe essere indotti a ritenere che la conservazione dell'energia garantisca **a priori** la stabilità di un'eventuale orbita periodica. Ecco quale potrebbe essere un ragionamento "plausibile". Supponiamo $F \in C^\infty(\mathbb{R}^{2n}_z = \mathbb{R}^n_x \times \mathbb{R}^n_\xi; \mathbb{R})$ tale che F sia **propria** (i.e. $|F(z)| \longrightarrow +\infty$ per $\|z\| \to +\infty$, o, equivalentemente, la controimmagine dei compatti è compatta), e sia $E \in \mathbb{R}$ un valore **non critico** di F, i.e. $S_E = \{z \in \mathbb{R}^{2n};\ F(z) = E\} \neq \emptyset$ e $H_F(z) \neq 0$ per ogni $z \in S_E$ (l'esistenza di un tale E è garantita dal Teorema di Sard). S_E è quindi una sottovarietà C^∞ compatta di $\mathbb{R}^{2n}$ di dimensione $2n - 1$. Proviamo che *per ogni intorno aperto U di S_E esiste $\varepsilon > 0$ (sufficientemente piccolo) tale che* $F^{-1}(E - \varepsilon, E + \varepsilon) \subset U$ (naturalmente $F^{-1}(E - \varepsilon, E + \varepsilon)$ è esso stesso un intorno aperto di S_E, tanto più "vicino" ad S_E quanto più ε è piccolo). Se così non fosse, potremmo trovare $0 < \varepsilon_j \searrow 0$ ed in corrispondenza $z_j \in F^{-1}([E - \varepsilon_j, E + \varepsilon_j]) \setminus U$ per ogni j. Poiché $F(z_j) \longrightarrow E$ per $j \to +\infty$, e poiché $\{z_j\}_j \subset F^{-1}([E-\varepsilon_1, E+\varepsilon_1])$, che è un compatto, passando eventualmente ad una sottosuccessione avremmo $z_j \longrightarrow z_0 \in S_E$ per $j \to +\infty$, il che porta ad una contraddizione.

Supponiamo ora ci sia un'orbita periodica γ per $\dot{z} = H_F(z)$ contenuta in S_E. Certamente, dalla conservazione dell'energia, ogni curva integrale del sistema che parta da un punto di $F^{-1}(E-\varepsilon, E+\varepsilon)$ resta ivi contenuta. Il punto ora è che $F^{-1}(E-\varepsilon, E+\varepsilon)$ è sì un intorno "arbitrariamente piccolo" di S_E, ma poiché γ è unidimensionale (topologicamente è una circonferenza!), se $2n-1 > 1$ allora $F^{-1}(E-\varepsilon, E+\varepsilon)$ **non** è un intorno "arbitrariamente piccolo" di γ. Per questo tipo di hamiltoniane l'argomento ora fatto prova la stabilità di γ soltanto quando $2n-1 = 1$, cioè $n = 1$!

Mostriamo ora, nel caso $n = 1$, una classe significativa di hamiltoniane che ammettono orbite periodiche.

In $\mathbb{R}^2_z = \mathbb{R}_x \times \mathbb{R}_\xi$ consideriamo

$$F(x,\xi) = \frac{\xi^2}{2} + V(x),$$

dove $V \in C^\infty(\mathbb{R};\mathbb{R})$ è tale che $V(x) \longrightarrow +\infty$ per $|x| \to +\infty$. Allora $F\colon \mathbb{R}^2 \longrightarrow \mathbb{R}$ è propria ed $F(\mathbb{R}^2) = [m, +\infty)$, dove $m = \min_{\mathbb{R}} V$. Consideriamo il sistema hamiltoniano $\dot{z} = H_F(z)$, i.e.

$$\begin{cases} \dot{x} = \xi \\ \dot{\xi} = -V'(x). \end{cases}$$

Si noti che il sistema è equivalente all'equazione di Newton

$$\ddot{x} = -V'(x),$$

ove si pone $\xi = \dot{x}$. L'insieme dei punti critici di F, cioè dei punti di equilibrio di H_F, è

$$C = \{(x,\xi);\ \xi = 0,\ V'(x) = 0\}.$$

Poiché C è chiuso ed F è propria, $F(C)$ è chiuso e, per il Teorema di Sard, è di misura nulla secondo Lebesgue in $\mathbb{R}$. Sia $E \in [m, +\infty) \setminus F(C)$. Allora $F^{-1}(E)$ è una sottovarietà di dimensione 1, compatta e C^∞ di $\mathbb{R}^2$ che ha dunque un numero **finito** di componenti connesse. Sia γ una qualunque di tali componenti (γ è diffeomorfa ad una circonferenza!). Mostriamo che γ è un'orbita periodica del sistema $\dot{z} = H_F(z)$. La curva γ è simmetrica rispetto all'asse x e la sua proiezione sull'asse x è necessariamente un intervallo del tipo $[a,b]$ con $a < b$ (il lettore spieghi perché; si veda la Figura 5.7). Si noti che $V(a) = V(b) = E$, che $V'(a), V'(b) \neq 0$ e che $V(x) < E$ per $x \in (a,b)$. Definiamo $T > 0$ mediante l'uguaglianza

$$\frac{T}{2} = \int_a^b \frac{d\tau}{\sqrt{2(E - V(\tau))}}.$$

Si noti che l'integrale generalizzato è convergente.

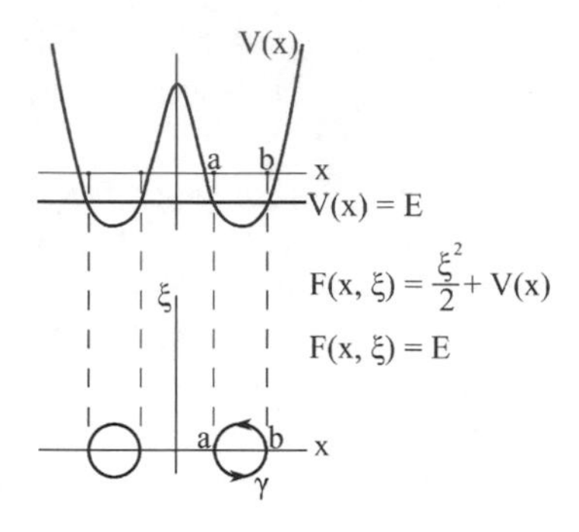

Figura 5.7 Curve di livello del potenziale e soluzioni periodiche dell'equazione di Newton

Poiché la funzione

$$[a,b] \ni x \longmapsto \int_a^x \frac{d\tau}{\sqrt{2(E - V(\tau))}}$$

è **strettamente crescente**, esiste un **unico** $\bar{x} \in (a,b)$ tale che

$$\int_a^{\bar{x}} \frac{d\tau}{\sqrt{2(E - V(\tau))}} = \int_{\bar{x}}^b \frac{d\tau}{\sqrt{2(E - V(\tau))}} = \frac{T}{4}.$$

Posto in corrispondenza

$$\bar{\xi} = \sqrt{2(E - V(\bar{x}))} > 0,$$

consideriamo la curva integrale $\mathbb{R} \ni t \longmapsto \Phi^t_{H_F}(\bar{x}, \bar{\xi}) =: (\psi(t), \dot{\psi}(t))$. Si noti che $\psi(\mathbb{R}) = [a,b]$. Se proviamo che ψ è periodica di periodo (minimo) T, abbiamo finito. Sia $(-t_1, t_2)$, con $t_1, t_2 > 0$, il più grande intervallo contenente $t = 0$ sul quale $\dot{\psi}(t) > 0$. Su tale intervallo la funzione $t \longmapsto \psi(t)$ è strettamente crescente a valori in $[a,b]$, e si ha

$$t + \frac{T}{4} = \int_a^{\psi(t)} \frac{d\tau}{\sqrt{2(E - V(\tau))}}, \quad \forall t \in (-t_1, t_2).$$

Ciò è immediato in quanto i due membri coincidono per $t = 0$ ($\psi(0) = \bar{x}$) e hanno la stessa derivata ($= 1$). Prendendo il limite per $t \to -t_1$ e $t \to t_2$, si deduce che $t_1 = t_2 = T/4$. Proviamo ora che per ogni $s \in \mathbb{R}$ si ha

$$\psi\Big(\frac{T}{4} + s\Big) = \psi\Big(\frac{T}{4} - s\Big) \quad \text{e} \quad \psi\Big(-\frac{T}{4} + s\Big) = \psi\Big(-\frac{T}{4} - s\Big).$$

Infatti i due membri, in entrambe le uguaglianze, coincidono per $s = 0$, hanno la stessa derivata prima ($= 0$) per $s = 0$, e soddisfano la stessa equazione

$$\frac{d^2}{ds^2}\Big(\psi\Big(j\frac{T}{4} \pm s\Big)\Big) = -V'\Big(\psi\Big(j\frac{T}{4} \pm s\Big)\Big), \quad j = \pm.$$

Dunque

$$\psi\Big(\frac{T}{2}\Big) = \psi\Big(\frac{T}{4} + \frac{T}{4}\Big) = \psi\Big(\frac{T}{4} - \frac{T}{4}\Big) = \psi(0) = \bar{x},$$
$$\psi\Big(-\frac{T}{2}\Big) = \psi\Big(-\frac{T}{4} - \frac{T}{4}\Big) = \psi\Big(-\frac{T}{4} + \frac{T}{4}\Big) = \psi(0) = \bar{x}.$$

Ora, se indichiamo con $t \longmapsto \tilde{\psi}(t)$ il prolungamento periodico di periodo T della restrizione di ψ a $[-T/2, T/2]$, si vede immediatamente che $\psi(t) = \tilde{\psi}(t)$, per ogni $t \in \mathbb{R}$, giacché $\psi(0) = \tilde{\psi}(0) = \bar{x}$, $\dot{\psi}(0) = \dot{\tilde{\psi}}(0) = \xi$, ed entrambe soddisfano la stessa equazione di Newton. Ciò prova quanto si voleva dimostrare.

Si noti che dalla discussione precedente segue che γ è stabile, ma **non** asintoticamente stabile, in quanto per ogni $\varepsilon > 0$ abbastanza piccolo $(E-\varepsilon, E+\varepsilon) \cap F(C) = \emptyset$, e quindi per ogni $E' \in (E - \varepsilon, E + \varepsilon)$, con $E' \neq E$, $F^{-1}(E')$ è costituita da tante orbite periodiche quante sono quelle di $F^{-1}(E)$, ciascuna delle quali è distinta dalla corrispondente di energia E ma prossima ad essa.

Giunti a questo punto, il lettore può osservare che non abbiamo ancora fornito un solo esempio di sistema $\dot{x} = f(x)$ che possegga un'orbita periodica **attrattiva**!

A tal fine, consideriamo in $\mathbb{R}^2 = \mathbb{R}_x \times \mathbb{R}_y$ il seguente sistema (di Van der Pol[1])

$$\begin{cases} \dot{x} = \alpha x - \alpha y - \beta x(x^2 + y^2) \\ \dot{y} = \alpha x + \alpha y - \beta y(x^2 + y^2), \end{cases} \tag{5.126}$$

con $\alpha, \beta \in \mathbb{R}$, e $\alpha\beta > 0$.

Il lettore verifichi che (5.126) **non** è né un sistema gradiente né un sistema hamiltoniano.

Cominciamo con l'osservare che $(0, 0)$ è un punto di equilibrio per (5.126). Poiché

$$f'(0,0) = \begin{bmatrix} \alpha & -\alpha \\ \alpha & \alpha \end{bmatrix},$$

le radici del polinomio caratteristico sono $\alpha \pm i\,|\alpha|$, e quindi:

- se $\alpha < 0$, l'origine è asintoticamente stabile;
- se $\alpha > 0$, l'origine è instabile.

[1] Balthasar Van der Pol, ingegnere elettrico della Philips; il sistema risale al 1927.

Poniamo ora

$$\gamma = \{(x, y) \in \mathbb{R}^2;\ x^2 + y^2 = \alpha/\beta\},$$

e osserviamo che γ è un'orbita periodica di (5.126) con periodo minimo $T = 2\pi/|\alpha|$. Infatti, preso $z_0 = (\sqrt{\alpha/\beta}, 0)$, il lettore può facilmente verificare che

$$\Phi^t(z_0) = \Big(\sqrt{\frac{\alpha}{\beta}}\cos(\alpha t), \sqrt{\frac{\alpha}{\beta}}\sin(\alpha t)\Big), \quad t \in \mathbb{R}. \tag{5.127}$$

Si tratta ora di decidere della stabilità o dell'instabilità di γ. Prendiamo $(0,0) \neq z_0 \notin \gamma$ e consideriamo la curva integrale

$$\Phi^t(z_0) =: (x(t), y(t)), \quad t \in (\tau_-(z_0), \tau_+(z_0)) =: I(z_0).$$

Notiamo che per ogni $t \in I(z_0)$ si ha $(0,0) \neq \Phi^t(z_0) \notin \gamma$. È conveniente considerare la funzione

$$d(t) := x(t)^2 + y(t)^2 = \|\Phi^t(z_0)\|^2.$$

Usando la (5.126) si scopre che

$$\dot{d}(t) = 2\beta d(t)\Big(\frac{\alpha}{\beta} - d(t)\Big), \quad \forall t \in I(z_0). \tag{5.128}$$

Distinguiamo ora i due casi

(i) $0 < d(0) < \alpha/\beta$;
(ii) $d(0) > \alpha/\beta$.

Nel caso (i) avremo allora sempre $0 < d(t) < \alpha/\beta$, per tutti i $t \in I(z_0)$. L'equazione (5.128) può essere **esplicitamente** integrata (esercizio per il lettore!), e si ha

$$d(t) = \frac{\alpha}{\beta}\frac{d(0)}{d(0) + (\alpha/\beta - d(0))e^{-2\alpha t}}. \tag{5.129}$$

Ora, se $\alpha, \beta > 0$, $d(t)$ (e quindi $x(t)$ ed $y(t)$) è definita per ogni $t \in \mathbb{R}$ (i.e. $\tau_-(z_0) = -\infty$, $\tau_+(z_0) = +\infty$) e, di più,

$$d(t) \nearrow \frac{\alpha}{\beta} \quad \text{per} \quad t \to +\infty,$$
$$d(t) \searrow 0 \quad \text{per} \quad t \to -\infty.$$

Quando invece $\alpha, \beta < 0$, $d(t)$ è ancora definita per ogni $t \in \mathbb{R}$, ma ora

$$d(t) \searrow 0 \quad \text{per} \quad t \to +\infty,$$
$$d(t) \nearrow \frac{\alpha}{\beta} \quad \text{per} \quad t \to -\infty.$$

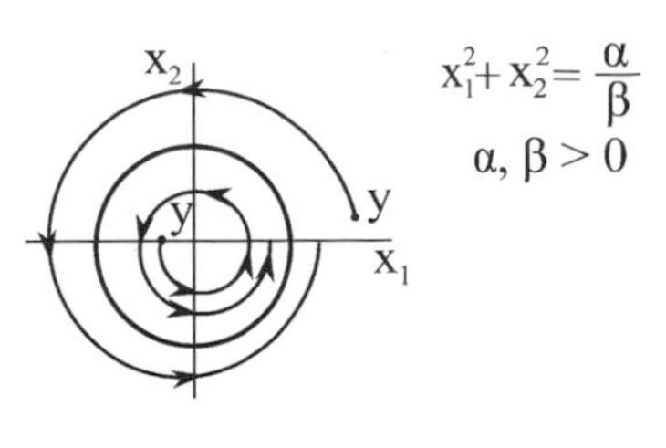

$\Phi^t(y) \quad t \geq 0$

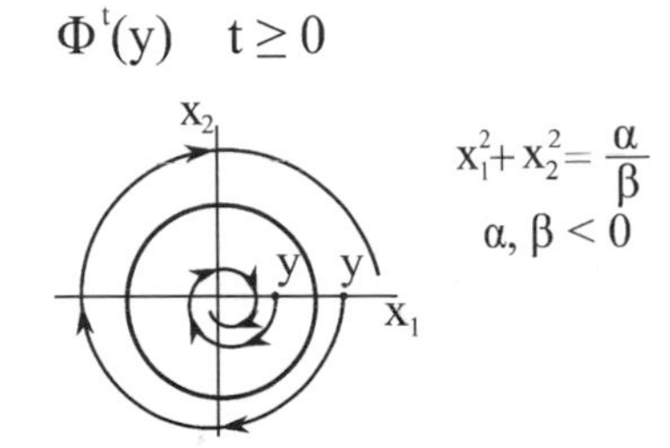

Figura 5.8 Comportamento delle curve integrali del sistema di Van der Pol

Nel caso (ii) avremo sempre $d(t) > \alpha/\beta$ per ogni $t \in I(z_0)$. Di nuovo,

$$d(t) = \frac{\alpha}{\beta} \frac{d(0)}{d(0) - (d(0) - \alpha/\beta)e^{-2\alpha t}}, \tag{5.130}$$

Quando $\alpha, \beta > 0$, $d(t)$ (e quindi $x(t)$ ed $y(t)$) è definita solo per tempi

$$t > -\frac{1}{2\alpha} \ln \frac{d(0)}{d(0) - \alpha/\beta} = \tau_-(z_0),$$

sicché $\tau_+(z_0) = +\infty$ e si ha

$$d(t) \searrow \frac{\alpha}{\beta} \quad \text{per} \quad t \to +\infty,$$
$$d(t) \nearrow +\infty \quad \text{per} \quad t \to \tau_-(z_0).$$

Quando invece $\alpha, \beta < 0$, $d(t)$ è definita solo per tempi

$$t < \frac{1}{2|\alpha|} \ln \frac{d(0)}{d(0) - \alpha/\beta} = \tau_+(z_0),$$

sicché $\tau_-(z_0) = -\infty$ e si ha

$$d(t) \nearrow +\infty \quad \text{per} \quad t \to \tau_+(z_0),$$
$$d(t) \searrow \frac{\alpha}{\beta} \quad \text{per} \quad t \to -\infty.$$

Queste considerazioni permettono di concludere che (si veda la Figura 5.8):

- se $\alpha > 0$, γ è un attrattore,
- se $\alpha < 0$, γ è instabile.

La stessa informazione può essere ottenuta usando la mappa di Poincaré. Prendiamo $z_0 = (\sqrt{\alpha/\beta}, 0) \in \gamma$, e come varietà trasversa scegliamo l'asse x. Sia P la relativa mappa di Poincaré. Per calcolarne lo spettro, usiamo la matrice $H = (d_z \Phi^T)(z_0)$. Quindi, posto $\Phi^t(z) =: (x(t;z), y(t;z))$, per z vicino a z_0 si tratta di calcolare la matrice

$$H = \begin{bmatrix} \nabla_z x(t;z) \\ \nabla_z y(t;z) \end{bmatrix} \Bigg|_{t=T=2\pi/|\alpha|,\ z=z_0}.$$

Si scriva allora

$$\begin{cases} x(t;z) = \sqrt{d(t;z)} \cos(\theta(t;z)), \\ y(t;z) = \sqrt{d(t;z)} \sin(\theta(t;z)), \end{cases}$$

dove, come prima, $d(t;z) = \|\Phi^t(z)\|^2$, e

- $\theta(t;z) = \arctan(y(t;z)/x(t;z))$ quando $y(t;z) \geq 0$ e $x(t;z) > 0$, e
- $\theta(t;z) = 2\pi + \arctan(y(t;z)/x(t;z))$ quando $y(t;z) \leq 0$ e $x(t;z) > 0$.

Il lettore faccia i calcoli, per scoprire che il polinomio caratteristico di H ha le due radici 1 e $e^{-2\alpha T}$, sicché

- se $\alpha > 0$, $e^{-2\alpha T} = e^{-4\pi} < 1$,
- mentre se $\alpha < 0$, $e^{-2\alpha T} = e^{4\pi} > 1$,

e ciò conferma quanto osservato prima.

Finora abbiamo studiato la stabilità delle orbite periodiche di un **fissato** sistema $\dot{x} = f(x)$. È *fisicamente* rilevante domandarsi che succede quando il sistema venga perturbato in un sistema $\dot{x} = f_\varepsilon(x)$, dove ε è un piccolo parametro, il parametro di perturbazione, e $f_0(x) = f(x)$.

Problema: *il sistema $\dot{x} = f_\varepsilon(x)$ ha ancora orbite periodiche (per $0 \neq \varepsilon$ piccolo)? In caso affermativo, sono stabili/instabili?*

Gli esempi che andiamo a mostrare fanno vedere che la sola ipotesi di un'orbita periodica di $\dot{x} = f(x)$ non basta né a garantire la sopravvivenza di orbite periodiche di $\dot{x} = f_\varepsilon(x)$, né eventualmente la loro stabilità.

Ecco due esempi.

(i) In $\mathbb{R}^2$: $\begin{cases} \dot{x}_1 = x_2, \\ \dot{x}_2 = -x_1. \end{cases}$

In tal caso tutte le orbite con dato iniziale non nullo sono periodiche di periodo 2π e stabili. Tuttavia il sistema perturbato

$$\begin{cases} \dot{x}_1 = x_2 + \varepsilon x_1, \\ \dot{x}_2 = -x_1 + \varepsilon x_2, \end{cases}$$

quale che sia $\varepsilon \neq 0$ **non** possiede orbite periodiche.

(ii) In $\mathbb{R}^4$: $\begin{cases} \dot{x}_1 = x_2, \\ \dot{x}_2 = -x_1, \\ \dot{x}_3 = x_4, \\ \dot{x}_4 = -x_3. \end{cases}$

Anche in tal caso tutte le orbite con dato iniziale non nullo sono periodiche di periodo 2π e stabili. Tuttavia il sistema perturbato

$$\begin{cases} \dot{x}_1 = x_2 + \varepsilon x_1, \\ \dot{x}_2 = -x_1 + \varepsilon x_2, \\ \dot{x}_3 = x_4, \\ \dot{x}_4 = -x_3, \end{cases}$$

ha sì per $\varepsilon \neq 0$ orbite periodiche, ma, ad esempio,

$$\Phi^t \left(\begin{bmatrix} 0 \\ 0 \\ 1 \\ 0 \end{bmatrix} \right) = \begin{bmatrix} 0 \\ 0 \\ \cos t \\ \sin t \end{bmatrix},$$

definisce un'orbita periodica del sistema perturbato che è **instabile** quale che sia $\varepsilon \neq 0$.

È il caso di notare che negli esempi (i) e (ii) le orbite periodiche del sistema imperturbato sono stabili ma **non** asintoticamente stabili.

Il risultato seguente fornisce ora una condizione sufficiente a garantire che un'orbita periodica asintoticamente stabile di $\dot{x} = f(x)$ venga perturbata in un'orbita periodica ancora asintoticamente stabile di $\dot{x} = f_\varepsilon(x)$.

Fissiamo le notazioni e le ipotesi.

Sia $f \in C^\infty(\Omega; \mathbb{R}^n)$, $0 \in \Omega \subset \mathbb{R}^n$, e supponiamo che:

(i) il flusso $\Phi^t(\cdot)$ del sistema $\dot{x} = f(x)$ è definito per ogni $t \in \mathbb{R}$ ed il sistema ha un'orbita periodica γ passante per 0 di periodo $T > 0$;

(ii) posto $H = (d_x \Phi^T)(0)$, si ha

 (a) 1 è uno zero semplice di p_H,

 (b) $p_H^{-1}(0) \setminus \{1\} \subset \{\lambda \in \mathbb{C};\ |\lambda| < 1\}$.

Per i teoremi visti, γ è quindi un'orbita asintoticamente stabile di $\dot{x} = f(x)$. Sia data ora, per un certo $\delta > 0$, una mappa C^∞

$$(-\delta, \delta) \times \Omega \ni (\varepsilon, x) \longmapsto g(\varepsilon, x) \in \mathbb{R}^n,$$

tale che $g(0, x) = 0$, per ogni $x \in \Omega$ (ε è il **parametro di perturbazione**). Posto $f_\varepsilon(x) := f(x) + g(\varepsilon, x)$, si consideri il sistema $\dot{x} = f_\varepsilon(x)$, e si supponga (per semplicità) che il flusso corrispondente $\Phi_\varepsilon^t(\cdot)$ sia pure definito per ogni $t \in \mathbb{R}$ e per ogni $\varepsilon \in (-\delta, \delta)$.

Vale allora il risultato seguente.

Teorema 5.8.3 *In queste ipotesi esistono $0 < \delta' < \delta$, un intorno aperto $U \subset \Omega$ di 0 ed una mappa C^∞*

$$(-\delta', \delta') \ni \varepsilon \longmapsto x(\varepsilon) \in U \cap W, \quad W = (\mathbb{R} f(0))^\perp,$$

con $x(0) = 0$, tali che per $|\varepsilon| < \delta'$ il sistema $\dot{x} = f_\varepsilon(x)$ ha un'orbita periodica γ_ε asintoticamente stabile passante per $x(\varepsilon)$, di periodo $T(\varepsilon)$, con $(-\delta', \delta') \ni \varepsilon \longmapsto T(\varepsilon) > 0$ di classe C^∞ e $T(0) = T$, tale che $\gamma_0 = \gamma$.

Dimostrazione Fissiamo un intorno $V \subset \Omega$ di 0 e $0 < \bar{\delta} \leq \delta$ in modo tale che

$$\langle f_\varepsilon(x), f(0) \rangle \neq 0, \quad \forall (\varepsilon, x) \in (-\bar{\delta}, \bar{\delta}) \times V.$$

Consideriamo poi la mappa $F \in C^\infty(V \times (-\bar{\delta}, \bar{\delta}) \times (-\bar{\delta}, \bar{\delta}); \mathbb{R}^n \times \mathbb{R})$

$$(x, \tau, \varepsilon) \longmapsto F(x, \tau, \varepsilon) := \big(x - \Phi_\varepsilon^{T+\tau}(x), \langle f(0), x \rangle\big).$$

Osserviamo che $F(0) = F(0, 0, 0) = (0, 0)$. Dimostriamo ora che la mappa lineare $(d_{(x,\tau)} F)(0) \colon \mathbb{R}^{n+1} \longrightarrow \mathbb{R}^{n+1}$ è invertibile. La matrice di $(d_{(x,\tau)} F)(0)$ è

$$\begin{bmatrix} I_n - H & -f(0) \\ {}^t f(0) & 0 \end{bmatrix}.$$

Basta quindi verificare che per ogni $(w, \ell) \in \mathbb{R}^n \times \mathbb{R}$ il sistema

$$\begin{cases} v - Hv - sf(0) = w \\ \langle f(0), v \rangle = \ell \end{cases}$$

ha una soluzione $(v, s) \in \mathbb{R}^n \times \mathbb{R}$. Per l'ipotesi (a), $\mathrm{Ker}(I_n - H) = \mathbb{R} f(0)$, e dunque $\mathrm{Im}(I_n - H)$ è $(n-1)$-dimensionale. Fissato $0 \neq \eta \in (\mathrm{Im}(I_n - H))^\perp$, il sistema $v - Hv = w + sf(0)$ ha soluzione se e solo se $\langle w + sf(0), \eta \rangle = 0$, e questa condizione è soddisfatta fissando $s = -\langle w, \eta \rangle / \langle f(0), \eta \rangle$ (si tenga conto del fatto che, sempre per (a), $f(0) \notin \mathrm{Im}(I_n - H)$). Detta dunque v una soluzione particolare di $v - Hv = w + sf(0)$, ogni soluzione di tale sistema sarà del tipo $v + \mu f(0)$, $\mu \in \mathbb{R}$. Se prendiamo $\mu = (\ell - \langle f(0), v \rangle)/\|f(0)\|^2$ avremo quindi $\langle f(0), v + \mu f(0) \rangle = \ell$. Con ciò resta provata la suriettività, e quindi l'invertibilità, di $(d_{(x,\tau)} F)(0)$. Possiamo ora applicare il Teorema di Dini in virtù del quale nell'equazione $F(x, \tau, \varepsilon) = (0, 0)$ è possibile esplicitare univocamente le variabili x, τ come funzioni C^∞ di ε, almeno per $|\varepsilon| < \delta' \leq \bar{\delta}$ (δ' opportuno), con $\varepsilon \longmapsto x(\varepsilon)$ a valori in $U \cap W$, $U \subset V$ intorno opportuno di 0, e con $x(0) = 0$, e $\varepsilon \longmapsto \tau(\varepsilon)$ a valori in un opportuno intervallo centrato in 0, in modo tale che $\tau(0) = 0$ e $T + \tau(\varepsilon) > 0$ per $|\varepsilon| < \delta'$. Preso quindi $x(\varepsilon) \in U \cap W$ e posto $T(\varepsilon) := T + \tau(\varepsilon)$, la soluzione $t \longmapsto \Phi_\varepsilon^t(x(\varepsilon))$

(che non è costante giacché $\frac{d}{dt}\Phi_\varepsilon^t(x(\varepsilon))\Big|_{t=0} = f_\varepsilon(x(\varepsilon)) \neq 0$) è periodica in quanto $\Phi_\varepsilon^{T(\varepsilon)}(x(\varepsilon)) = x(\varepsilon)$, e quindi abbiamo un'orbita periodica γ_ε di $\dot{x} = f_\varepsilon(x)$.

Quanto alla stabilità di γ_ε, osserviamo che, posto $H_\varepsilon := (d_x\Phi_\varepsilon^{T(\varepsilon)})(x(\varepsilon))$, si ha $H_\varepsilon \longrightarrow H$ per $\varepsilon \to 0$, e quindi $p_{H_\varepsilon} \longrightarrow p_H$ per $\varepsilon \to 0$ uniformemente sui compatti di $\mathbb{C}$. Le ipotesi (a) e (b) su H permettono allora di concludere che, a patto di ridurre (se necessario) δ', per ogni ε con $|\varepsilon| < \delta'$, H_ε soddisfa pure le ipotesi (a) e (b), e quindi che γ_ε è asintoticamente stabile. □

Concludiamo questa trattazione facendo osservare che i punti di equilibrio e le orbite periodiche sono casi particolari della nozione più generale di **insieme invariante** di un sistema $\dot{x} = f(x)$. Precisamente, con $f: \Omega \subset \mathbb{R}^n \longrightarrow \mathbb{R}^n$, si dice che un insieme **chiuso** $A \subset \Omega$ è **invariante** per il sistema $\dot{x} = f(x)$ se

- *per ogni $x \in A$ la curva integrale $t \longmapsto \Phi^t(x)$ è definita almeno per tutti i $t \geq 0$, e, di più, $\Phi^t(x) \subset A$ per ogni $t \geq 0$.*

La nozione naturale di **stabilità** per un insieme invariante è, come il lettore può ben immaginare, la seguente:

- *A è* **stabile** *se per ogni aperto U con $A \subset U \subset \Omega$ esiste un aperto V con $A \subset V \subset U$ tale che per ogni $x \subset V$ la curva integrale $t \longmapsto \Phi^t(x)$ è definita per ogni $t \geq 0$ e $\Phi^t(x) \in U$ per ogni $t \geq 0$.*

Si dice che A è **instabile** quando **non** è stabile.

Si dice poi che A è **asintoticamente stabile**, o che è un **attrattore**, quando è stabile e, con le notazioni precedenti,

$$\operatorname{dist}(\Phi^t(x), A) = \inf_{a \in A} \|\Phi^t(x) - a\| \longrightarrow 0 \quad \text{per} \quad t \to +\infty, \qquad \forall x \in V.$$

Osserviamo che la nozione di insieme invariante è effettivamente più generale di quelle di punto di equilibrio e di orbita periodica. Diamo un paio di esempi per convincere il lettore.

Consideriamo un sistema $\dot{x} = f(x)$, $f \in C^\infty(\Omega; \mathbb{R}^n)$, e sia $A \subset \Omega$ una sottovarietà C^∞ n-dimensionale con bordo regolare ∂A. Supponiamo che:

- per ogni $x \in A$ le curve integrali $t \longmapsto \Phi^t(x)$ esistano per tutti i $t \in \mathbb{R}$;
- per ogni $x \in \partial A$ si ha
$$\langle f(x), \nu(x) \rangle \leq 0,$$
dove $\nu(x)$ è la normale unitaria **esterna** di A in x.

Il lettore verifichi che allora A è un insieme invariante del sistema $\dot{x} = f(x)$.

Ad esempio, riconsiderando il sistema di Van der Pol (5.126), posto $A = \{(x, y) \in \mathbb{R}^2;\ x^2 + y^2 \leq \alpha/\beta\}$, tale insieme è **invariante** per il sistema ed il lettore può verificare che

- A è asintoticamente stabile quando $\alpha > 0$,
- A è instabile quando $\alpha < 0$.

Un altro esempio, completamente diverso dal precedente, è il seguente. Si consideri in $\mathbb{R}^4$ il sistema

$$\begin{cases} \dot{x}_1 = \alpha x_2, \\ \dot{x}_2 = -\alpha x_1, \\ \dot{x}_3 = \beta x_4, \\ \dot{x}_4 = -\beta x_3, \end{cases} \qquad \alpha, \beta > 0.$$

Posto

$$\gamma_1 := \{(\cos(\alpha t), \sin(\alpha t));\ \ t \in \mathbb{R}\} \subset \mathbb{R}^2_{x_1, x_2}$$

e

$$\gamma_2 := \{(\cos(\beta t), \sin(\beta t));\ \ t \in \mathbb{R}\} \subset \mathbb{R}^2_{x_3, x_4},$$

è chiaro che $\gamma_1 \times \gamma_2 \subset \mathbb{R}^4$ è un insieme invariante del sistema. Tuttavia la mappa $t \longmapsto (\cos(\alpha t), \sin(\alpha t), \cos(\beta t), \sin(\beta t))$ è periodica **se e solo se** $\alpha/\beta \in \mathbb{Q}$ (il lettore lo verifichi).

Per lo studio della stabilità/instabilità degli insiemi invarianti rimandiamo alla letteratura specialistica sull'argomento.

Capitolo 6
Esercizi

Esercizio 6.1 Sia $f \in C^\infty(\mathbb{R}^n; \mathbb{R}^n)$ tale che $f(x) = 0$ per ogni x con $\|x\| \geq C > 0$, per una certa costante $C > 0$. Si consideri il sistema $\dot{x} = f(x)$ e si provi che le soluzioni massimali sono definite per tutti i tempi, e che per ogni t fissato la mappa Φ^t è un diffeomorfismo C^∞ di $\mathbb{R}^n$ in sè.

Esercizio 6.2 Data $A \in \mathrm{M}(n; \mathbb{R})$ con $A = {}^tA > 0$, si consideri il problema di Cauchy in $\mathbb{R}^n$

$$\begin{cases} \ddot{x} + Ax = 0 \\ x(0) = \alpha \\ \dot{x}(0) = \beta. \end{cases}$$

Dimostrare che:

(i) la soluzione del problema di Cauchy è

$$x(t) = \cos(tA^{1/2})\alpha + A^{-1/2}\sin(tA^{1/2})\beta, \quad t \in \mathbb{R};$$

(ii) la soluzione nulla del sistema $\ddot{x} + Ax = 0$ è stabile ma **non** asintoticamente stabile;

(iii) ogni soluzione non banale del sistema $\ddot{x} + Ax = 0$ è periodica se e solo se

$$\lambda_i, \lambda_j \in p_A^{-1}(0) \Longrightarrow \sqrt{\lambda_i/\lambda_j} \in \mathbb{Q};$$

(iv) se $f\colon \mathbb{R} \longrightarrow \mathbb{R}^n$ è continua e periodica di periodo $T > 0$, il sistema $\ddot{x} + Ax = f(t)$ ha un'unica soluzione periodica di periodo T se e solo se

$$\lambda \in p_A^{-1}(0) \Longrightarrow \frac{T\sqrt{\lambda}}{2\pi} \notin \mathbb{N}.$$

C. Parenti, A. Parmeggiani, *Algebra lineare ed equazioni differenziali ordinarie*, UNITEXT 117, https://doi.org/10.1007/978-88-470-3993-3_6

Esercizio 6.3 Data $A \in \mathrm{M}(n;\mathbb{R})$ con $A = {}^tA > 0$, e dato $\alpha > 0$, si consideri il sistema

$$\dot{x} = \frac{1}{\|x\|^\alpha} Ax.$$

Detta $x(t;y)$ la soluzione che passa per $y \neq 0$ al tempo $t = 0$, si dimostri che l'intervallo massimale $I(y)$ è dato da

$$I(y) = \Big(-\frac{\|y\|^\alpha}{c\alpha}, +\infty\Big),$$

dove $0 < c = \min_{\|x\|=1} \langle Ax, x\rangle$, e che $\|x(t;y)\| \longrightarrow +\infty$ quando $t \to +\infty$, $\|x(t;y)\| \longrightarrow 0$ quanto $t \to -\|y\|^\alpha/c\alpha$.

Esercizio 6.4 Fissati $\lambda \in \mathbb{C}$ ed $m \in \mathbb{Z}_+$, si definisca

$$E_m(\lambda) := \{e^{\lambda t} p(t);\ \ p \in \mathbb{C}[t] \text{ con grado} \le m\},$$

e si consideri l'operatore differenziale

$$L = \frac{d^k}{dt^k} + \sum_{j=0}^{k-1} a_j \frac{d^j}{dt^j}, \quad a_j \in \mathbb{R},\ k \in \mathbb{N}.$$

Posto $L(\zeta) = \zeta^k + \sum_{j=0}^{k-1} a_j \zeta^j$, $\zeta \in \mathbb{C}$, si dimostri che:

(i) $L(\lambda) \neq 0 \Longrightarrow L\colon E_m(\lambda) \longrightarrow E_m(\lambda)$ è un isomorfismo per ogni m;
(ii) se λ è radice di molteplicità ν del polinomio $L(\zeta)$, allora $L\colon E_{m+\nu}(\lambda) \longrightarrow E_m(\lambda)$ è suriettivo qualunque sia m.

Esercizio 6.5 Si consideri in $\mathbb{R}^d_x \times \mathbb{R}^m_y$ il sistema

$$\begin{cases} \dot{x} = A(y)x \\ \dot{y} = \dfrac{1}{2}\nabla_y\big(\langle A(y)x, x\rangle\big), \end{cases}$$

dove $A \in C^1(\mathbb{R}^m_y; \mathrm{M}(d;\mathbb{R}))$, $A(y) = {}^tA(y) > 0$ per ogni y. Dati $\bar{x} \neq 0$ ed $\bar{y}$, si consideri la curva integrale $t \longmapsto (x(t), y(t))$ del sistema, passante per $(\bar{x}, \bar{y})$ al tempo $t = 0$. Si dimostri che per ogni δ, $M > 0$ **non** esiste $T > 0$ per cui

$$\|x(t)\| \le \delta, \quad \|y(t)\| \le M, \quad \forall t \ge T.$$

Dedurre che i punti di equilibrio del sistema del tipo $(x = 0, y)$ sono instabili.

Esercizio 6.6 Sia $\Omega \subset \mathbb{R}^n$, $n \geq 2$, un insieme aperto e sia $f \in C^\infty(\Omega; \mathbb{R}^n)$. Si consideri il sistema differenziale $\dot{x} = f(x)$. Supponiamo esista una curva integrale ϕ del sistema, periodica di periodo minimo $T > 0$, e sia $\gamma = \{\phi(t);\ t \in [0, T]\}$.

(i) Mostrare che per ogni t_1, t_2 con $0 \leq t_1 < t_2 < T$ si ha $\phi(t_1) \neq \phi(t_2)$. (Suggerimento: si cominci col provarlo per $t_1 = 0$).
(ii) Dedurre da (i) che γ è diffeomorfa ad $\mathbb{S}^1$.

Esercizio 6.7 Sia data in $\mathbb{R}_x \times \mathbb{R}_\xi$ l'hamiltoniana $F(x, \xi) = \frac{1}{2}e^{-(x^2+\xi^2)}$. Si dimostri che le soluzioni del sistema hamiltoniano associato $\begin{bmatrix} \dot{x} \\ \dot{\xi} \end{bmatrix} = H_F(x, \xi)$ contenute in un fissato livello di energia $E \in (0, 1/2)$ sono periodiche di periodo minimo $2\pi/E$.

Esercizio 6.8 Sia $\Omega \subset \mathbb{R}^2$ un aperto semplicemente connesso e sia $f = (f_1, f_2) \in C^\infty(\Omega; \mathbb{R}^2)$. Si consideri il sistema differenziale $\dot{x} = f(x)$, dove $x = (x_1, x_2)$. Sia $\operatorname{div} f = \partial f_1/\partial x_1 + \partial f_2/\partial x_2$ la divergenza del campo f. Mostrare che se $\operatorname{div} f$ è ≥ 0 (risp. ≤ 0) su Ω e l'insieme dei suoi zeri ha misura nulla (secondo Lebesgue) allora non possono esistere soluzioni periodiche del sistema. (Suggerimento: usare il Teorema della divergenza).

Esercizio 6.9 Siano $a, b \in C^\infty(\mathbb{R}; \mathbb{R})$ e si supponga che a abbia segno costante. Si consideri l'equazioni differenziale $\ddot{x} + a(x)\dot{x} + b(x) = 0$. Usando l'Esercizio 6.8 si mostri che non ci sono soluzioni periodiche dell'equazione.

Esercizio 6.10 Si consideri il sistema $\dot{x} = Ax + \gamma\|x\|^2\alpha$, dove $A = {}^tA \in \mathrm{M}(n; \mathbb{R})$ è invertibile, $\alpha \in \mathbb{R}^n \setminus \{0\}$ è un autovettore di A, e $0 \neq \gamma \in \mathbb{R}$. Dimostrare che il sistema ammette **due soli** punti di equilibrio e che essi **non** possono essere entrambi stabili.

Esercizio 6.11 Sia $F\colon \mathbb{R} \longrightarrow \mathbb{R}$ di classe C^∞ con le seguenti proprietà:

(a) esistono $a, M > 0$ tali che $F(x) = -ax^2$ per $|x| > M$;
(b) $F'(x) = 0 \Longrightarrow F''(x) \neq 0$.

Considerata l'equazione differenziale $\dot{x} = F'(x)$ si provi che:

(i) per ogni $y \in \mathbb{R}$ la curva integrale $\Phi^t(y)$ è definita per ogni $t \in \mathbb{R}$;
(ii) posto $C = \{x \in \mathbb{R};\ F'(x) = 0\}$, C è un insieme finito non vuoto;
(iii) $x \in C$ è stabile se e solo se è asintoticamente stabile, e che

$$\operatorname{card}\big(\{x \in C;\ x \text{ è stabile}\}\big) = \operatorname{card}\big(\{x \in C;\ x \text{ è instabile}\}\big) + 1.$$

Cosa succede nel caso $F\colon \mathbb{R}^n \longrightarrow \mathbb{R}$ con $n > 1$?

Esercizio 6.12 (Equivalenza topologica dei flussi lineari) Siano date $A_1, A_2 \in \mathrm{M}(n; \mathbb{R})$ tali che $p_{A_1}^{-1}(0) \cup p_{A_2}^{-1}(0) \subset \{\operatorname{Re}\lambda > 0\}$. Usando il Teorema di Lyapunov

(Teorema 2.5.10) si osservi che esistono H_1, H_2 simmetriche e definite positive tali che

$$\langle A_k x, H_k x\rangle > 0, \quad \forall x \neq 0, \ k = 1, 2.$$

In $\mathbb{R}^n$ si considerino, per $k = 1, 2$, i prodotti scalari $\langle x, y\rangle_k := \langle x, H_k y\rangle$ e le rispettive norme $\|\cdot\|_k$. Posto $S_k := \{x \in \mathbb{R}^n;\ \|x\|_k = 1\}$ si fissi un qualunque omeomorfismo $\chi \colon S_1 \longrightarrow S_2$. Si provino i seguenti fatti.

(i) Per ogni $x \neq 0$ esiste un unico $T(x)$ reale tale che $e^{T(x)A_1}x \in S_1$ (conviene calcolare $\frac{d}{dt}\|e^{tA}x\|_1^2$), e la mappa $x \longmapsto T(x)$ è C^∞.

(ii) Definita

$$h \colon \mathbb{R}^n \longrightarrow \mathbb{R}^n, \qquad \begin{cases} h(0) = 0 \\ h(x) := e^{-T(x)A_2}\chi\big(e^{T(x)A_1}x\big), \ x \neq 0, \end{cases}$$

allora h è un omeomorfismo di $\mathbb{R}^n$ in sè (la cui regolarità su $\mathbb{R}^n \setminus \{0\}$ è la regolarità di χ) e vale

$$h(e^{tA_1}x) = e^{tA_2}h(x), \quad \forall x \in \mathbb{R}^n, \ \forall t \in \mathbb{R}$$

(equivalenza topologica dei flussi e^{tA_1}, e^{tA_2}).

(iii) Ammesso che χ sia C^1, allora h **non** può essere C^1 nell'origine se A_1 ed A_2 **non** sono simili.

(iv) **Generalizzazione.** Siano $A, B \in \mathrm{M}(n; \mathbb{R})$ tali che

$$(p_A^{-1}(0) \cup p_B^{-1}(0)) \cap i\mathbb{R} = \emptyset, \quad \text{e} \quad \sum_{\substack{\mathrm{Re}\,\lambda>0 \\ p_A(\lambda)=0}} m_a(\lambda) = \sum_{\substack{\mathrm{Re}\,\mu>0 \\ p_B(\mu)=0}} m_a(\mu).$$

Allora c'è un omemorfismo $h \colon \mathbb{R}^n \longrightarrow \mathbb{R}^n$ tale che $h(0) = 0$ e

$$h(e^{tA}x) = e^{tB}h(x), \quad \forall x \in \mathbb{R}^n, \ \forall t \in \mathbb{R}.$$

(Suggerimento: scrivere $\mathbb{R}^n = E_-^A \oplus E_+^A = E_-^B \oplus E_+^B$, dove si è posto $E_\mp^A = \mathrm{Re}\Big(\bigoplus_{\substack{\pm\mathrm{Re}\,\lambda<0 \\ p_A(\lambda)=0}} \mathrm{Ker}\Big[(A - \lambda I_n)^{m_a(\lambda)}\Big]\Big)$ ecc.)

Indice analitico

C. Parenti, A. Parmeggiani, *Algebra lineare ed equazioni differenziali ordinarie*, UNITEXT 117, https://doi.org/10.1007/978-88-470-3993-3

Printed in the United States
By Bookmasters